JN409689

전자제어

# 커먼레일 디젤엔진

문학훈 저

1992년 채택된 기후변화협약 이후 화석연료에 대한 규제가 전 세계적으로 본격화 되면서 지구온난화의 가장 큰 요인 중 하나인 $CO_2$를 규제하는 방안이 활발하게 논의되어 왔습니다. 특히 1997년 제정된 교토의정서 이후 지구 온실가스 배출량이 55%를 차지하는 선진국가들은 온실가스 저감목표를 2012년까지 1990년 수준으로 5.2% 이상을 낮추어야 하며 점차 범위를 확대하여 개발도상국가 들에게도 적용하려는 움직임이 있습니다.

특히 최근에 중국, 인도, 아세안 국가등과 같은 개발도상국의 산업화가 빠르게 진행됨에 따라 에너지 수요량이 급격히 증가하고 있고 2010년이 되면 전 세계 석유 수요량의 85%, 2020년이 되면 66% 밖에는 공급하지 못한다고 국제에너지 기구는 밝힌바 있는 가운데 자동차가 사용하는 에너지의 양은 전체 에너지 사용량에 30%에 이른다고 합니다.

이러한 환경변화에 대응하여 $CO_2$ 감축 및 연료의 효율적인 활용 측면에서 가솔린엔진보다 유리한 디젤엔진에 대한 관심이 점점 증가하는 추세입니다.

과거에는 출력, 소음, 진동, 배출가스 등에서 단점을 지녔던 디젤엔진의 성능이 최근 전자제어 커먼레일 엔진과 가변용량터보 장치 등의 기술개발로 인하여 가솔린엔진 수준으로 크게 향상 되었고 연소효율 또한 가솔린엔진보다 높아 연비와 $CO_2$ 배출량에 있어서도 가솔린엔진보다 우수하기 때문에 환경보호 차원에서 가장 적합한 엔진이라는 인식이 점차 확산되고 있습니다.

이러한 디젤엔진의 기술개발에 힘입어 디젤승용차 시장이 서유럽 시장을 시발점으로 하여 미국, 동유럽, 아시아 등으로 확장되고 있으며 국내에서도 2005년부터 디젤 승용차의 판매를 허용하는 법안이 통과 되었습니다. 따라서 자동차 정비시장 또한 기존의 전자제어 가솔린 시장에서 전자제어 디젤시장으로 판도가 변화하리라 생각됩니다.

이러한 변화에 부응하고 기술인의 기술력에 변화 도움을 주고자 이 책을 펴내게 되었습니다.

부디 디젤엔진의 정비기술이 한 단계 향상 될 수 있는 초석이 되기를 바랍니다.

저자

## chapter 01_전자제어 커먼레일 일반 ▸ 7



## chapter 02_연료장치 일반 ▸ 21



## chapter 03_전자제어 시스템 ▸ 71



## chapter 04_Euro-Ⅳ 디젤 엔진 ▸ 143

Chapter 01

# 전자제어 커먼레일 일반

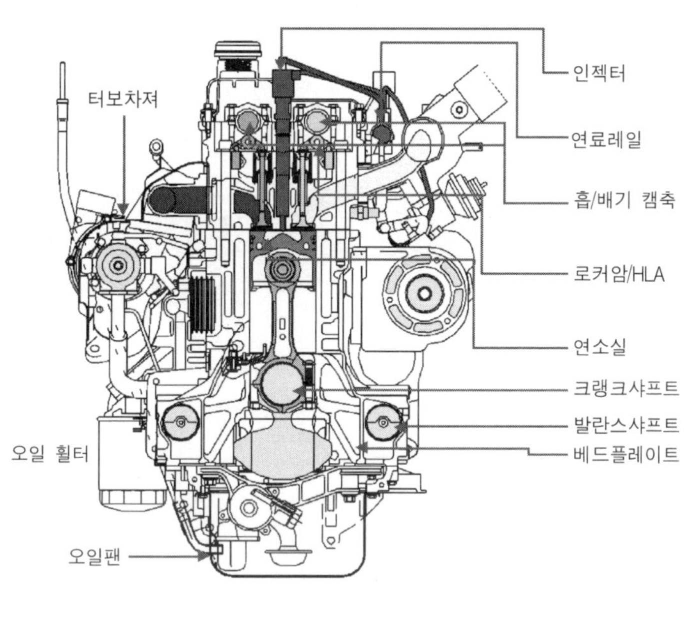


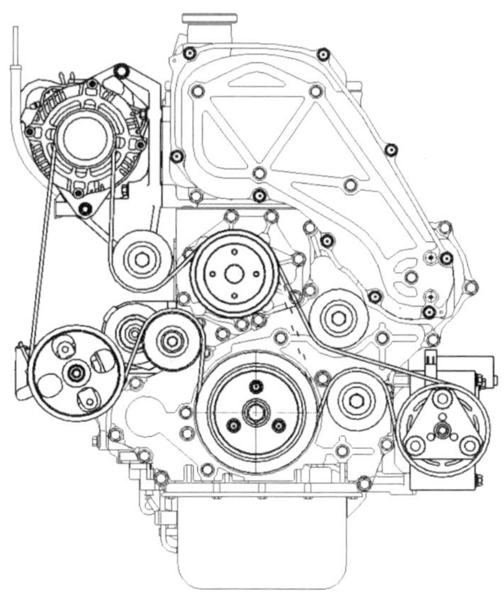

## 1.1 디젤엔진의 탄생 및 발전과정

1858년 프랑스 태생의 독일 엔지니어인 루돌프 디젤이 1894년 세계 최초로 디젤엔진에 대한 컨셉을 발명하여 베를린 특허를 획득한 이후 그 특허 하에서 세계적으로 많은 디젤엔진이 제조되기 시작되었으며 그의 아내의 제안에 따라 발명자의 이름을 따서 디젤엔진이라고 부르게 되었다. 디젤엔진의 주인공인 루돌프 디젤은 자신의 신기술이 꽃피는 것도 보지 못하고 55세의 나이로 불행한 최후를 맞았지만 그가 발명한 디젤엔진은 본질적인 장점을 강화 시키는 기술혁신이 그 후에도 계속되었으며 특히 로버트 보쉬의 분사펌프와 노즐의 개발을 계기로 실용화에 급진전을 이루어 전환기를 맞게 되었다. 현재는 선박용, 기관차용, 발전기용 그리고 대형트럭 및 버스 및 고급 승용차에 이루기까지 모든 운송 수단 및 산업용으로 광범위하게 활용이 되고 있으며 아직도 계속적으로 확대 적용되는 추세에 있고 앞으로도 상당기간은 차세대 운송 동력엔진으로서 주목을 받으며 지속적으로 기술발전을 거듭할 것으로 본다.

1936년 다임러-벤츠에서 실질적인 디젤엔진을 적용한 승용차(벤츠260D)를 생산하였다. 이 차량은 당시의 휘발유 차량보다 무겁고 속도가 느리며 값이 비싼 단점이 있었지만 운행비가 싸고 오래 달릴 수 있다는 내구관점의 이점 때문에 특히 택시조합에서 인기가 높았다. 이 차량은 4기통 2,555cc엔진을 얹었으며 최고마력 45마력의 힘을 냈다. 그러나 고객들은 무겁고 승차감이 좋지 않은 디젤엔진을 외면하였으며 그동안 많은 기술발전이 진행되어온 가솔린 승용차를 선호 하였다.

디젤 승용차의 상용화에 두번째로 성공한 메이커는 프랑스의 푸조였다. 1937년 처음 등장한 푸조의 디젤차량은 디젤과 휘발유 겸용으로 설계되어 소비자가 자유롭게 선택할 수 있었다. 푸조는 비록 디젤 승용차의 발표에서 벤츠에 이어 두번째로 밀렸지만 이미 1922년경부터 15마력을 내는 2행정 타입의 디젤엔진을 푸조 156모델에 얹어 파리-보르도 간 왕복 레이스에서 실험을 거쳤다. 이 같은 노력의 결과로 푸조는 현재도 유럽에서 디젤 승용차를 가장 많이 파는 메이커중의 하나로 자리하고 있다.

하지만 디젤엔진은 그 이후에도 트럭, 버스 등의 상용차량 및 발전소, 선박 등의 초대형 엔진에 주로 적용되었으며 승용차용 디젤엔진의 개발은 석유 파동이 발생하는 1970년대 이후로 미루어진다.

미국 시장에서의 최초의 디젤승용차는 1978년 올스모빌 델파 88 로얄이다. V8디젤인 이 자동차의 엔진은 가솔린엔진을 개조한 것으로써 5.7L의 배기량이지만 출력은 125마력에 불과하였고 100Km 주행에 11.2L가 소비되었다. 이 후 20년간의 비약적인 디젤엔진기술의 발전을 접하지 못한 미국 소비자들에게 있어서 디젤이란 굉음을 내고 매연을 남기는 트럭용 엔진이라는 인식이 최근까지도 깊숙이 뿌리 내리고 있다.

국내에서도 80년대 디젤승용차가 선보였으나 대중화에는 실패했다. 대우가 80~88년 로얄레코드 승용차에 디젤엔진을 탑재하여 국내시장에 내놓았지만 12,000여대 정도를 판매한 후 단종했다. 시끄럽고 엔진이 너무 커 정비성이 나빴기 때문이었다. 이후 기아차에서도 콩코드 승용차에 디젤엔진을 장착했으나 마찬가지로 성공적인 시장진입에는 실패했다. 역시 가솔린 차량에 비해 별 이점이 없고 소음과 매연이 많았기 때문이다.

## 1.2 커먼레일 디젤엔진의 적용배경

디젤엔진의 핵심기술인 연료분사장치 및 과급장치 등의 괄목할만한 기술발달에 힘입어 과거 디젤엔진의 약점이었던 출력성능, 소음진동과 배출가스 측면에서 가솔린엔진에 필적하는 수준으로 향상되면서 커다란 전환기를 맞이하고 있다. 또한 지구 온난화 방지를 위한 이산화탄소 배출규제에 대한 유력한 대안으로 친 환경적인 엔진이라는 인식이 확산되면서 디젤 승용차의 개발이 추구되어 왔다.

서유럽 시장에서는 디젤 승용차의 시장 점유율이 2002년도 42%였고 2005~6년에는 50%를 웃돌 것으로 예측되어 디젤승용차 개발에 주력한 메이커가 판매 호조를 보일 전망이다.

일부에서는 디젤엔진 차량의 증가와 비례하여 배출가스로 인한 호흡기 질환의 유발과 심각한 환경문제를 우려하고 있지만 이것은 과거의 디젤엔진의 연소방식이 간접분사방식으로 비출력, 소음진동 등의 상품성 측면이 가솔린엔진에 비해 열세였던 점과 배출물 대응기술이 미흡하여 다량의 매연이 배출되어 소비자로 하여금 디젤엔진은 청정하지 않고 환경 및 인체에 유해한 엔진이라는 인식으로 남아있게 된 것이다.

그러나 80년대 후반부터 시작된 디젤엔진 기술의 발전으로 현재는 직접분사식 커먼레일 시스템을 이용한 저공해 디젤엔진이 개발되어 그 동안 디젤엔진 배출가스의 상대적 배출량이 많은 Nox와 입자상물질(PM)을 획기적으로 저감할 수 있는 기술개발이 이루어져 디젤엔진의 상품성과 환경성이 비약적으로 향상 되었다.

디젤차량의 관심은 미국, 동유럽 및 아시아 등에 확대되고 있으며 특히 중국이나 인도시장에서도 높아지는 추세이며 이는 최근에 개발된 디젤엔진 차량들의 탁월한 연비와 주행성능 및 안락한 운전환경을 제고함에 따라 소비자들의 선호도 역시 변하였음을 반증하는 사례라고 할 수 있다. 향후 디젤엔진의 기술개발 방향의 초점은 $CO_2$ 규제 대응을 위한 연비점감, 디젤 승용차 확대 적용을 위한 고출력화, 배출가스 저감을 위한 연소시스템 최적화와 후처리장치의 개발이라고 할 수 있다. 특히 유럽 배출가스 규제인 EURO-IV/V 기준에 대응한 주요 신기술로 1600bar 이상의 차세대 커먼레일 시스템, 전자식 EGR 시스템, 가변터보, 가변스월, 전자식스로틀, 산화촉매, 매연여과장치(DPF) 등과 같은 요소기술이 적용되고 있다.

EURO-IV 규제대응을 위한 주요적용기술

| 연소시스템 개선 | 후처리장치 | 연료품질개선 |
|---|---|---|
| 고압연료분사장치 | 디젤산화 촉매(DOC) | 황 함량 저감 |
| 터보차져/흡기공기제어 | 입자상물질필터(DPF) | 세탄수 증대 |
| 냉각 EGR(PM/Nox저감) | Nox 촉매(De Nox) | 방향족 함량 감소 |
| 가변스월장치 | | |

환경보존 의식의 고조와 함께 기술적인 측면에서 미래의 배기 유해물질 규제를 만족해야 하는 어려움이 있으나 새로운 기술개발과 적용을 통해 극복이 가능할 것으로 예상됨에 따라 현재의 디젤차량의 대한 관심과 인기는 한동안 계속될 것이다.

## 1.3 커먼레일의 개요

현재 국내에서 출시되고 있는 싼타페·카렌스-II·쏘렌토·스타렉스·카니발-II 등 RV 및 SUV 7개 차종에 얹혀지고 있으며, 3종류의 보쉬(D-엔진, A-엔진)와 델파이(J-엔진) 커먼레일 시스템이 적용되고 있다. 커먼레일 연료장치 적용 배경연료장치는 기본적으로 고압 직접분사 시스템이 적용되었다.

낮은 연료 소비율에 대한 필요성의 제기로 디젤엔진의 분사 시스템에 대한 요구가 갈수록 높아지고 있다. 이러한 주변 상황변화에 대처하기 위해서는 기존 기계적으로 제어하는 연료분사 시스템은 그 한계가 있다. 즉, 이러한 상황 변화에 만족하기 위해 정교하고 정확하게 엔진의 상태를 측정 분석해 정확하고 확실한 연료 분사가 필요하게 된 것이다.

이에 따라 디젤엔진의 전자제어와 고압 직접분사 시스템을 개발, 적용하기에 이르렀다. 현재 보쉬 1세대인 D-엔진(싼타페, 트라제XG, 카렌스-II)에 적용된 커먼레일 방식을 시작으로, 보쉬 2세대인A-엔진(스타렉스, 쏘렌토)과 델파이 J-엔진(테라칸, 카니발-II)에 이르기까지 CRDI를 개발, 적용하고 있다. 직접분사 시스템 개요압력 발생과 실제 분사과정은 커먼레일 어큐뮬레이터 분사 시스템에서 서로 분리되어 있다.

분사 압력은 엔진의 속도와 분사된 연료량에 독립적으로 생성되고, 각각의 분사과정에 준비된 레일(연료 어큐뮬레이터)에 저장된다. 분사의 개시와 분사 연료량은 엔진 ECU에서 계산되고 전기적인 신호로 인젝터를 작동시켜 각 실린더로 공급된다. 기존 인젝션 펌프 시스템과 비교해 직접분사(DI : Direct Injection) 디젤엔진에 사용되는 커먼레일 연료분사 시스템은 상당히 정밀한 제어가 이루어진다.

연료 시스템의 전자제어엔진 ECU는 센서로부터 입력 신호를 기본으로 운전자의 요구(가속 페달 설정)를 계산하고, 엔진과 차량의순간적인 작동 성능을 총괄적으로 제어한다. ECU는 센서로부터 나오는 신호를 통해 입력받고, 이러한 정보를 근거로 해 엔진에서 공연비의 효율적 제어를 실시한다. 엔진 속도는 크랭크 샤프트 속도(위치) 센서에 의해 측정되며, 캠 샤프트 위치 센서는 점화 순서를 결정한다. ECU는 액셀러레이터 페달 센서에서 가변저항의 변화로 발생한 전기적 신호를 입력받아 운전자의 페달 밟은 양을 감지(운전자의 토크 요구 인식)한다.

특히 엔진 ECU는 공기질량 센서로부터 순간적인 공기 변화량을 인지해 스모크 리미트 제어를 실시함으로써 배기가스 저감을 도모했다. 연료장치는 저압 라인(연료 탱크로부터 고압 펌프 입구까지), 고압 라인(고압 펌프부터 인젝터까지), 리턴 라인(인젝터/고압 펌프부터 연료 탱크까지) 등 3단계로 구분한다. 그러나 CRDI(Common Rail Direct Injection) 시스템은 엔진에 따라(D-엔진, A-엔진, J-엔진, U-엔진) 연료장치의 구성이 조금씩 차이가 있다. 기존 인젝션 펌프에 의한 분사 시스템은 연료 분사에 점화 분사 및 후 분사가 없는 주 분사만 이루어진다.

물론 전자 인젝션 분배펌프에서는 파일럿 분사 단계의 도입이 개발 진행되었지만, 현재는 모든 메이커에서 CRDI 개발에 중점을 두고 있다. 기존 시스템에서 압력 발생과 연료량의 공급은 캠과 펌프 플런저에 의해 서로 연결되며, 분사압력은 증가속도와 분사된 연료량과 함께 증가한다. 실제 분사과정 동안에 분사압력은 증가하고, 분사말기에 노즐이 닫혀 압력은 떨어지는 특성을 지니고 있다. 이러한 특성을 지니다보니 분사된 연료량이 적을수록 많은 양으로 분사된 연료량보다 더 낮은 압력으로 분사되어 최대압력은 평균 분사압력 보다 2배 이상 크다. 이러한 최대압력은 연료-분사펌프 구성요소와 엔진부하에 결정적인 영향을 미친다. 또한 최대압력은 연소실에서 형성되는 공기연료 혼합비율에도 영향을 주었다.

따라서 기계식 인젝션 연료량 정밀제어에는 한계가 있다. 고압분사는 연료의 무화 공급효율 상승으로 배기가스 저감 및 고출력 향상에 그 목적이 있다. 기계식 펌프는 엔진회전수와 비례해 압력이 상승하는 것을 알 수가 있으며, 매회전수마다 펌프에는 큰 부하가 걸리는데 커먼레일 시스템에서는 기존 인젝션 펌프 대비 CRDI 시스템에 따라 1/4~1/36의 부하가 감소한다. 그로 인해 많은 손실을 줄일 수 있다.

A-엔진 정면도

D-엔진 정면도

U-엔진 정면도

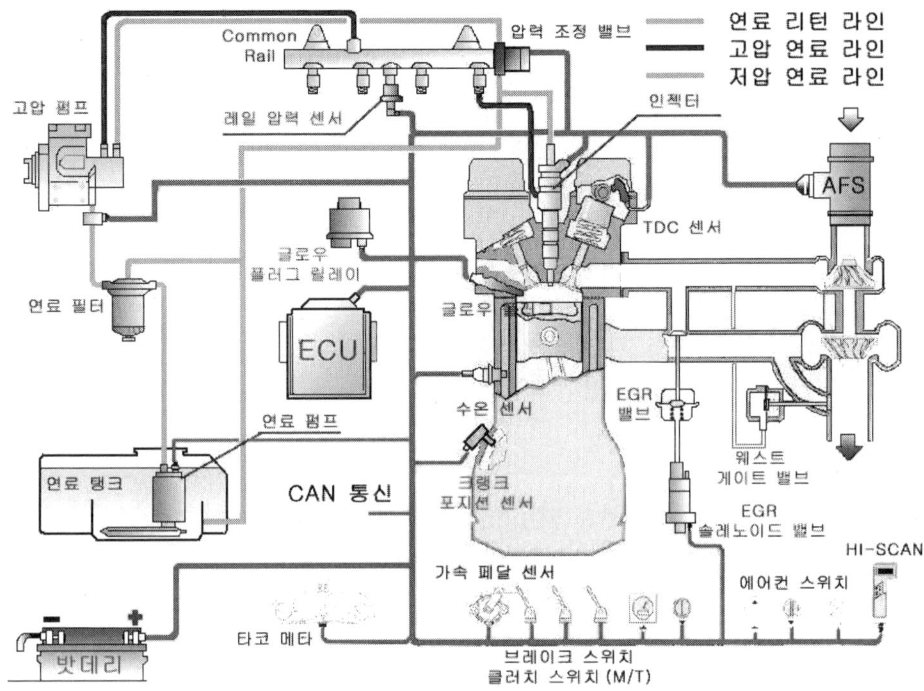


D-엔진 구성도

## 1.4 커먼레일의 특징

일반적인 디젤엔진의 연소과정에 대한 설명과 커먼레일 디젤엔진의 연소과정에 대한 설명을 비교하여 보고자 한다.

### 1. 일반 디젤엔진의 연소과정

- 착화지연 기간(A-B) : 연소 가능한 혼합기 형성기간(짧을수록 좋다, 길면 노크 발생)
- 화염전파 기간(B-C) : 연속적인 동시 착화 + 화염 전파(압력 급상승으로 동력 발생)
- 직접연소 기간(C-D) : 화염으로 분사 + 연소가 동시에 발생(분사량 제어)
- 후기연소 기간(D-E) : 분사종료 후 연소가 끝날 때까지 기간(무화 불량시 매연 발생)

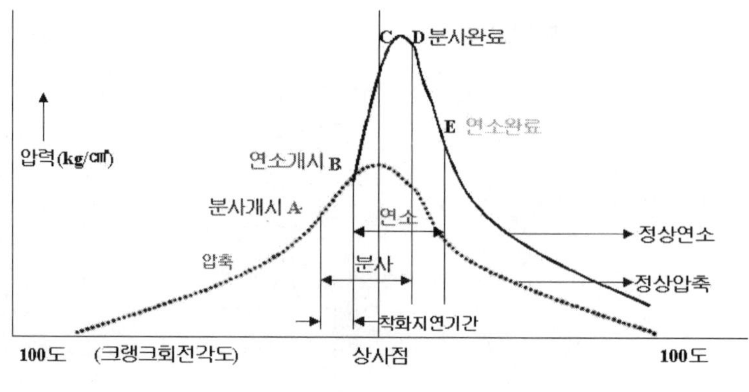


일반 디젤엔진의 연소과정

2. 커먼레일 디젤엔진의 연소과정

(점화 분사 방식의 연소실 압력특성곡선)

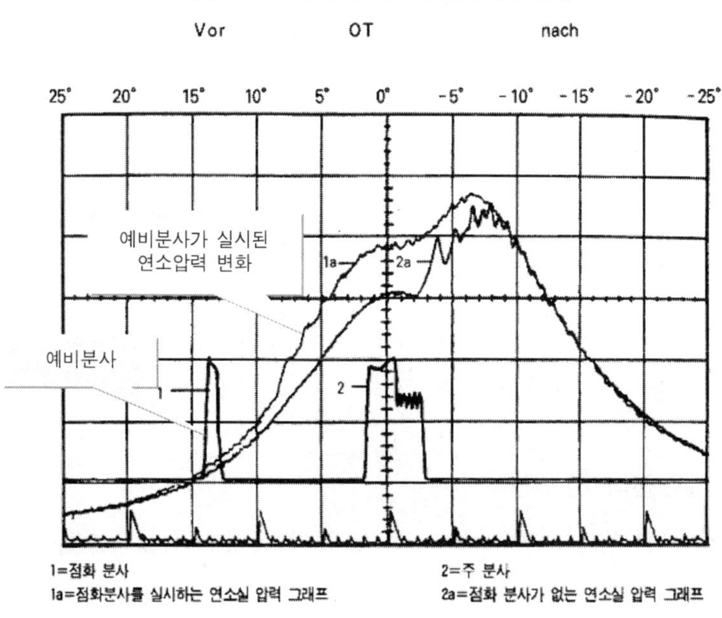


커먼레일 디젤엔진의 연소과정

- 예비분사(1) : 주분사전에 예비분사(연소가 잘 이루어지도록 하기위한 분사)
  - -1a : 예비분사가 이루어졌을 경우 연소압력
  - -2a : 예비분사가 이루어지지 않았을 경우의 연소압력

▪ 주 분사(2) : 실제 엔진 출력을 내기 위한 분사(APS.RPM.WTS.ATS 보정)
-TDC 이전에 주 분사하여 TDC 이후까지 분사

## 3. 분사특성

### 1) 기계식 분사장치

기계식 분사장치에서는 연료분사는 사전과 사후분사가 없는 단지 주 분사 상태만을 의미한다. 근래에 와서 전자제어 인젝션펌프의 등장으로 사전분사단계의 도입이 개발진행되고 있지만 기계식 시스템에서 압력발생과 분사된 연료량의 공급은 캠과 펌프 플런저에 의해 서로 연결되고 이것은 분사특성에 다음과 같은 영향을 미친다.

첫째 분사압력은 가속도와 분사된 연료량과 함께 증가하고

둘째 실제 분사과정 동안에 분사압력은 증가하고 분사말기에 노즐이 닫혀 압력은 떨어진다.

이와 같은 이유 때문에 구조적으로 연료분사량 제어할 때, 연료분사량이 적을 시에 낮은 압력으로, 많은 양으로 분사될 때는 높은 분사압력으로 분사된다.

결국 최대압력은 평균 분사압력보다 2배 이상 크다. 효율적인 연소에 대응하는 시점에서는 실제로 방출율이 삼각형태로써 모든 구간에서의 정교한 연료분사량 제어가 어렵다.

### 2) 전자제어식 고압분사장치

기존의 분사특징과 비교하여 이상적인 분사특징을 위해 다음의 조건이 요구된다.

첫째로는 연료 분사량과 분사압력의 각각 그리고 모든 엔진 작동조건에 대해 상호간의 독립적으로 정의 될 수 있어야 한다. 즉 이상적인 공기/연료 혼합기를 형상하기 위해 충분한 자유도가 제공되어야 한다.

둘째로는 분사과정 초기에 분사된 연료량은 가능한 적어야 한다. 즉 분사개시와 연소개시 사이의 점화지연 동안 이러한 요구는 예비분사와 주 분사 특징을 가지는 커먼레일 어큐뮬레이터만 가능하게 되었다.

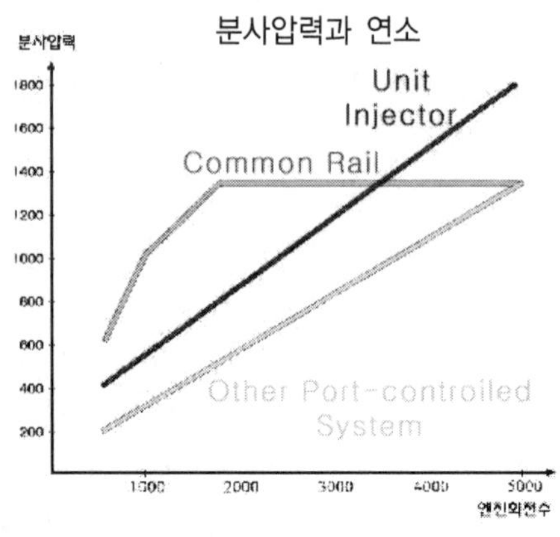


시스템별 분사압력 비교

## 4. 고압연료 분사장치(커먼레일 시스템)

디젤엔진성능 및 배출물 저감의 원동력은 연료분사압력으로 디젤엔진 개발의 역사는 연료분사장치의 고압화를 위한 기술개발의 역사와 그 궤를 같이 한다고 말할 수 있다. 승용디젤엔진이 본격적으로 출시되기 시작한 것은 1980년대말 부터이다. 그 당시의 디젤엔진과 현재의 디젤엔진의 비출력, 연료소비율 및 유해배출물 수준을 비교하면 비출력은 2배, 연료소비율은 약 60%, 유해 배출물은 10% 수준으로 개선되었다.

이러한 출력, 연비 및 배출물 향상은 연료분사장치의 고압화 및 이와 병행하여 이루어진 전자제어 기술의 도입에 힘입어 가능한 것이다. 연대별로 각 연료분사장치에 대한 최대분사압력을 보면 표와 같다. 1980년대 말 승용디젤엔진 양산 초기 연료분사장치는 기계적으로 제어되는 분배형펌프가 주를 이루었고 최대분사압력은 130bar 수준이었다.

현재 승용디젤엔진 연료분사장치의 대부분을 차지하고 있는 커먼레일 시스템은 1997년에 1세대가 양산되었고 그 최대분사압력은 1300bar수준이었으나 2001년부터 양산된 2세대 시스템은 최대분사압력 1600bar까지 증대시켜 출력 및 연비향상을 이루어왔다. 동시에 연료분사장치의 전자제어화를 통해 분사압력, 분사시기 등 관련변수를 엔진운전조건에 맞추어 최적화하고 예비분사를 구현하여 출력, 연비, 배출물 및 소음개선이 가속화하였다.

연료분사장치 개선 및 분사압력증대 추세

| 년/압력 | 1975년 | 1985년 | 1990년 | 1995년 | 2000년 |
|---|---|---|---|---|---|
| 200bar | 분배형펌프 | 전자식 분배형 펌프 (COVEC-F) | | | |
| 1000bar | | | | | |
| 1500bar | | | | 커먼레일 | |
| 2000bar | | | | | EUI |
| 2500bar | | | | | |

*EUI : Electronic Unit Injector

## 1.5 커먼레일의 구성

### 1. 엔진제원

| 엔진모델 | | D-엔진 | | A-엔진 |
|---|---|---|---|---|
| | | WGT | VGT | |
| 적용차종 | | 싼타페, 트라제XG, 카렌스-II | | 스타렉스, 쏘렌토 |
| 공칭 | 최대출력 (PS/rpm) | 111/4,000 | 125/4,000 | 145/4,000 |
| | 최대토크 (Kg.m/rpm) | 25.5/2,000 | 29.0/2,000 | 32/2,000 |
| 인젝터 구멍수 | | 5,6공 | 6공 | 6공 |
| 배기량 | | 1,991 cc | | 2,497cc |
| 예열장치 | | 글로우 플러그 | 글로우 플러그 | 글로우 플러그 |
| 연료압력 제어 | | 출구제어(압력 제어) | 출구제어(압력 제어) | 입구제어(유량 제어) |
| 연소방식 | | 직접분사방식 | 직접분사방식 | 직접분사방식 |
| 밸브구동계 | | SOHC 16밸브 | SOHC 16밸브 | DOHC 16밸브 |
| 흡,배기방식 | | TCI | TCI | TCI |
| 엔진 EMS | | 보쉬 1세대 | 보쉬 1세대 | 보쉬 2세대 |

*EMS : Engineering Management System
*TCI : Turbo Charger Intercooler
*WGT : Waste Gate Turbo-압력에 비례하게 터보를 작동시키는 구조
*VGT : Variable Geometry Turbo-압력을 감지하여 정확하게 터보를 작동시키는 구조

## 2. 연료의 흐름

### 1) 보쉬 1세대 D-엔진(싼타페, 트라제XG, 카렌스Ⅱ

**연료 흐름연료 탱크→1차 연료 필터(연료 탱크 내장)→저압 펌프(전기식)→2차 연료 필터(오버플로 밸브/수분 분리기/연료 가열 히터)→고압 펌프→커먼레일→연료압력 조절밸브→인젝터**

### 2) 보쉬 2세대 A-엔진(스타렉스, 쏘렌토)

**연료 흐름연료 탱크→1차 연료 필터(연료 탱크 내장)→2차 연료 필터(프라이밍펌프/수분 분리기/연료 가열 히터)→저압 펌프(기어 펌프)→연료압력 조절밸브→고압 펌프→커먼레일(압력 제한 밸브)→인젝터**

### 3) 델파이 J-엔진(테라칸, 카니발Ⅱ)

**연료 흐름연료 탱크→1차 연료 필터(연료 탱크 내장)→프라이밍 펌프 2차 연료 필터(프라이밍 펌프/수분 분리기/연료 가열 히터)→저압 펌프(기어 펌프)→연료압력 조절밸브→고압 펌프→커먼레일→인젝터**

**경유란 무엇인가?**

디젤엔진용 연료. 자동차와 철도 등 고속디젤엔진에는 경유를 사용한다. 끓는점 180~350℃ 정도. 비중 0.805~0.850의 무색 또는 다갈색을 띤 투명한 석유이다. 추운 날 기온이 내려가면 엔진의 시동이 문제가 되므로 디젤연료로서의 경유의 성능은 착화성(着火性)을 나타내는 세탄가(價45 이상)와 유동성을 나타내는 유동점(流動點 한랭지용은 -30℃ 이하)으로 표시한다. 선박용 등 저속 디젤엔진에는 경유와 함께 고급중유가 사용된다. 일반적으로 중유는 경유에 비해 착화성(세탄가)이 낮고 점도(粘度)도 높으나 저속용으로 사용할 수 있고 경제적이다. 그 밖에 농업용 발동기 등의 디젤엔진에는 등유가 사용된다.

경질경유는 상압증류탑(常壓蒸溜塔)에서 얻어지는 끓는점 220~340℃ 유분이고, 중질경유는 감압증류탑(減壓蒸溜塔)에서 얻어지는 탑정(塔頂)의 유분이다. 또 최종 제품으로서의 경유는 필요에 따라 경질경유를 탈황(脫黃)하여 생산되며, 압축점화엔진의 연료로 사용된다. 중질경유는 촉매를 이용해서 접촉분해하여 가솔린을 만드는 원료로 이용되거나, 수소화(水素化) 탈황 공정을 거쳐 중유 생산을 위한 혼합 재료원으로도 이용된다. 압축점화엔진용 경유는 디젤경유라고도 불리며, 트럭·버스 등의 자동차, 건축·토목공사에 이용되는 여러 가지 건설기계, 철도용 소형고속엔진 등의 내연기관의 연료로 이용된다. 디젤경유에 갖추어져야 하는 품질로서 착화성(着火性)·유동점(저온유동성)·황성분 등이 규정되어 있다. 디젤경유의 착화성을 나타내는 지표(指標)는 세탄값(cetane number) 또는 세탄지수이다. 유동점은 겨울의 저온에서의 시 동성 을 좌우하는데, 필요에 따라 왁스 성분을 제거하거나, 첨가제를 가하여 시동점을 낮추기도 한다. 황성분은 엔진의 부식, 배기가스에 의한 공해 등을 방지하기 위해 수소화정제법(水素化精製法)을 쓴다.

Chapter 02

# 연료장치 일반

## 2.1 연료 흐름도

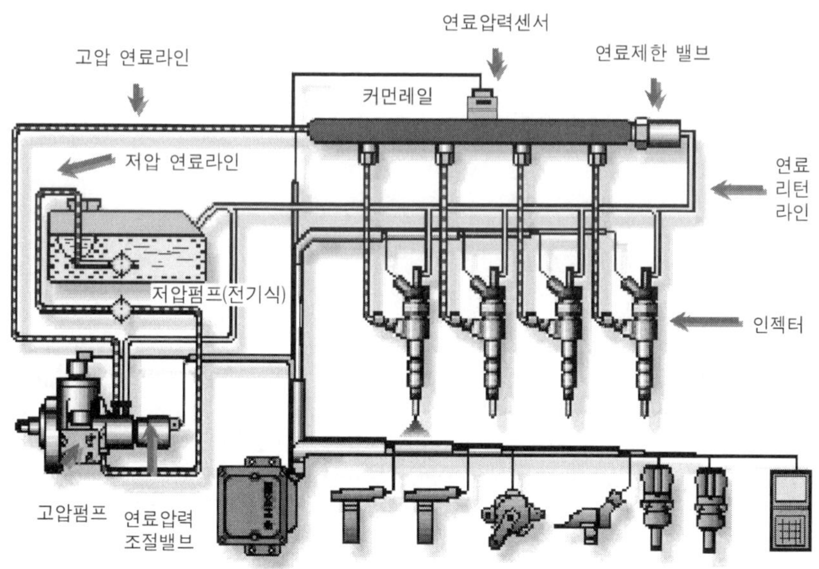


D-엔진 연료흐름도

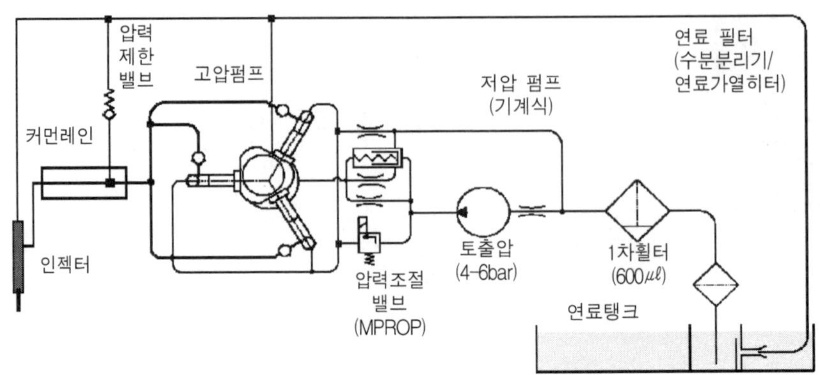


A-엔진 연료흐름도

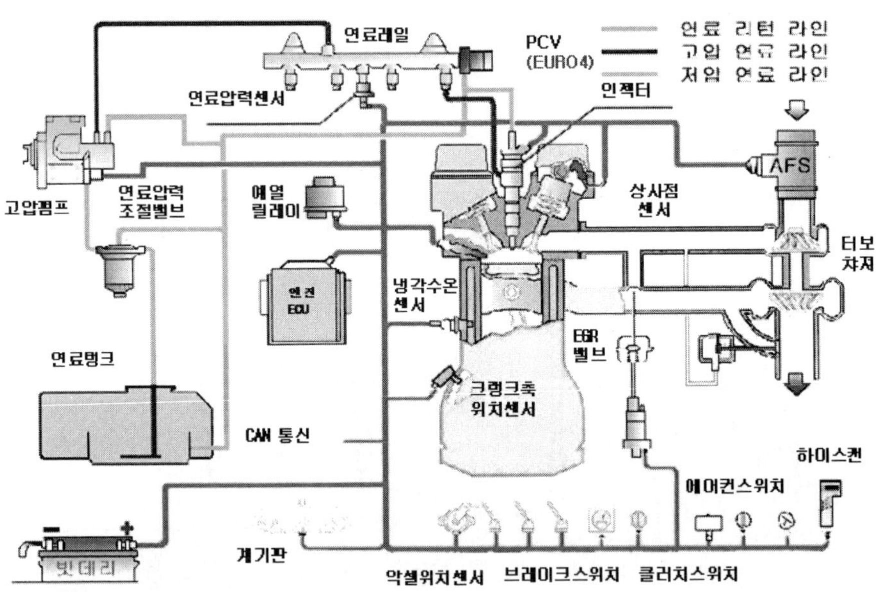


U-엔진 연료흐름도

## 1. 압력의 형성

### 1) 저압라인

연료 탱크로부터 고압 펌프 입구까지(약 4~5bar)이며 연료 탱크의 연료를 고압 펌프까지 이동하여 원활하게 연료를 공급하기 위해 장착되어있다. 초기 시동시나 연료가 냉각되어 있을 경우는 연료흐름이 원활하지 못하여 저압 펌프를 장착하여 이를 해소하고 있으며 고압 펌프에서 보면 연료호스가 밴드로 묶여져 있는 부분이 저압이라고 보면 된다.

### 2) 고압라인

저압으로 생성된 연료를 고압 펌프로 압력을 생성시켜준다. 연료가 윤활 역할을 하므로 연료의 점성이 대단히 중요하다. 물론 연료속의 불순물에 의해 고압 펌프가 손상이 되기도 한다. 고압은 엔진회전수에 비례하게 생성되며 저속에서 약 260bar고속으로 운전이 되면 최대 1400bar까지 생성이 되며 커먼레일까지 압송하게 된다.

### 3) 리턴라인

인젝터 또는 고압 펌프에서 압력이 과다 상승되면 연료 탱크로 리턴시키는 역할을 하며 인젝터에도 리턴호스가 장착되어 연료펌프까지 연료가 리턴이 된다. D-엔진에서는 저압 펌프를 전기식 연료펌프를 사용하며 A-엔진에서는 고압 펌프 속에 저압 펌프가 장착되어 압력을 생성시킨다.

## 2. A-엔진 연료흐름

**연료 탱크 → 1차 연료 필터(연료 탱크내장) → 2차 연료 필터(오버플로우 밸브, 수분분리기, 연료가열히터) → 저압 펌프(기계식/4~6bar) → 연료압력 조절밸브 → 고압 펌프 → 커먼레일(압력제한 밸브) → 인젝터**

## 3. D-엔진 연료흐름

**연료 탱크 → 1차 연료 필터(연료 탱크내장) → 저압 펌프(전기식/4~6bar) → 2차휠터(오버플로우 밸브, 수분분리기, 연료가열히터) → 고압 펌프 → 연료압력 조절밸브 → 인젝터**

### 4. U-엔진 연료흐름

연료 탱크 → 1차 연료 필터(연료 탱크내장) → 저압 펌프(전기식/4~6bar) → 2차휠터(오버플로우 밸브, 수분분리기, 연료가열히터) → 입구 연료압력 조절밸브 → 고압펌프 → 출구 연료압력 조절밸브 → 인젝터

## 2.2 연료 탱크

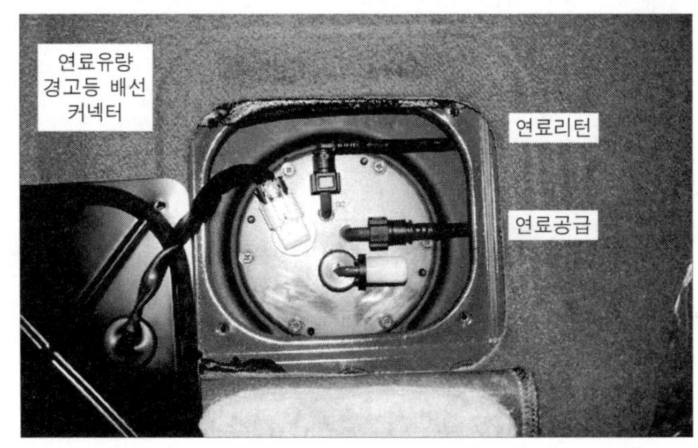


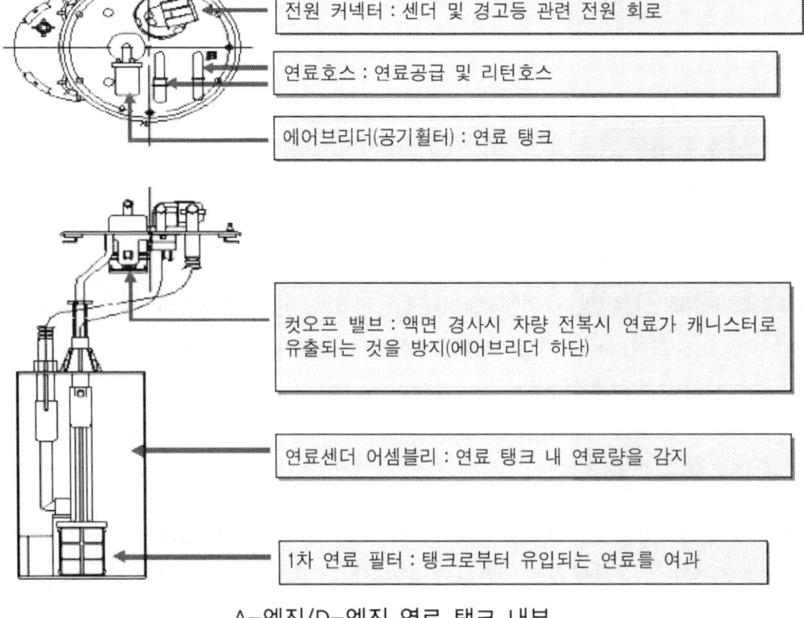


A-엔진/D-엔진 연료 탱크 내부

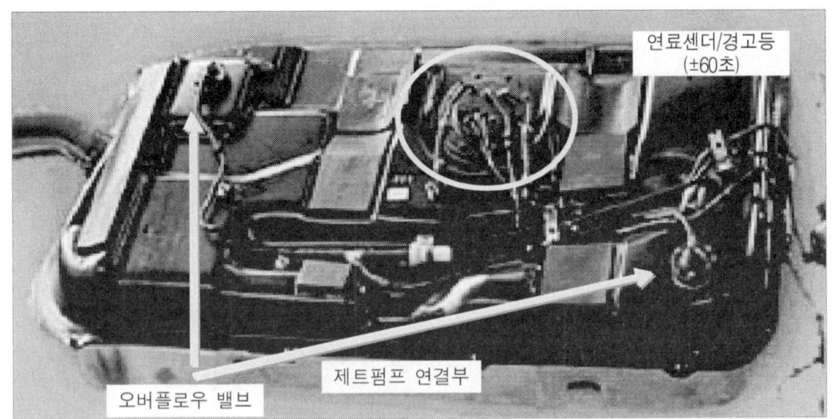


D-엔진 연료 탱크

1차 연료 필터는 연료 탱크에 내장되어 있으며 비교적 큰 이물질을 걸러 주는 역할을 한다. 또한, 차량의 전복시 연료누출을 방지하기 위해 오버플로우 밸브(D-엔진) 또는 컷오프밸브(A-엔진)가 장착되어 있다. 또한 연료의 잔량을 경고해 주는 잔량 경고등도 연료 탱크 속에 장착되어 있다.

공기휠터가 장착되어 연료 탱크 내부에 대기가 들어가도록 설계되어 있다.

## 2.3 연료 필터 및 수분분리기, 연료가열히터

연료 필터의 비교

| 구분 | D-엔진 | A-엔진 |
|---|---|---|
| 연료 필터 | 엔진룸 대쉬판넬에 장착 | 운전석 휀더 측면 |
| 연료가열장치 | 휠터 일체형 | 휠터 일체형 |
| 프라이밍 펌프 | 없음 | 없음 |
| 오버플로우 밸브 | 있음 | 없음 |

## 1. A-엔진

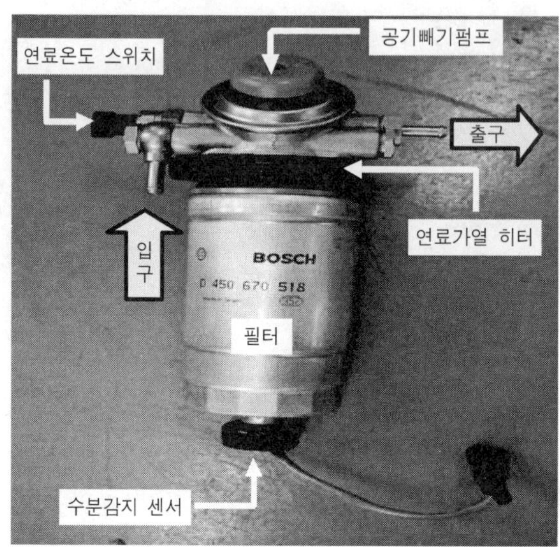


A-엔진 연료 필터

1차 연료 필터는 연료 탱크에 내장되어 그물망과 같은 형식으로 되어 있으며, 비교적 큰 이물질에 대해 여과한다. 2차 연료 필터는 엔진룸에 적용되어 연료 속의 이물질과 수분을 여과하는 장치이며, 디젤연료는 온도가 낮아지는 정도에 따라 연료성분의 일부에서 파라핀계 성분이 고체화 되는 현상이 있으며 이것은 연료 필터에서 연료흐름을 방해한다.

연료의 고체화로 인해 발생될 수 있는 기타 현상을 막기 위해 연료가열장치를 적용하였다.

**★연료 온도스위치 작동온도(영하 5도에서 ON 상온 3도 OFF)**
**연료가열장치의 작동은 온도가 영하 5도에서 ON이 되면 연료가열 릴레이가 작동되어 가열히터가 작동이 되어 연료 온도가 증가하여 연료의 점도를 낮춰 원활한 시동이 되게 한다.**

보쉬 2세대 A-엔진(스타렉스, 쏘렌토)과 델파이 J-엔진(테라칸, 카니발-II)은 오버플로밸브는 없으나, 프라이밍 펌프(공기빼기용)가 설치되어 있다. 연료필터의 경우 전자제어 디젤엔진의 연료장치에서는 그 역할 또한 매우 중요하다. 그 이유는 아주 정밀하게 조립된 부품들로 구성되어 있어 아주 미세한 이물질에 의해 엔진 및 연료장치를 손상시키는 원인이 되기 때문이다.

이로 인해 연료 필터의 관리가 한층 더 높아졌다. 또한 연료의 수분에 의해 연료장치가 부식되는 현상을 억제하기 위해 수분 저장고가 적용되어 있으며, 자동 수분 경고 장치가 설치되어 있다.

### 2. D-엔진

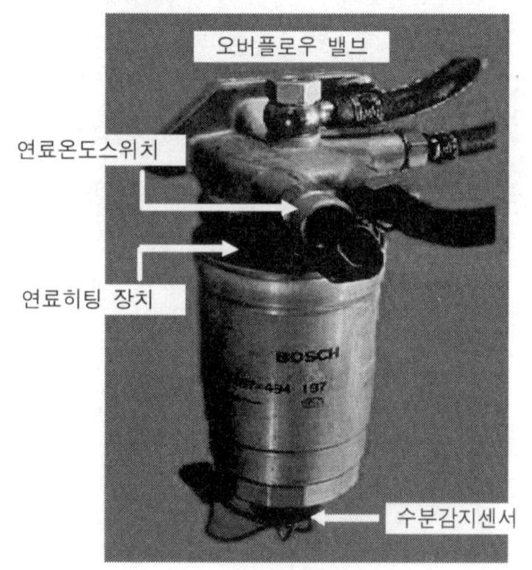


D-엔진 연료 필터

보쉬 1세대 D-엔진(싼타페, 트라제XG, 카렌스-II)의 경우 연료 필터에 오버플로 밸브가 설치되어 저압라인의 압력을 일정하게 유지하도록 되어 있다.

## 2.4 저압 연료펌프

### 1. D-엔진 저압 펌프(전기식 모터)

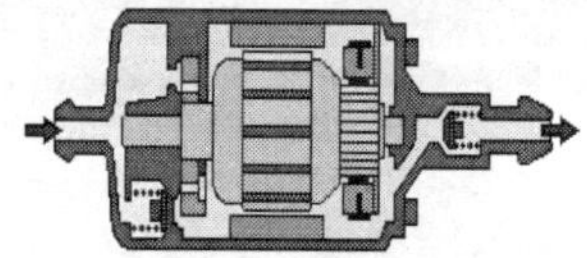

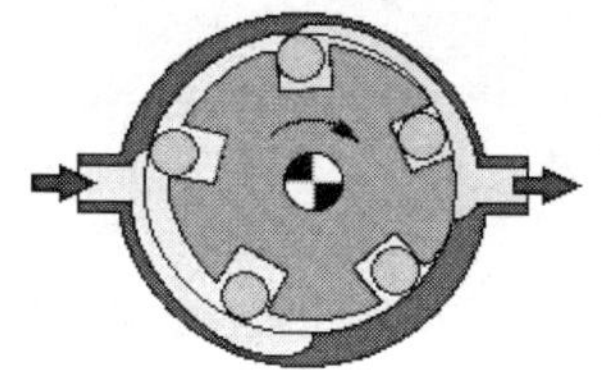

D-엔진 저압 연료펌프

D-엔진의 저압 펌프는 전기식 연료펌프를 사용하며 압력은 4~5bar 정도 된다.

작동은 점화스위치를 ON하면 메인릴레이가 작동이 되고 ECU에 엔진회전수가 입력이 되면 ECU는 연료펌프 릴레이를 어스(-)시켜 연료펌프에 전원을 공급하여 작동하게 된다.

CRDI 엔진의 저압 펌프는 전기식 모터 구동 방식과 기계식으로 나누어진다. 이중 전기식 연료펌프는 D-2.0/2.2, S-3.0 엔진에 적용되었으며 기계식 전압펌프는 U-1.5, A-2.5, J-2.9 엔진에 적용되었다.

| | 작동 | 적용엔진 |
|---|---|---|
| 전기식 저압 펌프 | ECU-IG ON 후 CKP 신호 입력해야 작동 | D-2.0, D-2.2, S-3.0 |
| 기계식 저압 펌프 | 엔진회전과 함께 작동 | U-1.5, A-2.5, J-2.9 |

전기식 저압 펌프는 ECU에 의해 구동되며, IG ON시에 3~5초간 작동한 다음 엔진회전수 신호를 입력받아 시동 ON 상태에서 계속 작동하게 된다. 전기 신호의 입력으로 모터가 구동되기 때문에 모터의 작동음을 통해 정상 작동여부를 확인할 수 있는데 싼타페, 트라제-XG 차량은 연료 탱크 외부에 장착되어 있지만 투싼, 스포티지 등 최근 차량의 경우는 연료 탱크 내부에 장착되어 있어 작은 작동음은 들리지 않을 수 있다.

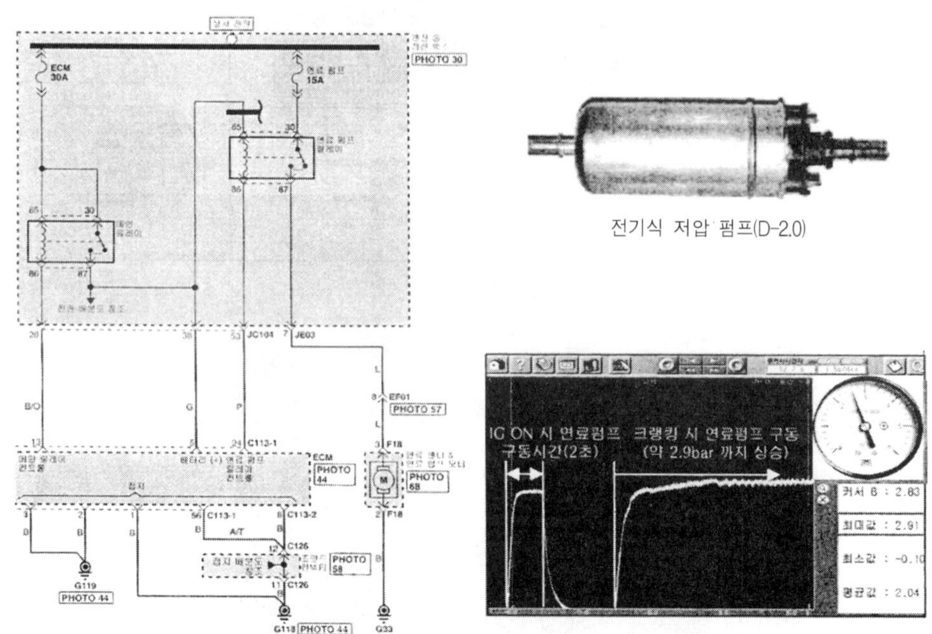

전기식 저압 펌프(D-2.0)

전기식 저압 펌프 회로(좌)와 펌프 작동(우)

D-엔진의 연료펌프 작동은 시동 Key ON시 ECU에서 메인 릴레이를 작동시키고 이때 24번 단자를 약 3초간 접지시킨 후 OFF된다. 이때 연료펌프가 작동하는 소리를 들을 수 있다. 그리고 시동시 엔진회전수 신호(CKP센서)가 약 50rpm 이상 엔진 ECU로 입력될 경우 엔진 ECU는 연료펌프 릴레이를 작동시

켜 연료펌프를 계속 구동하게 된다. 연료펌프가 정상적으로 작동할 경우 구동 전류는 약 3A 가량이 된다. 만약 3A보다 적은 전류가 측정될 경우에는 연료펌프의 고장을 의심할 필요가 있고 높을 경우에는 저압 연료라인의 막힘을 예상할 수 있다.

## 2. A-엔진 저압 펌프

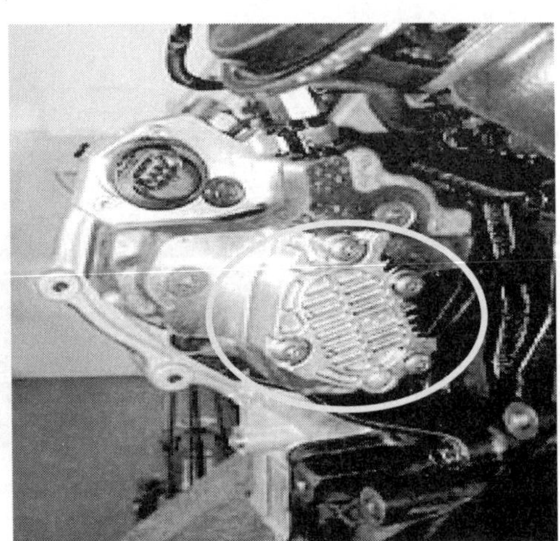

A-엔진 저압 펌프

기계식 저압 연료펌프는 기어타입으로 고압 펌프와 일체식으로 구성되어 있다. 엔진의 회전과 동시에 타이밍 체인 또는 벨트로 연결된 고압 펌프가 회전하면 고압 펌프 내부의 구동 샤프트에 의해 작동을 시작하며, 이때 연료 탱크

내의 연료는 저압 펌프에 의해 흡입되어진다. 이렇게 흡입된 연료는 연료압력 조절밸브에 의해 조절되어 필요한 양의 연료가 고압 펌프로 압송되어진다.

저압 연료펌프의 내부 구성요소를 살펴보면 두 개의 기어 휠이 회전할 때 서로 맞물려서 반대방향으로 회전하게 되고, 연료는 기어휠과 펌프벽 사이에 형성된 챔버에 갇혀 있다가 출구(압력측면)로 이송된다. 회전하는 기어들 사이의 접촉은 펌프의 흡입과 압력끝단의 기밀이 유지되어 연료가 다시 뒤로 새어나가는 것을 막는다. 이러한 기어 방식의 연료펌프 이송량은 실제로 엔진의 속도에 비례하여 증가하지만, 기어의 이송량이 입구 끝에서 스로틀의 흡입에 이해 감소되거나 또는 출구끝에서 오버플로우 밸브에 의해 제한되기 때문에 일정량 이상으로 상승하지 않는다.

기계식 저압 펌프는 별도로 조정하거나 수정하는 작업이 필요없으며 단지 연료가 없는 상태에서 저압 연료라인에 공기가 유입될 수 있으므로 수동 형태의 에어 플라이밍 펌프가 연료 필터 상단에 일체로 장착된다(연료압력 조절밸브가 입구제어 방식일 경우에만 설치).

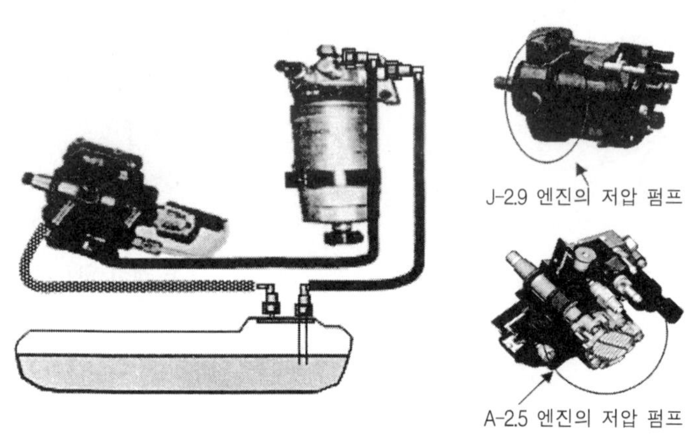


기계식 저압 펌프(左)와 펌프 형상(右)

엔진 시동중(Idle 회전수 이상) 기계식 저압 연료펌프와 고압 펌프사이의 라인압력은 4~6.5bar 부근으로 항상 유지되어야 한다. 시동시에 저압 연료라인의 압력은 엔진회전수에 비례하여 상승하다가 엔진의 회전수가 400rpm 이상에서는 4~6bar의 일정한 연료압력이 형성된다.

**탱크에서 저압 펌프로 흡입압력 : 0.5~1bar이며 토출압력 : 4.5bar이다.**

## 2.5 연료압력 조절밸브

### 1. A-엔진 연료압력 조절밸브

연료압력 조절밸브 고압 펌프에 적용되어 기어 펌프인 저압 펌프와 고압 펌프의 연료 통로 사이에 밸브가 설치되며, 고압 펌프로 보내어지는 연료량을 제어하는 역할을 한다. ECU로부터 전기적인 신호 즉, 전류제어로 연료압력을 제어하도록 되어 있다. 또한, 연료압력 조절밸브는 이그니션 키 OFF 때 항상 열린 방식의 밸브가 설치되어 시동 때 연료가 저압에서 고압으로 이송되는 시간을 단축, 시동성에 문제가 없도록 설계되어 있다.

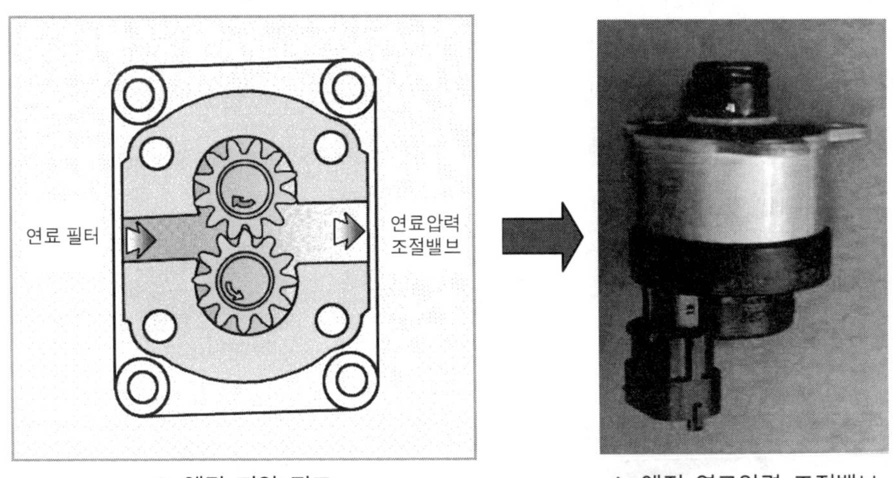


A-엔진 저압 펌프　　A-엔진 연료압력 조절밸브

#### 1) 연료압력 조절밸브-열림(연료공급 상태)

통상적으로 엔진 가동 중에는 연료압력 조절밸브는 ECU에서 전기신호(전류)를 보내지 않은 상태에서는 저압의 소량의 연료는 윤활의 목적으로만 사용되며 모두 고압실로 보내져 플런저의 왕복운동에 의해 가압되어 고압 커먼레일로 보내진다. 제어 주파수는 185Hz로 엔진의 부하 및 엔진의 속도에 의해 제어된다. 연료압력 조절밸브가 고장이 나면 엔진은 정지되며 열린 상태로 있게 된다.

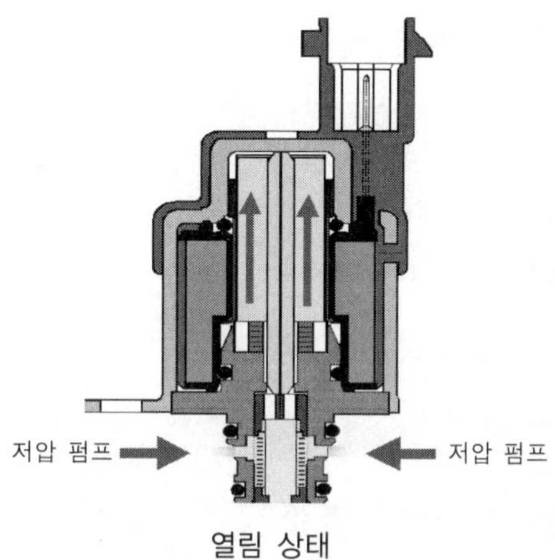

열림 상태

2) 연료압력 조절밸브-닫힘(연료차단 상태)

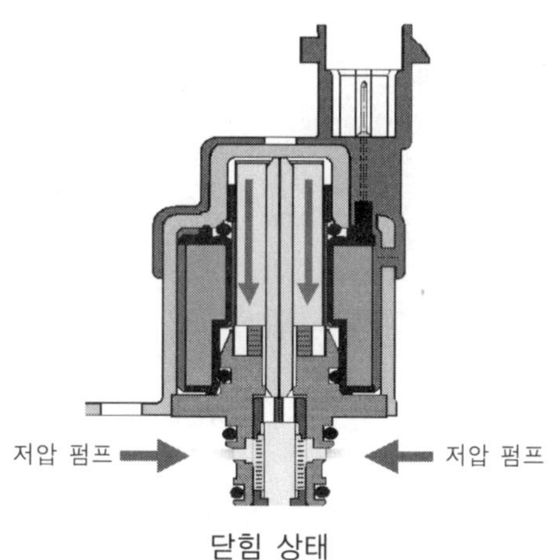

닫힘 상태

ECU는 전류를 최대치로 하여 밸브를 열면 저압연료는 윤활량만을 남기고 모두 연료 탱크로 리턴된다.

- 800rpm(무부하시) : 약 45%(연료압력 : 270bar)
- 4500rpm(부하시) : 약 35%(연료압력 : 1,350bar)

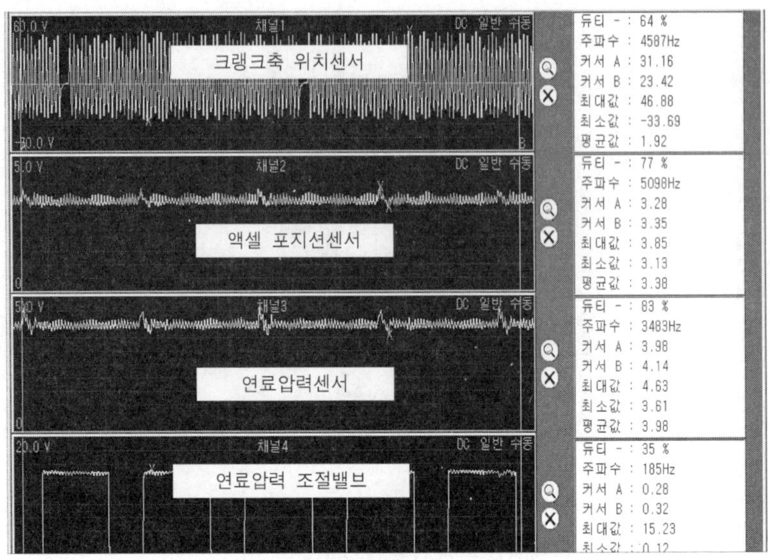


A-엔진 7압력조절밸브 듀티 파형

### 2) D-엔진 연료압력 조절밸브

D-엔진의 연료압력 조절밸브는 커먼레일에 장착되어 있다. 이 밸브는 고압펌프에서 고압으로 만들어진 연료를 리턴라인으로 배출하여 연료압력을 조절하는 방식이며 점화스위치 OFF일 때 항상 닫혀있는 방식이다. 엔진회전수와 부하에 따라 연료압력을 제어하는 타입이다.

작동 주파수는 1KHz이다.

즉 1초에 1,000번 작동한다.

- 4000rpm(무부하시) : 제어 듀티는 약 30%(이때 연료압력은 803bar)
- 750rpm(공전시) : 제어 듀티는 약 16%(이때 연료압력은 260bar)

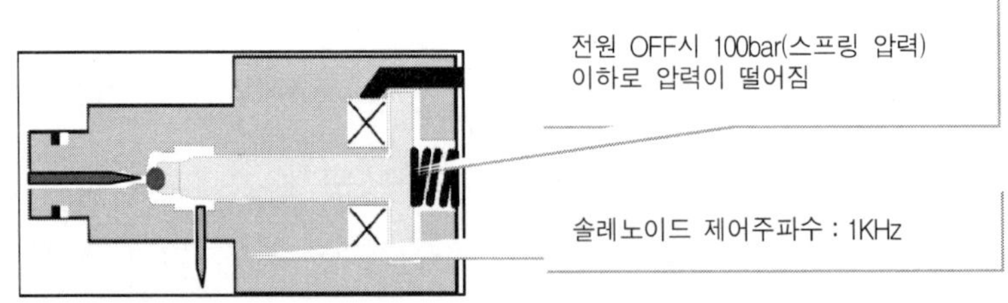


D-엔진 연료압력 조절밸브

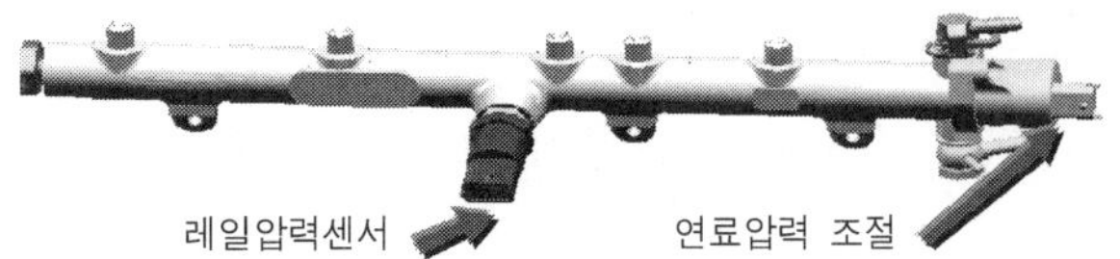


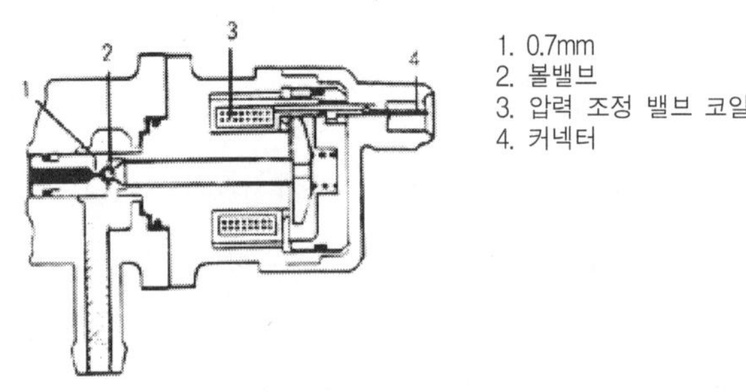


D-엔진 연료압력 조절밸브 구조 및 장착위치

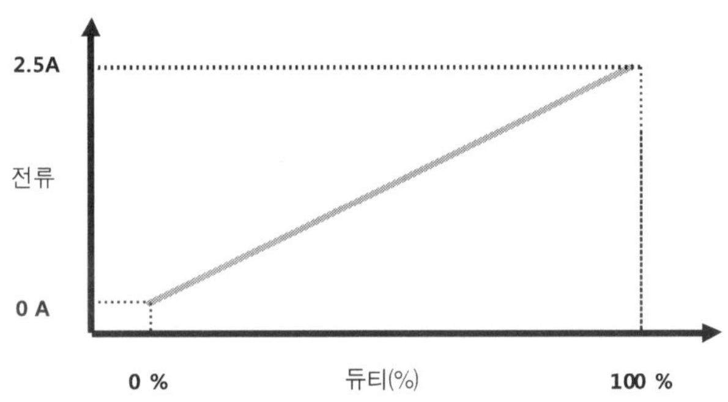


D-엔진 연료압력 조절밸브 전류에 따른 듀티비

압력 제어 밸브는 엔진부하의 함수로써 레일에서의 정확한 압력을 설정하고 레일 압력이 과도하면 압력 제어 밸브는 열리고 연료의 한 부분이 리턴라인을 통해 레일에서 연료 탱크로 돌아간다. 또한 레일 압력이 너무 낮으면 압력 제어 밸브는 닫히고 자압단계로부터 고압단계로 라인을 형성한다. 압력 제어 밸브는 고압 펌프와 고압 어큐뮬레이터(레일)에 부착하기 위해 마운팅 플랜지가 있다. 고압단계와 저압단계를 각각 밀폐하기 위해 전기자는 볼을 씰 위치로 강제시킨다. 전기자에 적용하는 두개의 힘이 있다. 첫째로 그것은 스프링에 의해 아래와 눌려지는 힘과 둘째로 전자기력에 의해 움직이는 힘이다. 윤활과 열소산을 위해 전체 전기자 어셈블리는 연료에 의해 영구적으로 둘러싸인다.

(1) 압력 제어 밸브 에너지가 인가되지 않았을 때

레일이나 고압 펌프의 출구에서 고압이 고압 펌프 입구를 통해 압력 제어 밸브에 적용된다. 비인가 된 전자기석은 힘을 발휘하지 못하기 때문에 고압연료는 제어밸브를 열거나 이송량 만큼의 열림을 유지하기 위한 스프링의 힘을 초과한다. 스프링은 최대압력이 100bar 정도 된다.

(2) 압력 제어 밸브 에너지가 인가되었을 때

고압회로에서 압력이 증가되면 전자기석의 힘은 스프링힘에 추가적으로 발생 되어지면서 압력 제어 밸브는 한쪽에서의 고 압력과 스프링의 결합된 힘 그리고 다른 면에서 전자기석의 힘 사이에 평형을 이루기 위해 닫히거나 닫힌 채로 유지하기 위해 에너지가 인가된다.

그러면 밸브는 열린 채로 유지되고 연료의 압력을 일정하게 유지한다. 펌프 이송량에서 변화나 고압단계에서의 연료의 변화는 압력 제어 밸브 제어량에 따라 보상된다.

### 3. U-엔진 연료압력 조절밸브(듀얼 연료압력 조절밸브)

U-엔진의 기존 커먼레일 엔진의 압력조절 방식을 보완 및 단점을 개선한 듀얼 연료압력 조절밸브가 적용되었으며 펌프측(입구)과 레일측(출구)을 동시에 제어하여 엔진 영역에 따른 신속하고 정밀한 연료압력 제어가 가능하다.

펌프측(입구) 제어밸브

레일측(출구) 제어밸브

1) U-엔진 연료압력 조절밸브의 기능

- 엔진 ECU는 출력/배기가스/노이즈 면에서 최적으로 설정된 목표압력 값으로 레일압력을 피드백 제어함
- 고장시-시동꺼짐, 시동불량

| | MPROP | PRV |
|---|---|---|
| 제어방식 | 입구제어 | 출구제어 |
| 작동주기(PWM) | 185Hz | 1000Hz |
| 작동구간 | NORMAL한 운전영역 | 감속, 시동시 빠른 레일압력 감소 요구시 |
| 적용 SYSTEM | EURO3 | |
| | EURO4 | |
| 장착위치 | 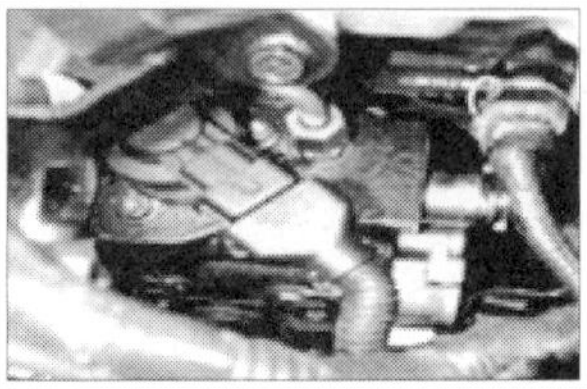 | 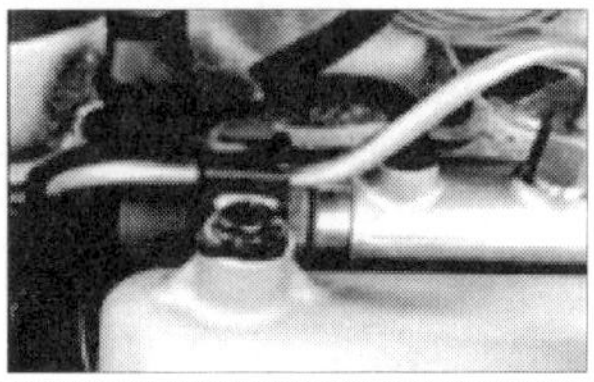 |

4. A-엔진 압력 제한 밸브(D, U-엔진은 없음)

압력 제한 밸브는 안전 밸브와 같은 역할을 하며 과도한 압력이 발생할 경우

비상 통로를 개방해 레일의 압력을 제한한다. 압력 제한 밸브는 순간적인 압력이 1,750bar를 초과할 경우 작동된다.

밸브 하우징은 커먼레일의 끝 부분에 연결 설치되며 하우징의 안쪽에는 리턴 스프링에 레일 입구를 밀고 있는 형태이다. 밸브는 콘 형태로 플런저 끝이 레일의 통로를 닫히게 되어 있으며, 정상적인 작동 압력(1,350bar)에서는 리턴 스프링이 플런저를 레일 시트에 힘을 가하고 레일은 닫힌 채로 유지된다.

최대 시스템 압력이 한계(1,750bar)를 넘자마자 플런저 및 스프링은 레일의 압력에 의해 뒤로 밀리게 되고, 그 고압의 연료는 리턴 라인을 통해 연료 탱크로 돌아가게 된다. 즉, 밸브가 열리면서 연료는 플런저의 내부를 통해 레일을 빠져나가기 때문에 연료압력은 설정압력 만큼 떨어지게 된다.

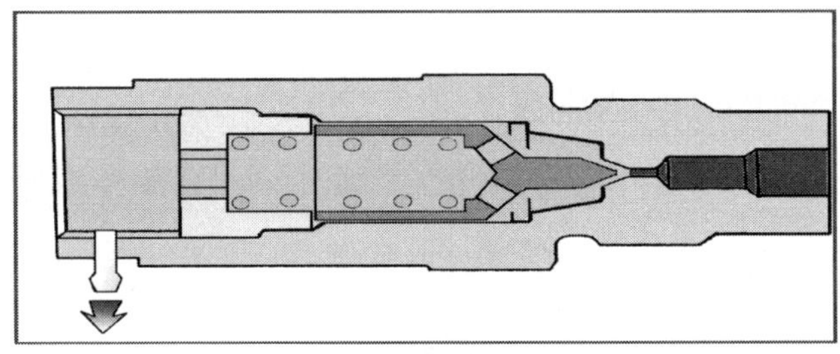

A-엔진 압력제한 밸브

## 2.6 고압 펌프

고압 펌프의 비교

| 구분 | D-엔진(보쉬 1세대) | A-엔진(보쉬2세대) |
|---|---|---|
| 작동 최고압력 | 1,420bar | 1,600bar |
| ECU제어 최고압력 | 1,350bar | 1,350bar |
| 토출량 | 0.687cc/회전 | 0.677cc/회전 |
| 고압 펌프 입구압력 | 1.3~1.8bar | 4~6bar |

시스템의 한 부분으로 엔진 작동 조건에서 필요한 시스템의 압력을 발생시킨다 .엔진의 타이밍 체인(A-엔진)이나 캠축(D-엔진)에 의해 구동되며, 레디

얼 펌프방식으로 저압 펌프에서 송출된 연료를 다시 고압으로 형성해 커먼레일로 토출한다. 고압 펌프는 저압과 고압 단계 사이의 중간 영역으로 볼 수 있으며, 고압 어큐뮬레이터에서 필요한 시스템 압력을 지속적으로 발생시킨다.

### 1. 고압 펌프 작동 원리(D-엔진/A-엔진)

엔진의 캠축 기어(D-엔진)에 의해 구동되고 윤활은 연료에 의해 이루어진다. 고압 펌프의 내측에는 서로 120도의 각도로 되어 있는 3개의 반경방향의 펌프 피스톤에 의해 연료가 압축된다. 매회전 마다 3번의 이송 행정이 일어나기 때문에 펌프 구동장치에 응력이 일정하게 유지되도록 낮은 피크의 구동 토크가 발생된다.

또한 기존 인젝션 펌프를 구동하기 위해 요구되는 토크 값이 많이 감소되었다. 이것은 커먼레일에서 기존 분사 시스템의 경우보다 펌프 구동에 더 작은 부하가 걸린다는 것을 의미하며, 펌프를 구동하기 위해 요구되는 파워는 레일에 설정된 압력과 펌프의 속도에 비례해 증가한다.

설정 압력은 1,350bar이며, 엔진의 파워는 이것을 바탕으로 인젝터 분사량에 의해 결정된다. 따라서 연료의 누출이 발생 또는 압력 제어 밸브의 이상 발생 때 엔진의 출력에 영향을 준다는 것을 알아두어야 한다.

연료 필터(수분분리기)를 통해 1차 공급 펌프는 연료를 탱크에서 연료입구와 안전밸브를 통해 고압 펌프로 펌핑한다. 이것은 안전밸브를 통해 연료를 고압 펌프의 윤활과 냉각회로로 압송한다. 드라이브 샤프트 캠의 작동에 의해 캠의 형상에 따라 펌프의 플런저를 위/아래로 이동한다.

이송압력이 안전밸브의 전개압력(0.5~1.5bar)을 넘자마자 1차 압력 펌프는 연료를 고압 펌프의 입구밸브를 통해 펌프 피스톤이 아래로 움직이고 있는 펌핑 요소의 챔버로 이송시킨다(흡입행정).

펌프 피스톤이 BDC를 지나면 입구 밸브가 닫힌다. 연료가 펌핑 요소의 챔버에서 빠져나가는 것이 불가능하기 때문에, 연료는 이송압력 이상으로 압축된다. 증가하는 압력은 레일 압력에 도달하자마자 출구 밸브를 연다. 그리고 압축된 연료는 고압회로로 들어간다. 펌프 피스톤은 TDC에 도달할 때까지 연료의 압송을 계속한다.

그 후 압력이 떨어지면 출구 밸브가 닫힌다. 펌핑 요소 챔버에 남아있는 연료는 이완되고 펌프 피스톤은 다시 아래로 이동한다. 펌핑 요소 챔버의 압력이 1차 공급 펌프 압력 이하로 떨어지자마자 입구 밸브가 열리고 펌핑 과정이 다시 시작된다.

밸브는 순간적인 압력이 1,750bar를 초과할 경우 작동된다. 밸브 하우징은 커먼레일의 끝 부분에 연결 설치되며 하우징의 안쪽에는 리턴 스프링에 레일 입구를 밀고 있는 형태이다.

밸브는 콘 형태로 플런저 끝이 레일의 통로를 닫히게 되어 있으며, 정상적인 작동 압력(1,350bar)에서는 리턴 스프링이 플런저를 레일 시트에 힘을 가하고 레일은 닫힌 채로 유지된다.

최대 시스템 압력이 한계(1,750bar)를 넘자마자 플런저 및 스프링은 레일의 압력에 의해 뒤로 밀리게 되고, 그 고압의 연료는 리턴 라인을 통해 연료 탱크로 돌아가게 된다. 즉, 밸브가 열리면서 연료는 플런저의 내부를 통해 레일을 빠져나가기 때문에 연료압력은 설정압력 만큼 떨어지게 된다.

고압 펌프는 엔진 구동 중 필요로 하는 고압을 발생하고 커먼레일 내에 높은 압력의 연료를 지속적으로 보내주는 역할을 한다.

D-2.0/2.2 엔진의 고압 펌프는 엔진 캠축에 의해 구동되며 레디알 펌프방식으로 저압 펌프에서 송출된 연료를 바로 고압으로 만들어 커먼레일로 토출한다.

U-1.5, A-2.5, J-2.9, S-3.0 엔진의 고압 펌프는 타이밍 체인 또는 벨트에 의해 구동되며 장착위치는 기존 디젤엔진의 인젝션펌프 장착위치와 같다. 또한 이러한 입구제어 방식의 커먼레일 시스템에서는 고압 펌프와 함께 저압 펌프, 연료압력 조절밸브가 일체로 구성되어 있어 정비시 주의를 요하게 된다.

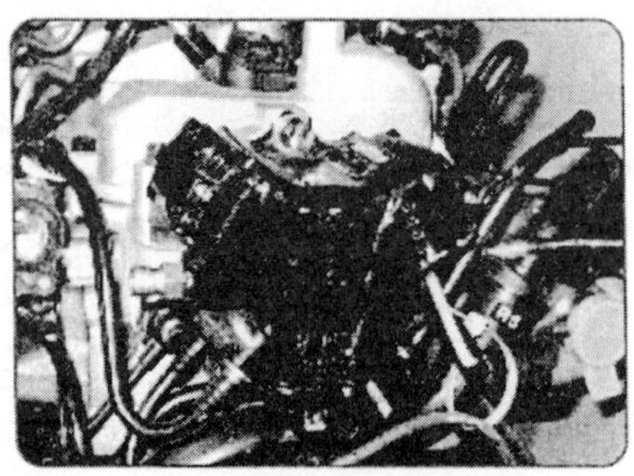

D-2.0 고압 펌프(Euro-Ⅲ)

D-2.0/2.2 고압 펌프(Euro-Ⅳ)

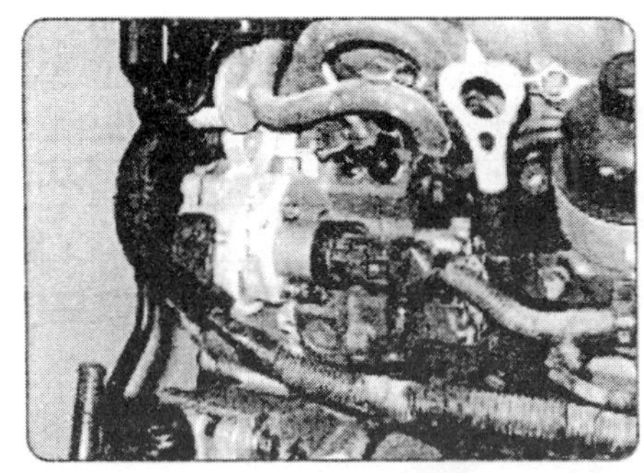
U-1.5 고압 펌프(Euro-Ⅳ)

A-2.5 고압 펌프

J-2.9 고압 펌프

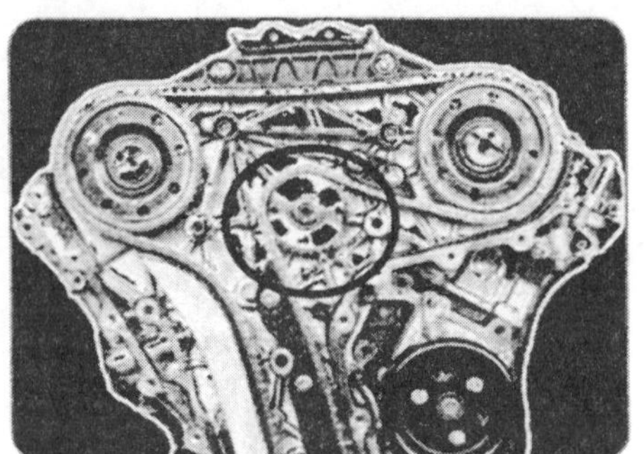
S-3.0 고압 펌프

## 2. A-엔진 고압 펌프 구조

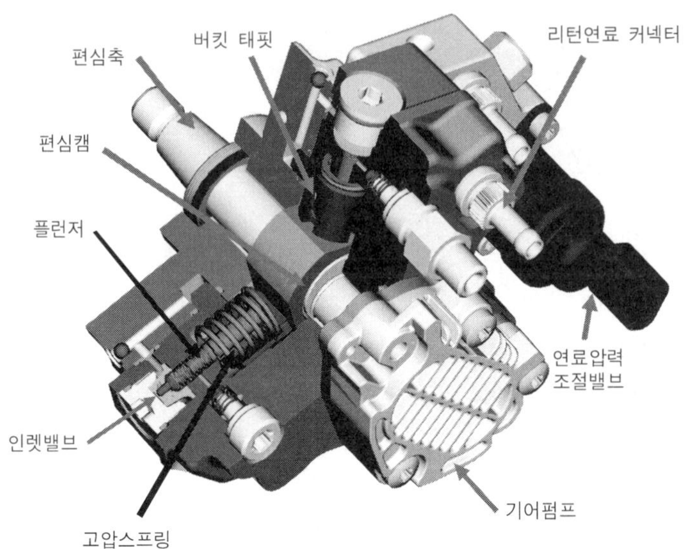

A-엔진 고압 펌프(1)

A-엔진 고압 펌프(2)

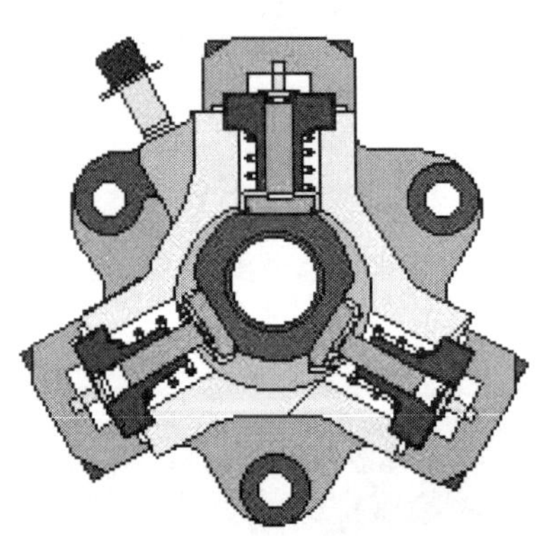

A-엔진 고압 펌프의 구조

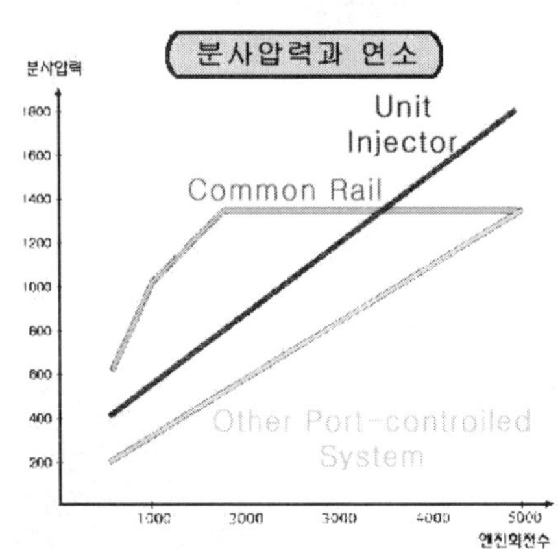


커먼레일 압력비교

A-엔진 고압 펌프의 제원

| 토출량 | 0.677cm$^3$/회전 |
|---|---|
| 최대 토출압력 | 1,600bar |
| 기어비 | 0.67 |
| 최대속도 | 4,600 rpm |
| 구동토크 | 24(평균)/28(최대)Nm |

## 3. D-엔진 고압 펌프 구조

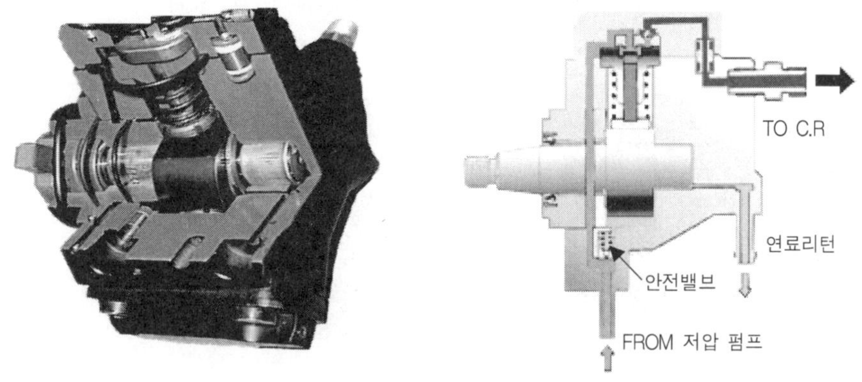


D-엔진 고압 펌프 구조

### 1) 흡입행정

펌프 피스톤이 하사점을 지나면 입구밸브가 닫힌다. 연료가 펌핑 요소의 챔버에서 빠져 나가는 것이 불가능하기 때문에 연료는 이송압력 이상으로 압축된다.

### 2) 토출행정

압력이 증가하여 레일압력이 도달하자마자 출구밸브를 연다, 그리고 압축된 연료는 고압쪽으로 들어간다. 펌프 피스톤이 상사점에 도달할 때 까지 연료압송은 계속된다. 그 후 압력이 떨어지면 출구밸브가 닫힌다. 펌핑 요소는 챔버에 남아있고 연료는 이완되며 펌프 피스톤은 다시 아래로 이동한다. 펌핑요소 챔버압력이 저압 펌프 압력 이하로 떨어지자마자 입구밸브가 열리면서 펌핑과정이 다시 시작된다.

## 4. D-2.0/D-2.2/S-3.0 엔진의 고압 펌프

D-엔진의 고압 펌프는 캠축 기어에 의해서 구동되고 윤활은 연료(경유)로 인해 이루어진다(단 S-3.0은 타이밍 체인에 의해 구동).

고압 펌프 내부에는 120°의 위상을 가지는 세 개의 반경 방향의 펌프 피스톤이 있고, 이 세 개의 펌프에 의해 연료가 압축된다. 이러한 고압 펌프의 특징은

매회전마다 세 번의 이송행정이 일어나기 때문에 펌프 구동장치에 응력이 일정하게 유지되며 이로 인해 낮은 피크의 구동 토오크가 요구된다.

D-엔진의 고압 펌프

S 3.0-엔진의 고압 펌프

시스템 설정 최대 압력은 Euro-Ⅲ에서는 1,350bar였으나 Euro-Ⅳ 엔진이 개발되면서 1,600bar로 증가시켰다. 엔진의 파워는 이러한 분사압력과 분사량을 어떻게 제어하느냐에 따라 결정된다. 따라서 연료의 누출 또는 압력 제어 밸브의 이상 발생시 엔진 출력에 크게 영향을 주게 된다.

D-엔진의 고압 펌프 최대 압력

| | D-2.0(Euro-Ⅲ) | D-2.0(Euro-Ⅳ) | D-2.2(Euro-Ⅳ) | S-3.0(Euro-Ⅳ) |
|---|---|---|---|---|
| 최대 설정압력 | 1,350bar | 1,600bar | 1,600bar | 1,600bar |

### 5. U-1.5/A-2.5/J-2.9 엔진의 고압 펌프

입구제어 방식의 U-엔진과 A-엔진, J-엔진의 고압 펌프는 D-엔진의 것과는 많은 부분에서 다른 특징을 나타낸다. 입구제어 방식의 고압 펌프는 타이밍 체인 또는 벨트에 의해서 구동되는 점이 출구제어 방식과 다르며 저압 펌프와 압력조절밸브가 일체로 구성되어 있다는 점도 두드러지는 차이점 가운데 하나이다.

ECU는 엔진이 회전하는 동안 목표 연료압력을 설정하고 연료압력센서로부터 커먼레일의 현재 압력신호가 입력된다. 또한 설정한 목표 압력에 따라 조절밸브를 제어하여 결국 고압 펌프에서 얼마의 연료를 고압으로 형성할 것인지 결정하게 된다. 즉, 입구제어 방식의 경우에는 요구하는 압력만큼의 연료를 유량으로 제어하여 고압 펌프로 보내주는 방식으로 출구제어 방식인 D-엔진보다 상대적인 구동 손실을 줄일 수 있다.

입구제어 방식의 고압 펌프는 교환 또는 조립시에 연결된 체인(또는 벨트)의 마크를 확인해서 정확하게 조립해야 하는 주의가 요구된다. 물론 고압 펌프만을 독립적으로 볼 때에는 엔진의 회전에 따라 여러 번의 펌핑 행정이 일어나기 때문에 밸브 타이밍에 따른 압력변화에 크게 영향을 받지 않고 또한 분사순서에 분사압력도 고압 펌프와 직접적인 연관이 없는 것은 사실이다. 하지만 세가지 엔진 모두 고압 펌프의 회전이 타이밍 체인(또는 벨트)에 의한 구동이라는 점에서 정비성에서 동일한 특징을 가지고 나타낸다. 세가지 엔진 모두 크랭크축에서 캠축으로 회전력이 전달되는 그 중간에 고압 펌프를 장착하기 때문에 만약 고압 펌프에서 타이밍이 맞지 않게 되면 밸브타이밍에도 직접적인 영향을 끼치게 되는 것이다. 더군다나 A-2.5 엔진의 경우에는 밸런스샤프트 모듈과도 연결되기 때문에 더욱 더 세심한 주의가 필요하다. 그래서 이러한 엔진의 경우에는 고압 펌프 교환시 꼭 정비지침서를 참고하고 특수공구를 사용해서 정확한 작업을 해야 한다.

U-1.5, A-2.5, J-2.9 엔진의 고압 펌프

D-엔진이 고압 펌프 제원

| | U-1.5(Euro-Ⅳ) | A-2.5(Euro-Ⅲ) | J-2.9(Euro-Ⅳ) |
|---|---|---|---|
| 최대 설정압력 | 1,600bar | 1,400bar | 1,600bar |

## 6. 고압 펌프의 일반적인 압력특성

엔진이 회전하기 전에 커먼레일의 압력은 거의 0bar 부근에 위치하게 된다. 엔진의 시동이 걸려 엔진이 회전하게 되면 타이밍 체인(또는 벨트)에 의해 구동되는 고압 펌프도 함께 회전을 시작하고 이때부터 커먼레일 내부의 압력은 고압이 형성되기 시작한다. 엔진의 시동을 걸어 엔진회전수가 약 250rpm 이상 상승되면 정상 차량인 경우 분사에 필요한 연료압력이 고압 펌프에 의해 커먼레일에 형성되게 된다.

연료의 압력은 엔진 회전수에 비례하여 상승하는데 보통의 경우 아이들 시 250bar 부근에 있고 엔진회전수가 상승함과 동시에 연료의 압력도 상승하여 최고 1,600bar 이내에서 엔진 ECU에 의해 조절된다.

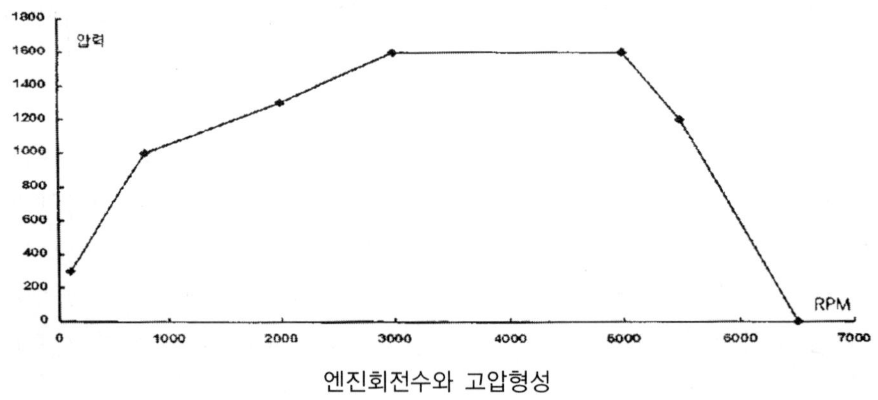


엔진회전수와 고압형성

## 7. 커먼레일(Common Rail)

커먼레일은 고압 연료펌프로부터 이송된 연료가 축압 저장되는 곳으로 모든 인젝터에 같은 압력으로 연료가 공급될 수 있도록 일종의 저장소와 같은 역할을 한다.

고압 펌프는 연료 이송과 연료 분사 때문에 발생되는 압력변동은 레일의 체적에 의해 완화된다. 따라서 연료분사시 레일에서 연료가 소모되어도 저장 축압의 효과에 의해 레일압력은 실제적으로 일정하게 유지된다. 이러한 커먼레일의 축압 기능에 의해 인젝터가 ECU의 구동에 따라 순간적인 고압 분사를 실시한다 해도 커먼레일의 체적은 가압된 연료로 다시 채워진다. 물론 분사 후 발생할 수 있는 압력 변동은 ECU의 기능으로 보완하도록 설계되어 분사에 따른 실제적인 압력변동은 거의 발생되지 않는다.

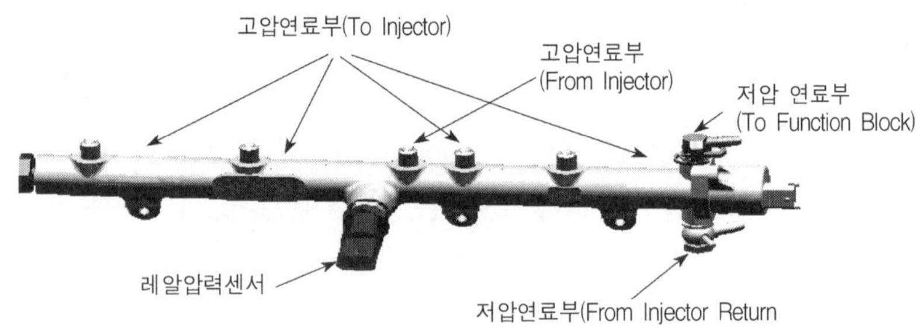


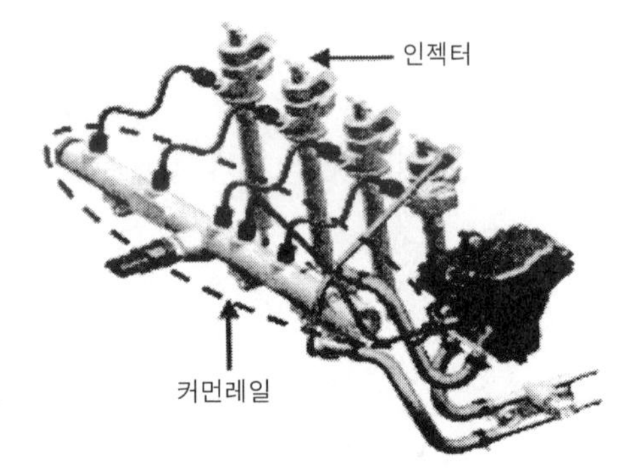


D-엔진의 커먼레일

## 연료압력 제한 밸브

압력 제한 밸브는 연료공급을 입구 제어하는(A/J-엔진) 방식에 적용되며 안전밸브와 같은 역할을 한다. 커먼레일 내에 과도한 압력이 발생된 경우, 연료압력 제한 밸브는 비상통로를 열어 레일의 압력을 제한한다.

| D-Engine | 없음 | |
|---|---|---|
| A-Engine | 제한밸브 | ▹ 정착위치 : 커먼레일 끝단부<br>▹ 제한압력 : 1,750bar<br>▹ 방식 : 리턴라인으로 연료리턴 |
| J-Engine | 제한밸브 | ▹ 정착위치 : 고압 펌프<br>▹ 제한압력 : 2,000bar<br>▹ 방식 : 대기배출 |

## 8. 연료압력 조절밸브

커먼레일 엔진에서 연료압력 조절밸브의 역할은 ECU에서 목표로 하는 설정 압력으로 고압의 연료를 분사하기 위해서는 커먼레일에 축압된 연료가 언제나 일정하게 유지. 제어될 수 있어야 하는데 이러한 압력 제어를 가능하게 만드는 장치가 바로 연료압력 조절밸브인 것이다.

### 1) 연료압력 조절밸브의 종류 및 명칭

현재 사용되는 용어는 다음 표에서 나타낸 바와 같이 다양하지만 실제 기능상의 차이는 없으며 모두가 다 연료압력을 조절하는 커먼레일의 구성품이라는 점에서는 같은 부품이라고 말할 수 있다.

**엔진별 조절밸브 명칭**

| | 형상 및 장착위치 | 명칭 | 제어방식 |
|---|---|---|---|
| U-1.5(Euro-Ⅳ) | | 레일측 조절밸브<br>펌프측 조절밸브 | 입/출구 동시제어<br>(조벌밸브 2개) |
| D-2.0(Euro-Ⅳ) | | 레일압력 레귤레이터 | 출구제어 |
| D-2.0(Euro-Ⅳ) | | 레일측 조절밸브<br>펌프측 조절밸브 | 입/출구 동시제어<br>(조벌밸브 2개) |

| D-2.2(Euro-Ⅳ) | ↑ | ↑ | ↑ |
|---|---|---|---|
| A-2.5 |  | MPROP<br>(Magnetic Proportioning Valve) | 입구제어 |
| J-2.9 |  | IMV<br>(Inlet Metering Valve) | 입구제어 |
| S-3.0 |  | 레일측 조절밸브<br>펌프측 조절밸브 | 입/출구 동시제어<br>(조벌밸브 2개) |

2) 출구제어 방식의 연료압력 조절밸브(D-2.0 엔진)

D-엔진의 압력조절 방식을 출구제어 방식이라고 한다. 이 말은 커먼레일 끝부분 즉, 고압 펌프를 거친 후의 고압의 연료를 연료라인 끝부분인 커먼레일에서 제어한다고 해서 쓰여지는 표현이다.

출구제어 방식은 다음 그림에서처럼 목표압력이 높을 경우에는 커먼레일의 리턴라인을 막아서 압력을 상승시키고(좌), 목표압력이 낮을 때에는 출구를 열어두어 압력을 낮추는 방법으로 제어된다(우).

D-엔진의 조절밸브와 듀티

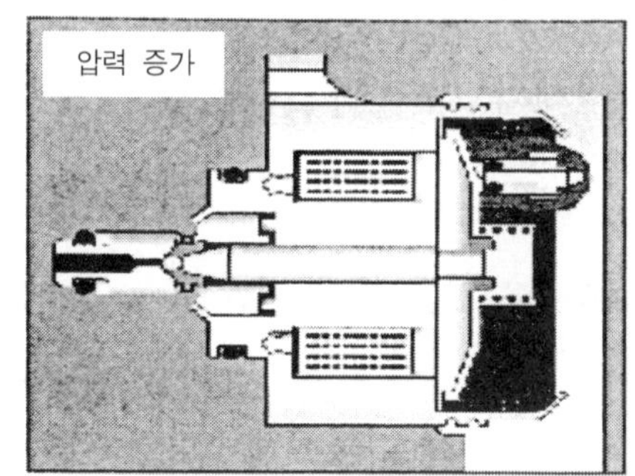


4,000rpm(무부하시)
Duty : dir 30%
연료압력: 803bar

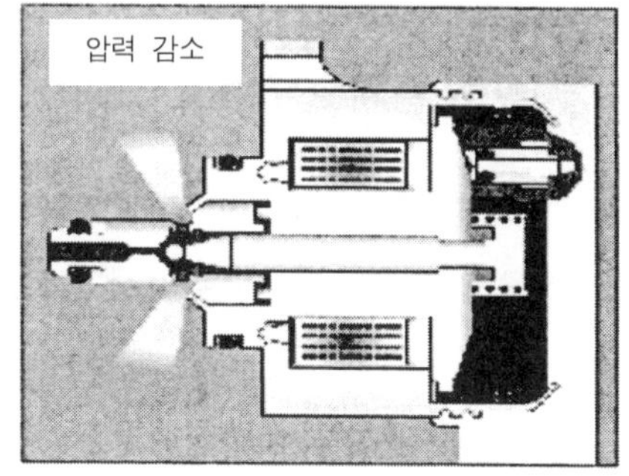


750rpm(공전시)
Duty : 약 16%
연료압력: 260bar

여기에서 중요한 점은 ECU에서 제어하는 조절밸브의 듀티와 압력과의 관계인데 듀티가 높을수록 솔레노이드 코일에 흐르는 자력이 강해져 리턴라인을 많이 막게 되며 많이 막은 만큼 레일 압력은 높아지게 된다. 반대로 듀티가 낮을수록 리턴라인은 개방되고 커먼레일에 저장된 연료압력에 의해 연료가 리턴되면서  레일압력은 낮아진다. 그래서 시동시 또는 요구압력이 높을 경우에는 듀티가 증가하여 리턴라인을 많이 막아 압력을 상승시키고 엔진 정지시 또는 목표압력이 낮을 경우에는 낮은 듀티로 제어하여 압력을 낮춘다. 참고할 사항은 만약 솔레노이드 코일에 전류가 전혀 흐르지 않는 상태, 예를 들면 단선과 같은 경우에는 리턴라인이 최대로 열리게 되며 이때에는 커먼레일에 압력형성이 되지 않아 시동이 꺼지게 된다는 점이다.

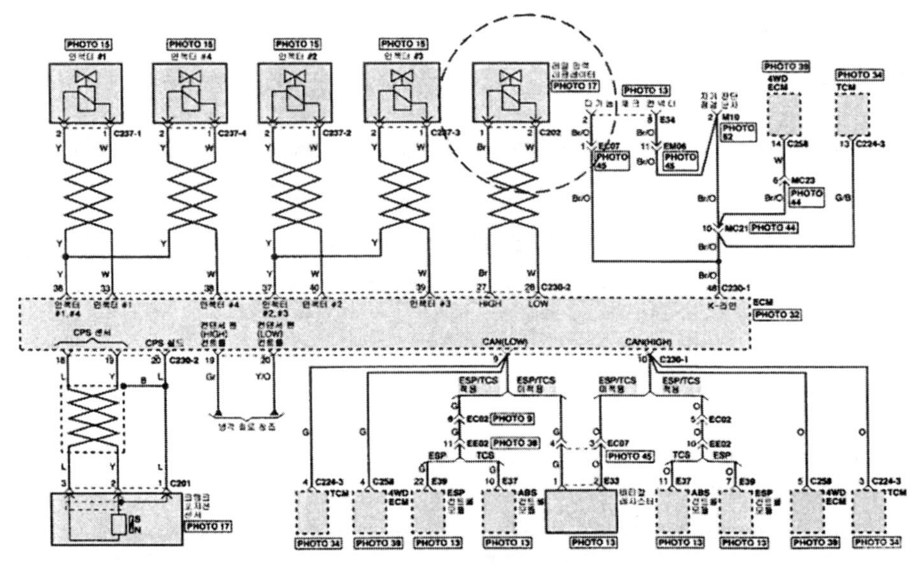

D-엔진 회로도(레일압력 레귤레이터)

3) 입구제어 방식의 연료압력 조절밸브(A-2.5/J2.9엔진)

입구제어 방식의 연료압력 조절밸브는 D-엔진과는 반대의 개념이 적용된다. 출구제어 방식인 D-엔진의 경우 조절밸브를 통해 높은 전류(높은 듀티)를 공급하면 연료 탱크로 리턴되는 연료량이 줄어들어 커먼레일의 압력은 상승된다. 그러나 입구제어 방식은 ECU에서 연료압력 조절밸브에 높은 전류를 공급하게 되면 저압 펌프에서 고압 펌프 쪽으로 공급되는 유량이 적어지며 연료압력 또한 낮아지는 특성을 지니고 있다. 두가지 엔진 모두 ECU에서 높은 전류를 공급하면 연료가 통과하는 통로가 좁아진다는 점은 같다. 하지만 여기에서 중요한 점은 조절밸브가 장착된 위치에 따라서 그 결과가 달라진다는 것이다.

출구제어 방식의 경우 커먼레일 끝부분에 조절밸브가 장착되어 ECU에서 높은 전류를 공급하면 통로가 좁아지면서 방출되는 연료가 적어지고 당연히 압력이 상승하게 되지만 입구제어 방식은 ECU에서 높은 전류를 공급했을 때 통로가 좁아지는 만큼 고압 펌프 입구로 유입되는 연료량이 적어져 압력은 낮아지게 되는 것이다. 즉, 제어하는 전류(듀티)에 따라 조절밸브의 작동은 같지만 그 결과는 반대라는 것이다.

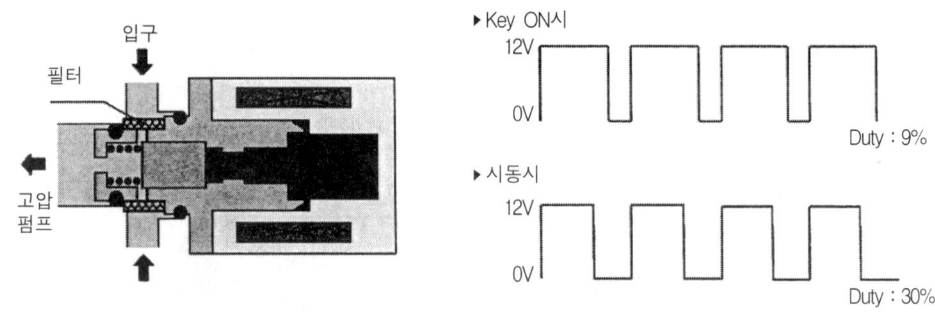


J-엔진의 조절밸브(IMV)와 듀티

그래서 입구제어 방식의 경우 이러한 특징을 이용해 연료장치를 점검하기도 한다. IG ON 상태에서 조절밸브의 컨넥터를 탈거해 놓고 크랭킹을 5초가량 실시하면 연료압력은 1,500bar 정도로 상승하게 된다. 이때 압력상승이 정상적으로 일어나야만 저압라인에서 고압라인으로 연결되는 장치들을 정상이라고 판단할 수 있는 것이다. 여기에서 발견할 수 있는 사항은 조절밸브에 전류를 공급하지 않으면 통로가 최대로 넓어져 유량이 최대로 공급된다는 점이다.

그런데 정상적인 운전 조건에서는 조절밸브의 통로가 최대로 넓어질 이유가 없겠지만 만약 고속도로 등을 주행 중 갑자기 조절밸브의 컨넥터가 이탈되기라도 한다면 급격하게 유량이 많아져 회전중이던 고압 펌프나 커먼레일, 연료파이프 등에 손상을 줄 수 있게 된다. 그래서 이러한 입구제어 방식의 경우에는 안전을 위해 연료압력 제한 밸브를 설치하는 것이다.

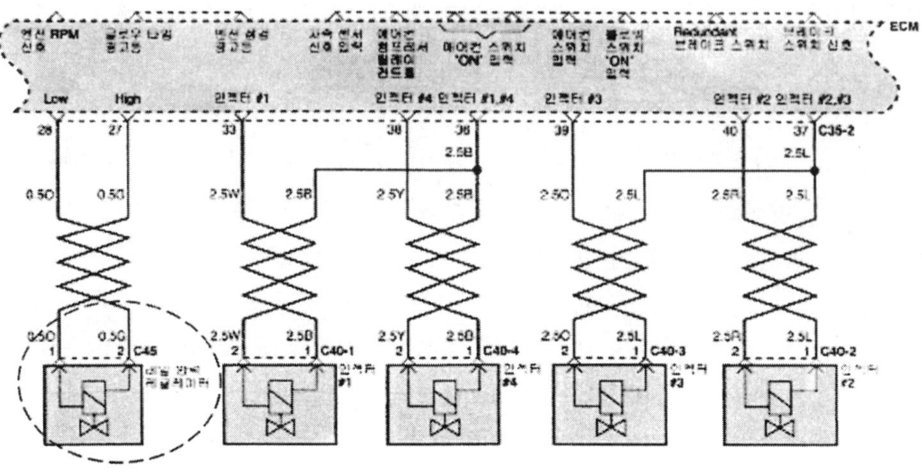


A-엔진 회로도(레일압력 레귤레이터)

## 기존 출구제어 밸브와 S-3.0에 사용되는 출구제어 밸브의 차이점

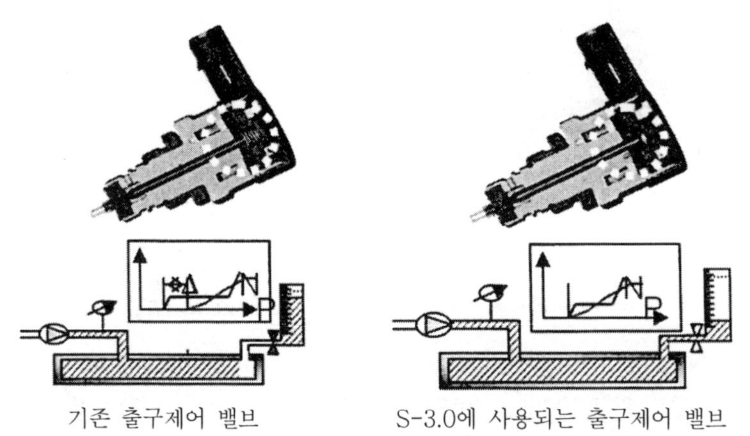

기존 출구제어 밸브　　　　S-3.0에 사용되는 출구제어 밸브

기존 출구제어 밸브는 100bar의 스프링이 있어 시동 off시 닫히게 되어있고, S-3.0에 적용되는 출구제어 밸브는 시동 off시 개방되어 있다.

기존 출구제어 밸브는 시동 off시 닫혀있더라도 솔레노이드 방식의 인젝터는 인젝터 리턴쪽으로 대기와 연결되어 있지만 피에조 인젝터는 시동 off시 피에조가 닫혀 리턴라인과 연결되지 않아 외부온도가 낮으면 커먼레일이 수축 진공이 형성되어 시동지연이 발생할 수 있으므로 출구제어 밸브를 개방해 시동지연을 방지하였다.

| 조건 | 기존 연료 회로 | S-3.0 연료 회로 |
|---|---|---|
| KEY OFF시 | 고압 펌프 차단<br>연료압력 조절밸브 차단<br>인젝터 리턴 개방(솔레노이드 인젝터) | 고압 펌프 차단<br>연료압력 조절밸브 개방<br>인젝터 리턴 차단(피에조 인젝터) |

## 9. 인젝터

커먼레일 엔진의 인젝터는 고압 연료펌프로부터 송출된 연료가 레일을 통해 인젝터까지 공급되고 공급된 연료를 연소실에 직접 분사하는 DI(Direct Injection) 방식이다.

작동원리는 ECU에서 코일에 전류를 공급하면 밸브가 연료의 압력으로 들어 올려진 후 컨트롤 챔버를 통해 연료를 배출하고 그와 동시에 니들과 노즐이 상승되면서 고압의 연료가 연소실로 분사되는 원리이다.

인젝터의 제어는 ECU 내부 구동 드라이브에서 높은 전압 및 전류로 제어된다.

### 1) 인젝터 작동 전류

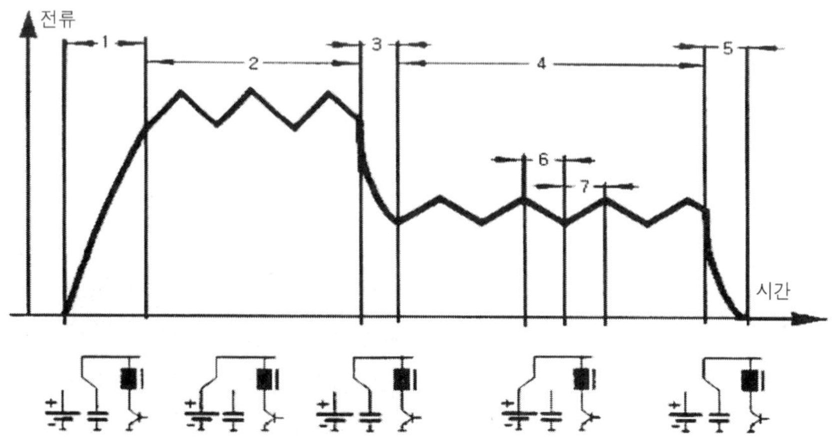


1. 컨덴서 방전　2. 풀인 전류　3. 컨덴서 충전
4. 홀드인 전류　5. 컨덴서 충전　6. 홀드인 조정 전류
7. 홀드인 조정 전류

인젝터 전류

- 초기 작동 시에는 약 20A의 전류가 발생되고 이것을 풀-인 전류라고 함
- 초기 작동 후 분사구간에는 12A 정도 비교적 적은 전류로 제어하며 이것을 홀드인 전류하고 함
- 인젝터 저항 : 0.365±0.055Ω(20℃-70℃ 기준)

2) 분사단계

연료분사는 기존 인젝터 펌프 차량의 분사와는 다르게 3단계 분사를 실시한다.

- 1단계 : 예비분사(Pilot Injection)
- 2단계 : 주분사(Main Injection)
- 3단계 : 사후분사(Post Injection)

상기 3단계 연료분사는 연료의 압력과 연료 온도에 따라 연료 분사량과 분사 시기를 보정하게 된다(사후분사는 Euro-Ⅳ 시스템에서만 적용된다.).

### 예비분사(Pilot Injection)

예비분사라 함은 주분사가 이루어지기 전 미세한 연료를 연소실에 분사하여 연소가 잘 이루어지게 한다. 이러한 예비분사를 실시하는 이유는 엔진의 소음과 진동을 줄이기 위한 목적을 두고 있다. 연소 시에 발생하는 급격한 압력 상승은 노킹으로 이어지며 이때 연소실 내에서는 심한 타음이 발생해 소음과 진동을 동반한 충격파가 전달된다. 이러한 급격한 압력상승을 억제하기 위해서는 연소압력을 완만하게 상승시키는 방법이 좋은데 커먼레일 엔진에서는 주분사 전 예비분사를 실시해 이러한 압력상승 곡선의 변화를 가져오도록 했다.

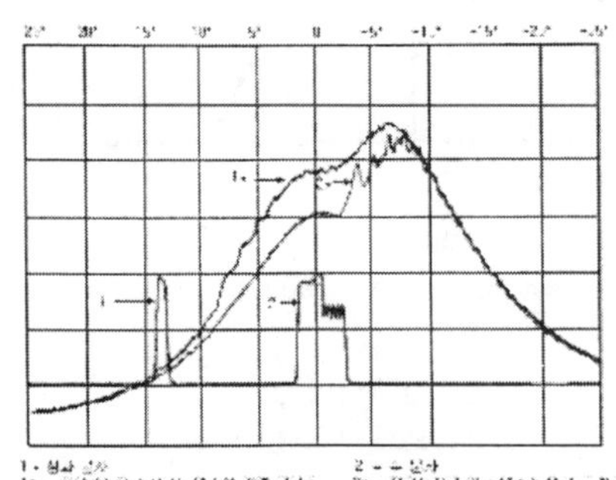

예비분사의 연소압력 특성

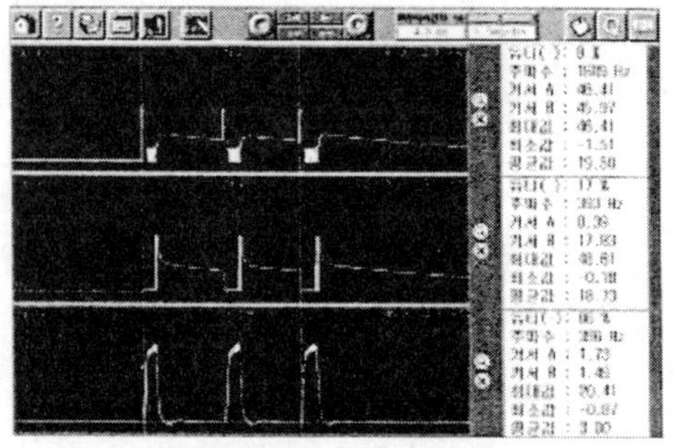

Euro-Ⅳ 연료장치의 다단분사

*Euro-Ⅲ 시스템에서는 한 번의 예비분사를 실시해 진동과 소음을 줄인 반면 Euro-Ⅳ 시스템에서부터는 2번의 예비분사를 실시한다. 이 또한 엔진의 진동·소음을 저감할 목적으로 추가된 분사방식이다. 이러한 예비분사는 수온과 흡입공기량에 따라 조정되는데 엔진의 운전 조건에 따라서 중단되기도 한다.

*예비분사를 실시하는 경우

- 예비분사가 주분사를 너무 앞지르는 경우
- 엔진회전수 3,200rpm 이상인 경우
- 분사량이 너무 적은 경우
- 주분사 시 연료량이 충분하지 않은 경우
- 연료압력이 최소값(100bar) 이하인 경우

④ 주분사(Main Injection)

엔진의 출력에 직접 관계되는 에너지는 주분사로부터 나온다. 주분사는 예비분사가 실행되었는지를 고려하여 연료분사량을 계산한다.

*주분사량(분사시간)을 결정짓는 요소들

- 엔진 토오크값(가속페달 센서값)
- 엔진회전수
- 냉각수 온도
- 흡입 공기량과 흡기 온도
- 대기압

3) 작동

인젝터의 작동은 4단계의 동작으로 분리될 수 있다.

- 인젝터 닫힘(고압 대기)
- 인젝터 닫힘(분사 준비)
- 인젝터 열림(분사 개시)
- 인젝터 열림(분사 말기)

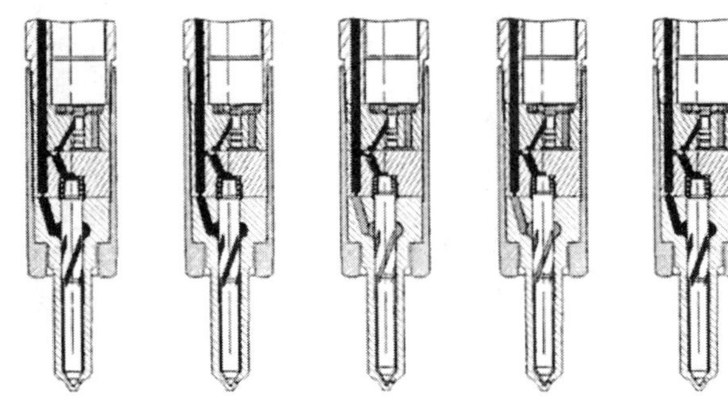

인젝터 분사 과정

인젝터에서 연료가 분사되기까지는 위의 4가지 단계를 항상 거치데 된다. 이러한 분사 과정에서 약간의 연료가 분사와 동시에 리턴되는데 중요한 점은 이 리턴량이라는 것이 분사하고 남은 연료가 탱크로 돌아가는 것은 아니라는 점이다. 일반적인 상식으로는 인젝터에서 분사를 하게 되면 필요한 양만큼의 연료만 실린더로 유압되고 남은 연료가 리턴된다고 생각하기 쉽지만 커먼레일 엔진의 인젝터는 절대 그렇지 않다. 그것은 인젝터의 작동 단계를 정확하게 이해하고 있다면 그리 어렵지 않은 문제이다.

**1 인젝터 닫힘(고압 대기) : 밸브 및 노즐 닫힘 상태**

솔레노이드 밸브에 전원이 인가되지 않은 고압 대기상태이다. 이때 컨트롤 밸브는 닫힌 상태이고 노즐 스프링은 노즐 밸브를 누르고 있어 커먼레일에서 공급된 고압의 연료는 노즐 팁의 홀 끝부분까지 대기하고 있는 상태이다. 커먼레일에 생성된 고압은 컨트롤 챔버와 노즐의 바로 윗부분까지 동일하게 존재하게 된다. 또한 인젝터의 윗부분에 설치된 볼밸브가 닫혀있는 상태에서는 연료의 압력에 의해 컨트롤 플런저를 누르기 때문에 노즐에 의한 분사는 일어나지 않는다.

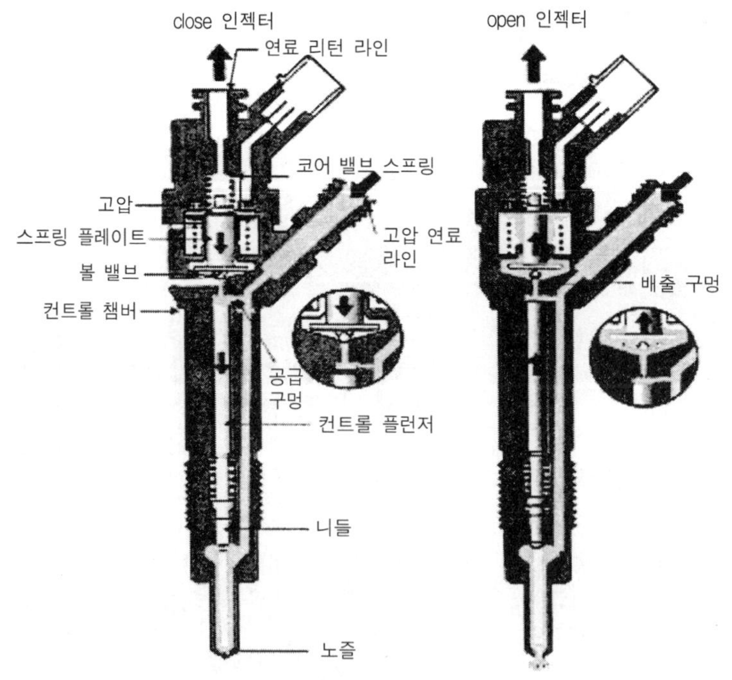

**인젝터 닫힘(분사 준비) : 밸브 열림. 노즐 닫힘 상태**

ECU에서 솔레노이드 코일에 전류를 인가하면 솔레노이드 코일의 자력으로 인해 컨트롤 밸브가 들어 올려지고 이때 볼밸브의 오리피스가 열리게 된다. 하지만 아직은 고압의 연료에 의해 컨트롤 플런저가 눌려져 있기 때문에 노즐을 통한 분사는 일어나지 않는다.

중요한 점은 볼밸브가 열리는 순간 위로 올라가는 연료가 바로 리턴되어 돌아가는 연료이며 이 리턴량은 컨트롤 밸브에 전류가 인가되는 시간과 볼밸브의 마모 정도와 비례한다는 사실이다.

**인젝터 열림(분사 개시) : 밸브 및 노즐 열림 상태**

솔레노이드 코일에 지속적으로 전류가 가해지면 공급된 연료는 계속 인젝터 내부로 흘러서 유입된다. 그러면 노즐 밸브를 위해서 누르는 압력이 점차 낮아지게 되고 그 결과 아랫부분의 컨트롤 플런저가 들어 올려지면서 노즐 팁 끝에 대기중이던 고압의 연료가 분사를 시작한다.

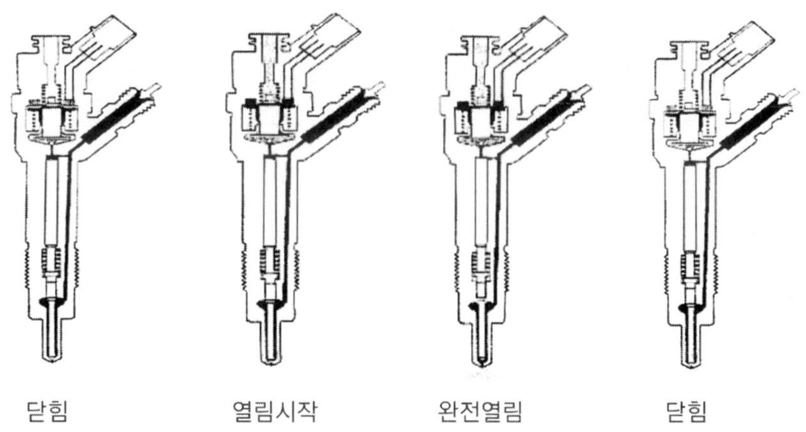


**인젝터 열림(분사 말기) : 밸브 닫힘, 노즐 닫힘 상태**

ECU에서 공급했던 전류를 차단하면 솔레노이드 코일의 자력이 사라지고 컨트롤 밸브는 스프링의 힘에 의해 다시 아래로 내려가 오리피스를 막는다. 이때 리턴 라인으로 빠져나가던 연료의 흐름은 중단되는 것이다. 하지만 인젝터 내부에는 아직까지 압력이 남아있기 때문에 컨트롤 밸브가 닫힌 상태에서도 노즐 스프링의 힘을 이기고 노즐 밸브는 열린 상태가 된다. 그리고, 인젝터 내부의 연료가 전부 분사되면 압력이 떨어지므로 컨트롤 플런저에 의해 노즐 밸브는 닫히게 된다.

### 10. 파형 분석

ECU는 인젝터의 구동 전원과 접지측 제어를 동시에 실시한다. 파형을 분석하기 위해서는 전압과 전류파형을 함께 보아야 하는데 다음 그림은 D-2.0 엔진의 구동 파형을 분석한 것이다.

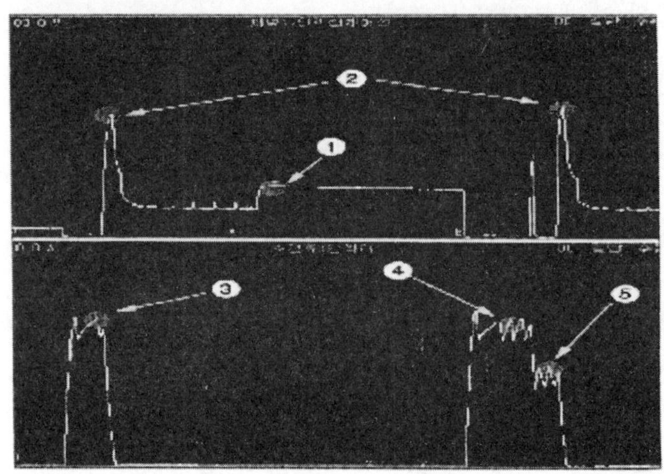


D-엔진의 인젝터 파형

설명

① 구간 : 인젝터 구동 콘덴서 충전전압(23V)

② 지점 : 인젝터 써지전압(약 58.04V)

③ 지점 : 예비 분사(20.31A)

④ 지점 : 주분사-풀인 전류(20.78A)

⑤ 지점 : 주분사-홀드인 전류(12.18A)

### 11. 피에조 인젝터(S-3.0적용)

피에조 인젝터는 분사응답성 향상, 출력 및 배출가스 최적화를 구현한다. 단점으로는 구동전압이 200V까지 올라감으로 감전위험이 있다. 정비시 주의를

요하고 인젝터 점검시 전류량 측정을 해서 양, 부 판정을 해야 한다.

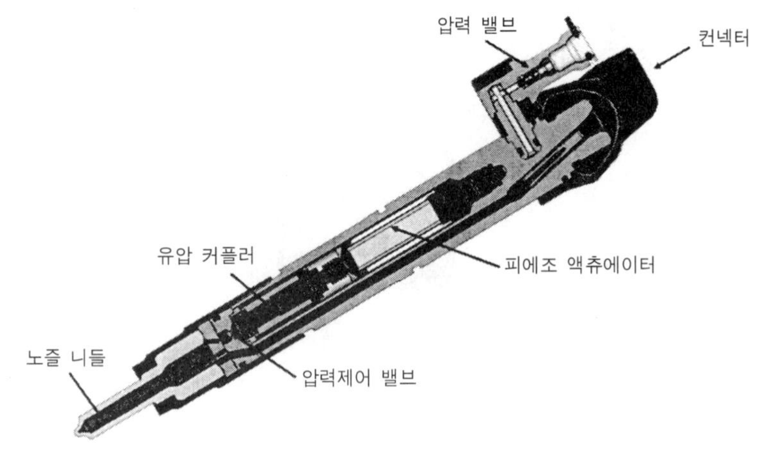


분사 시작시

분사 종료시

전원 공급 ⇨ 피에조 수축 ⇨ 유압 감소 ⇨ 제어 밸브 닫힘 ⇨ 노즐 니들 닫힘

기존의 솔레노이드 밸브가 피에조 액츄에이터로 변화되면서 피에조가 너무 적게 움직임으로 그 양을 증폭시켜주는 유압 커플러가 있고 그 유압 커플러가 정상 작동할 수 있도록 압력을 일정하게 해주는 장치가 있어 구조가 약간 복잡하다.

그러나 분사 응답성이 빠르고 출력이 높으며, 배기가스가 적게 나온다(다중분사, 극소량의 프리 인젝션 가능, 유연한 간격조절 가능, 컴팩트 디자인 → 연료소비 -3%, 매연 -20%, 엔진 출력 +7%, 인젝터 중량 490g/270g로 줄어듬).

1) 피에조 액츄에이터 개념

전기적으로 피에조 적층은 병렬로 연결된 커패시터의 역할을 한다.

최대 200볼트(V)의 전압을 가하면 90um 단위로 이루어진 피에조 적층이 전기장에 의해 1.5~2%내에서 길이가 증대된다(전류는 일반적으로 20A 이하, 최소인가시간 125us). 적층의 개수는 최대 확장길이를 결정하며, 표면적은 액츄에이터 작동력을 결정하는 요소이다.

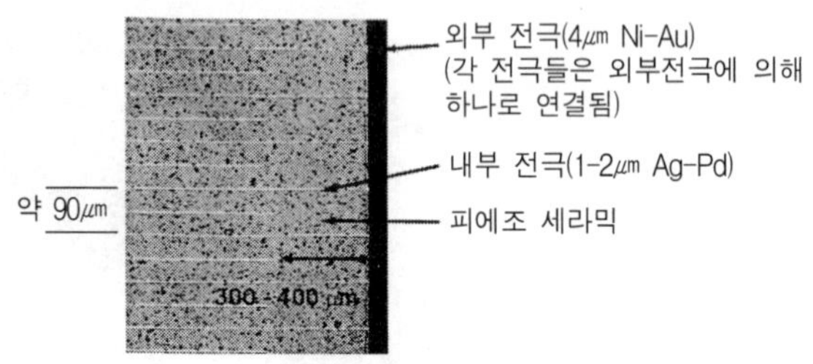


2) 피에조 세라믹 극성화 과정

이온결정은 외부에서 특정 방향으로 힘을 가하면 응력에 대응하여 한편에 +, 다른 편에 －의 전기를 띠게 되어 전압이 발생된다. 이것을 압전 직접효과라 한다. 반대로, 결정체에 외부로부터 전압을 걸어주면 결정은 왜곡현상을 일으키게 되며, 이것은 압전 역효과라 한다. 즉, 기계적인 힘(응력)을 전기적 신호(전압)로, 또는 전기적 신호를 기계적인 변형으로 변환시키는 것으로 이와 같은 성질을 갖는 물질을 압전체(piezoelectrics)라 한다.

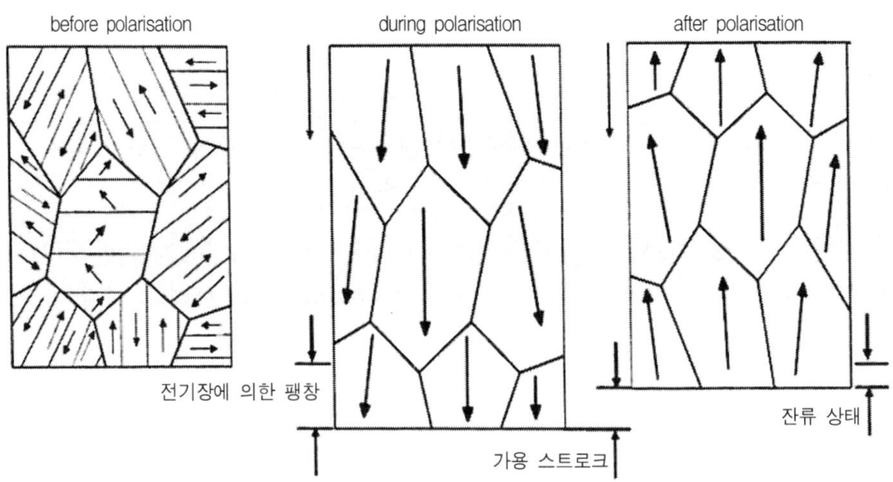

### 3) 피에조 인젝터 유압커플러 작동 원리

유압 커플러 내부의 유압 피스톤은 피에조 작동에 의해 전달된 힘을 상/하부 피스톤의 단면적(1.4:1) 비 만큼 증폭하여 유효 스토로크를 증대시키는 역할을 한다. 유압커프러의 정상적인 작동을 위해서는 최소 1bar~최대 10bar의 연료 압력이 유지되어야 한다.

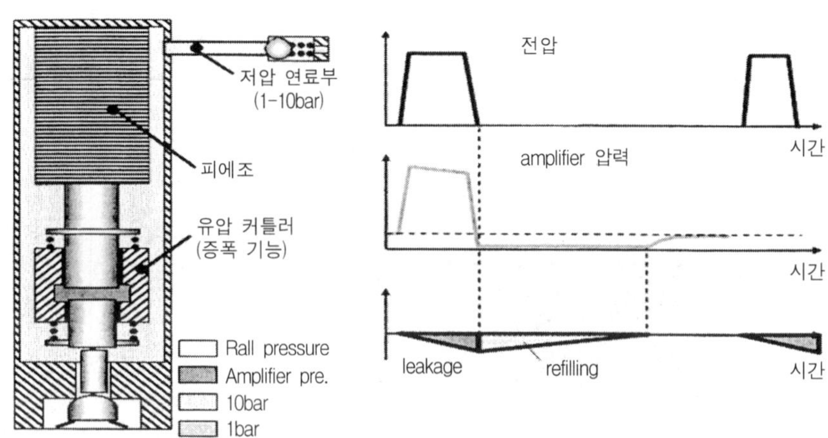


### 4) 피에조 인젝터 유압커플러 작동

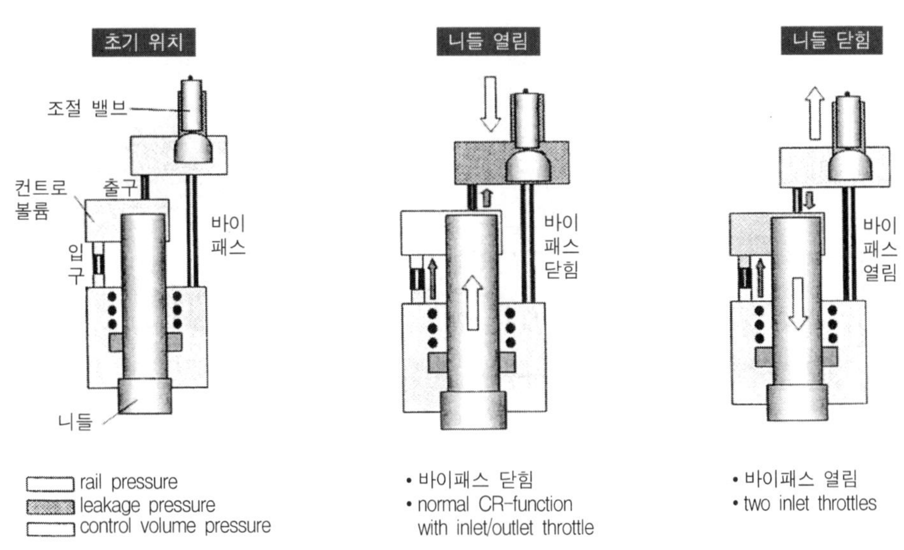

5) 피에조 인젝터와 솔레노이드 응답성 비교

- 응답성 : 전압과 스트로크간 지연시간은 없음
- 제어전류 신호 : 분사지속 기간 전류신호 없음
- 분사시작 : 종료 시에만 충, 방전 신호 인가됨

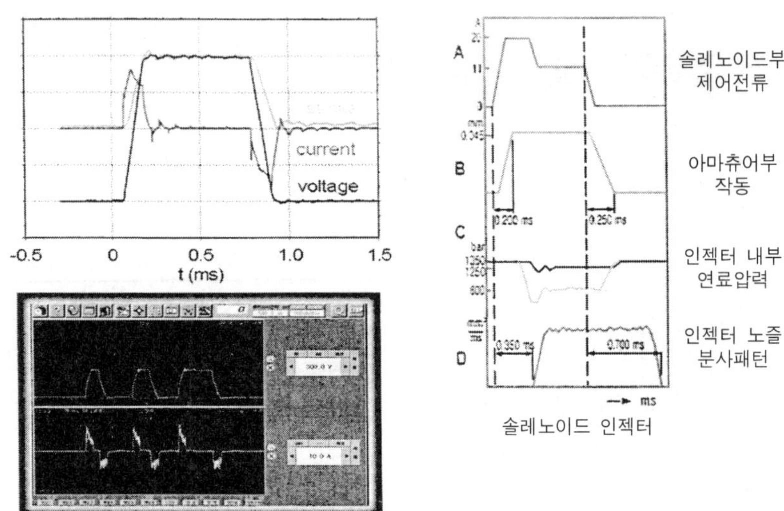


6) 피에조 인젝터 고유의 보정 로직

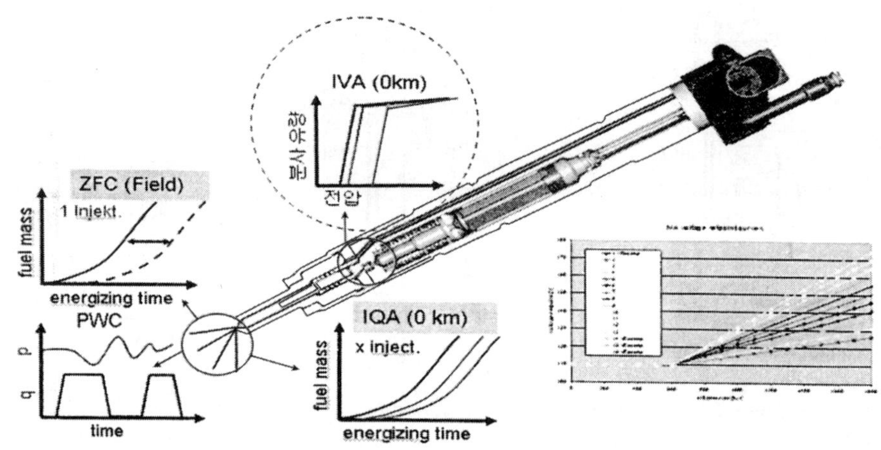

- IVA(Injection Voltage Adjustment) : 피에조 인젝터 전압 보정
- 인젝터 내부부품 조합에 의해 개개의 인젝터가 고유의 전압 대비 스토로크 특성을 가짐
- 특정조건 측정값을 전수검사하여 클래스화 정보 부여 → IQA와 함께 코드화

7) 기타 인젝터 연료제어 기술

IQA(Injection Quantity Adaptation) : 인젝터 간 연료 분사량 편차 보정 기능

인젝터의 편차에 따라 동일한 시간 동안 전류를 인가해도 분사량의 편차가 존재하게 된다. 그래서 인젝터 생산 LOT별로 모든 인젝터의 유량을 주요 관리 포인트인 전 부하, 부분 부하, 아이들, 파일럿 분사구간에 대해 측정하여 LOT별 평균값에 의한 경향도와 각각의 인젝터 유량 정보를 데이터베이스화 및 인젝터 상단에 특수코딩 인젝터를 엔진에 조립할 때 코딩을 읽어내 그에 따른 데이터베이스의 정보를 엔진컴퓨터에 저장 매 분사마다 각각의 실린더에 장착된 인젝터의 분사시간을 보정해 기통간 분사량 편차를 줄인다.

그러므로 향후 강화되는 배기 규제대응 용이, 실린더 별 분사량의 편차를 줄여 엔진 정숙성 향상, 실린더 별 분사량을 예측하여 최적제어가 가능하다.

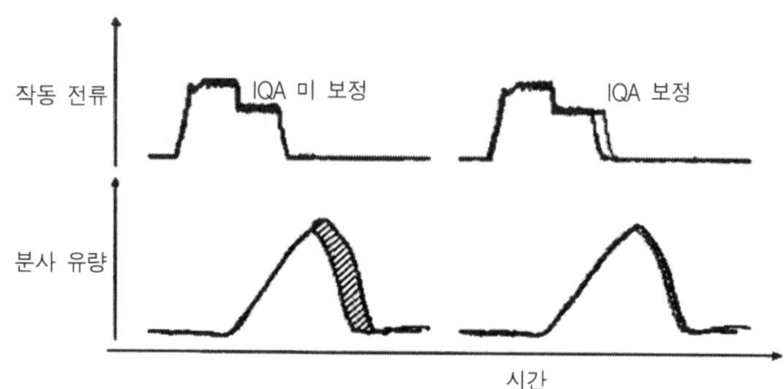


*Quantity : 양-분량
Adaptation : 적응, 순응, 보정

ZFC(Zero Fuel Quantity Correction) : 최소 연료량 보정 기능

커먼레일 엔진에서 분사지연 기간(Ignition Delay)을 감소시키기 위한 파일

럿 분사량이 적을수록 매연 및 연비개선에 효과가 있으므로 분사 가능한 최소 연료량을 이용하는 것이 이상적이나 신호 → 솔레노이드 → 유압 제어라는 간접적인 방법에 의해 연료 분사가 행해지므로, 분사 가능한 최소 연료량에 제한을 받는다.

그래서 먼저 연료 분사가 행해지지 않는 구간(Overrun)에서 모든 실린더의 인젝터에 최소 시간동안 전류를 인가하고 엔진 회전수 변동량을 측정한다. 다음에 각 기통별로 순차적/점진적으로 전류인가 시간을 증가시켜 나가면, 특정 실린더에서 연료 분사로 인한 엔진 회전수 변동량이 발생할 것이므로 그 순간의 전류인가 시간 인식을 반복 수행하면 각 실린더 별 인젝터에 대한 분사가능한 최소 전류인가 시간을 계산해 낼 수 있게 된다.

그러므로 최소 시간 DATA를 엔진 컴퓨터에 저장한 뒤에 파일럿 최소 분사량이 요구되는 시점에 사용하면 각 실린더에 장착된 인젝터 별로 최소 유량 분사를 안정적으로 수행함에 따라 연소음 저감, PM 저감 등의 큰 효과를 얻을 수 있다.

*Overrun : 엔진의 허용 회전수 이상으로 회전
Correction : 보정

### PWC(Pressure Wave Correction) : 레일압 섭동량 보정 기능

최대 5회(파일럿 2회-주 분사-후 분사 2회)를 분사하는 차세대 시스템은 분사 직후 떨어진 레일압을 시스템에서 보상하기 전에 다음 분사가 수행되는 경우가 발생하고, 상기의 경우에 시스템이 하고자하는 분사 압력과 실제 분사 압력 간의 차이가 발생하여 배기가스 및 아이들 안전성 등에 악영향을 미치게 된다. 또한 이러한 레일압 섭동으로 인해 파일럿-주 분사간 간격(Separation Time)을 일정 시간 이하로 줄이지 못하게 될 경우 가속 영역에서 주 분사에 대한 파일럿 분사의 효과를 극대화하지 못함으로써 연소실 내의 급격한 연소압 상승으로 연소음을 유발시킬 위험이 있다.

그래서 각 행정마다 파일럿-주 분사 또는 주 분사- 후 분사간 간격 및 레일압력, 각각의 분사량과 전류 인가 시간을 연산한 뒤에 이전 분사에 의한 레일압의 섭동량을 예측하고, 최종 계산된 분사량 및 전류인가 시간에 예측된 레일압에 의한 연료량 영향도를 보정하여 레일압 변동에 따른 목표 분사량과 실제 분사량의 편차를 최소화시킬 수 있게 된다. 그러므로 배기가스 저감, 아이들

진동 저감, 연소음 개선 등의 효과를 가져온다.

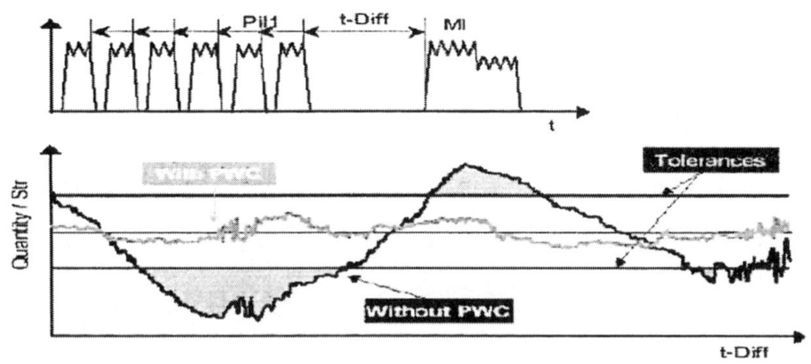


레일압 섭동 보정 기능에 의한 효과

*PWC(Pressure Wave Correction) : 압력 섭동 보정
섭동 : 역학계에 있어서 주요한 힘의 작용으로 생기는 운동이 다른 부차적인 힘의 영향으로 교란되는 일

8) 인젝터의 종류

인젝터는 크게 제조사에 따라 Bosch와 Delphi의 인젝터로 나눌 수 있지만 차량 및 배기량 등의 특징과 인젝터 개발 당시 유량 편차를 보정하기 위해 적용된 등급 기준에 따라 다양한 종류가 현재 적용되고 있다.

인젝터 종류와 분사량 편차 보정

| 제조사 | 종류 | 적용엔진 | 분사량 편차 보정 | 인젝터 교환시 |
|---|---|---|---|---|
| Bosch | 일반 인젝터 | D-2.0<br>A-2.5 | ECU에서 분사 보정 | 스캐너 입력 안함 |
| | 그레이드 인젝터 | D-2.0<br>A-2.5 | X, Y, Z | 조합표에 따라 조합해서 조립 |
| | 클래스화 인젝터 | A-2.0 | C1, C2, C3 | 동일 인젝터 조립 후 ECU에 입력 |
| | IQA 인젝터<br>(Euro-Ⅳ) | U-1.5<br>D-2.0<br>A-2.5 | 각 인젝터에 IQA Code 부여 | 각 인젝터 Code를 ECU에 입력 |
| | IQA + IVA 인젝터(Euro-Ⅳ) | S-3.0 | 각 인젝터에 IQA 및 IVA Code 부여 | 각 인젝터 Code를 ECU에 입력 |
| Delphi | C2I 인젝터 | J-2.9 | 각 인젝터에 C2I Code 부여 | 각 인젝터 Code를 ECU에 입력 |

### 일반 인젝터

인젝터 제조 당시의 분사량 편차를 보정하기 위해 등급을 나누지 않은 초기 생산 인젝터를 말한다. 이러한 인젝터는 분사량 편차를 보정하기 위해 ECU에서 실린더 별 회전수를 파악한 후 각각의 인젝터에 분사 보정을 실시한다.

### 그레이드 인젝터

인젝터 유량 편차를 보정하기 위해 X, Y, Z의 3등급으로 분류한 인젝터로 인젝터 교환 시 조합표에 맞추어서 조립해야 한다.

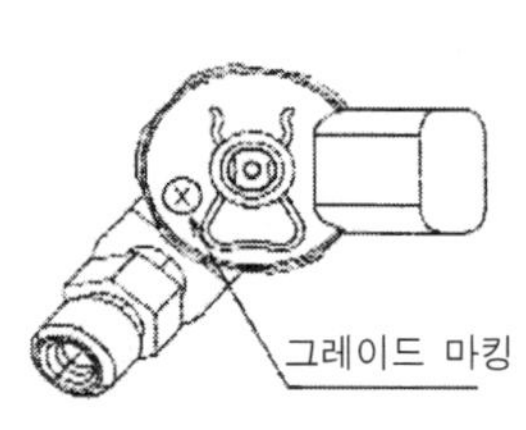


| | X(상) | Y(중) | Z(하) | 비고 |
|---|---|---|---|---|
| 조합1 | 0 | 4 | 0 | 각 기통 사이의 조립구분 없음 |
| 조합2 | 1 | 3 | 0 | |
| 조합3 | 0 | 3 | 1 | |
| 조합4 | 1 | 2 | 1 | |
| 조합5 | 2 | 2 | 0 | |
| 조합6 | 0 | 2 | 2 | |

### 클래스화 인젝터

클래스화 인젝터는 02년식 Y A-2.5 엔진부터 적용된 인젝터로 분사량 편차를 보정하기 위해 한 엔진에 같은 클래스의 인젝터를 조립한 후 ECU에 해당 클래스를 입력해 주는 방식의 인젝터이다. 그러므로 인젝터 교환 시에도 반드시 같은 종류를 사용해야 하며 교환 후에는 스캐너를 이용해 교환된 인젝터의 클래스를 ECU에 입력해 주어야 한다.

클래스화 인젝터 – C1

*A1/SR/BL 차량 적용 품번
33800-4A100 - C1
33800-4A110 - C2
33800-4A120 - C3

* HR 차량 적용 품번
33800-4A300 - C1
33800-4A310 - C2
33800-4A320 - C3

### IQA 인젝터

강화된 배기가스 규제에 만족하기 위해 Euro-Ⅳ 엔진에는 IQA 인젝터가 적용된다. IQA 인젝터는 엔진의 전 운전영역에서 분사량 편차를 보정할 수 있도록 변경된 ECU와 함께 적용되어 보다 정밀한 연료제어를 실현하였다.

IQA 인젝터는 인젝터를 생산한 후 분사량을 테스트하여 모든 인젝터에 고유 Code를 부여하고 그 Code를 ECU에 입력하면 ECU에서는 이에 맞는 분사 보정량을 설정하여 전 운전영역에서 보정을 하도록 하였다.

그리고 S-3.0 피에조 인젝터는 피에조 인젝터 전압보정 IVA이 추가되어 내부부품 조합에 의해 개개의 인젝터가 고유의 전압 대비 스트로크 특성을 가지므로 특정 조건 측정값을 전수검사하여 클래스화 정보부여 → IVA를 IQA와 함께 코드화되어 있다.

기존 Delphi사의 C2I-인젝터와 같은 방식으로 영문 + 숫자로 구성된 7자리의 고유 Code를 입력하여야 한다.

IQA 인젝터와 클래스 인젝터 비교

| | 클래스화 인젝터 | IQA 인젝터 |
|---|---|---|
| 인젝터 표시 | C1, C2, C3 | 7자리 고유 Code)(영문 + 숫자) |
| 조립 구분 | 동일 클래스 사용 | 조립 구분 없음 |
| ECU 입력 | 해당 클래스 입력 | 각 인젝터의 고유 Code를 모두 입력 |
| 보정 방법 | 동일한 클래스 적용으로 ECU에서 일괄 보정 | IQA 보정량이 각 기통별로 상이하므로 실린더 별 보정 |
| 보정 영역 | Low Idle 영역 | 전 운전 영역 |

| Euro-Ⅳ 엔진에 적용된 IQA 인젝터 | 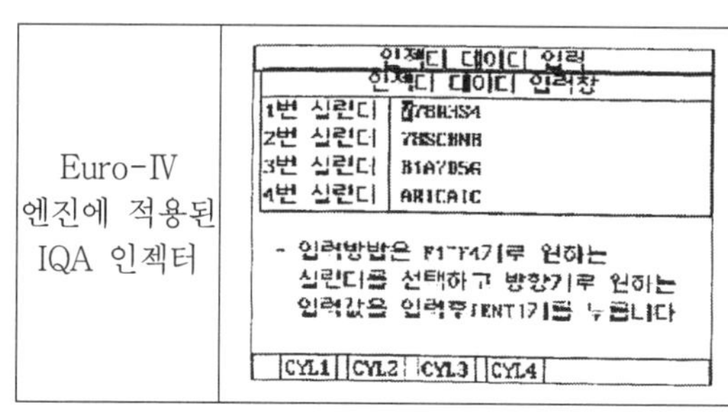 | 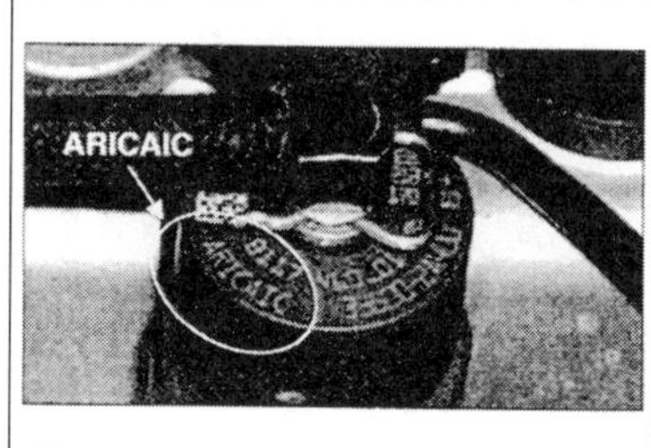 |
|---|---|---|





IQA 인젝터 입력(좌), 인젝터 형상(우)

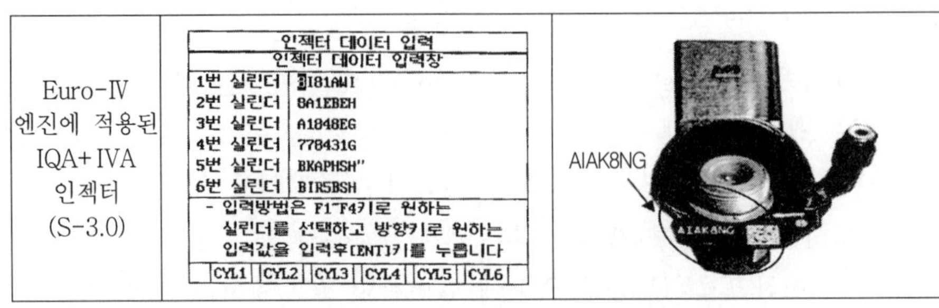


IQA + IVA 인젝터 입력(좌), 인젝터 형상(우)

### C2I 인젝터(Individual Injector Correction)

Delphi사에서는 인젝터의 분사량 편차를 보정하기 위해 제작 초기부터 현재까지 인젝터 각각의 고유 Code를 부여해 ECU에서 보정하도록 하는 방법을 사용하고 있다. Bosch사의 IQA와 같은 방식으로 각각의 Code를 입력하지만 Delphi사는 16자리의 고유 Code를 사용한다.

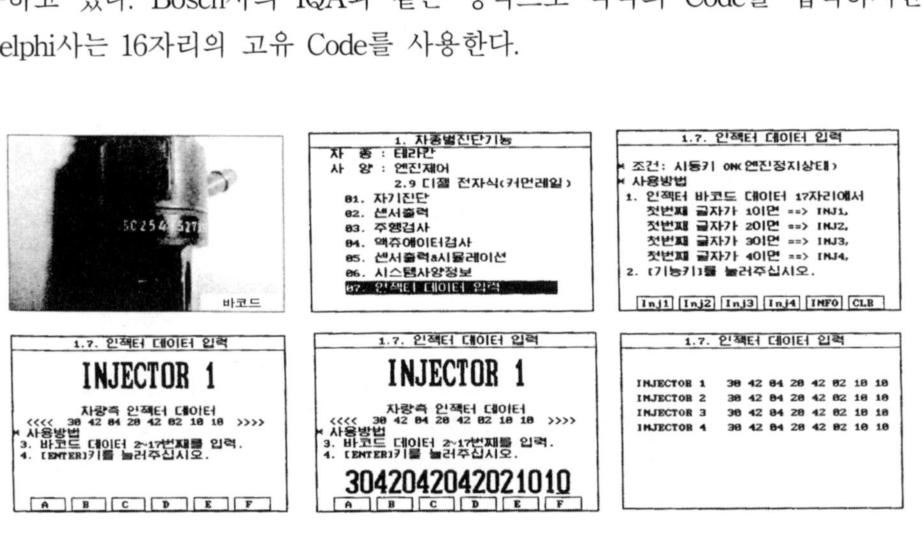


## 12. 연료 필터

연료 필터는 수분분리, 이물질 분리, 연료히팅의 기능이 있다. 커먼레일 엔진의 연료공급 장치에서 연료에 수분이 유입되거나 동결로 인해 연료의 흐름이 방해되면 시동성 저하, 공회전 불량 등의 원인으로 이어질 수 있게 된다.

그래서 모든 커먼레일 엔진에는 연료 필터에 수분을 분리해주는 기능이 있는데, 이는 연료에 함유된 수분을 분리해 수분만 따로 탱크에 저장하는 기능이다. 일정량 이상의 수분이 필터 하단부에 쌓이면 계기판에 수분분리기 경고등이 켜지는데 이때 연료 필터의 수분을 제거해줘야 한다.

커먼레일 엔진은 연료 탱크에 수분이 유입되면 고압 펌프, 필터, 인젝터 등 전 연료 공급시스템 고장의 주 원인이 되고, 부품의 마모, 손상을 발생시킬 뿐만 아니라 부품에 녹이 발생되어 시동이 불량하게 된다.

또한 경유의 특성 중 팔라핀계(CnH2n+2) 성분은 영하의 기온에서 응고가 되기 쉬운데 이는 시동성 저하로 이어지므로 이러한 현상을 방지하기 위해 연료 필터에 히팅장치를 두어 영하의 온도에서는 히터가 작동한다.

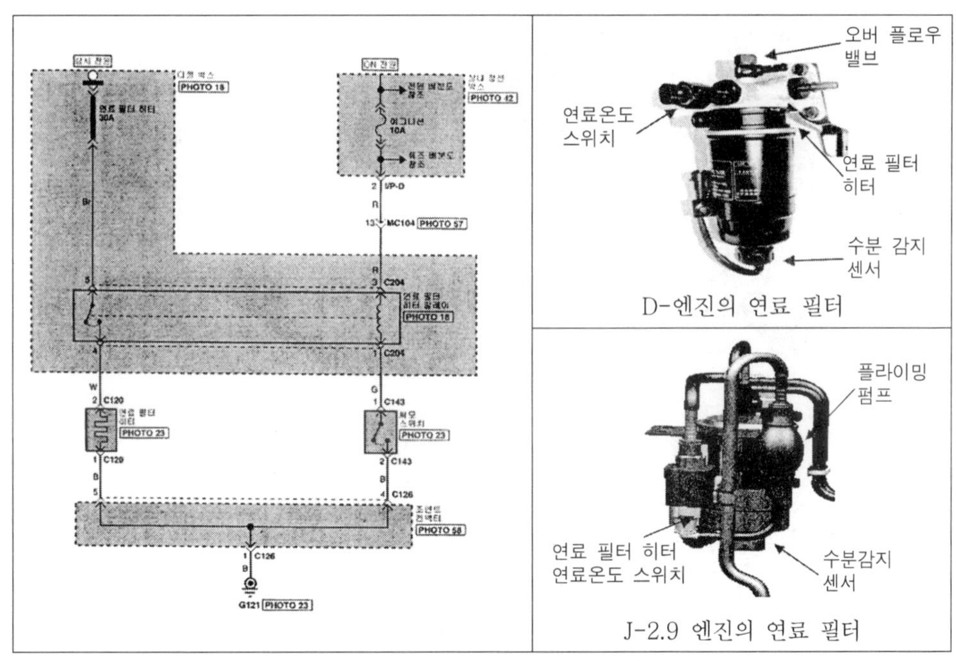

D-엔진의 연료 필터

J-2.9 엔진의 연료 필터

연료 필터 히터 회로(좌)와 필터 형상(우)

연료 필터 히터는 ECU의 제어와는 상관없이 연료온도 스위치의 ON/OFF에 따라 작동하게 된다. 연료 필터에 장착되어 있는 온도스위치가 영하 3℃에서 접점이 붙고 이때 릴레이가 ON되면 히터는 작동하여 가열되는 방식으로 모든 커먼레일 엔진에 동일하게 적용된다.

### 오버플로우 밸브와 플라이밍 펌프

연료 필터 상부에 설치된 오버플로우 밸브는 커먼레일의 정압유지를 위하여 여과된 연료를 공급하여 연료의 유량을 일정하게 유지할 수 있도록 볼(Ball)과 스프링(Spring) 등으로 구성되어 있다(단 Euro-Ⅳ는 고압 펌프에 장착됨).

제어압력은 1.5~2.0bar(D-엔진 기준)이며 일정한 유량 이상을 바이패스 시켜준다. 이 기능이 저하되었을 경우 커먼레일의 압력 변화가 발생하여 연료분사에 문제가 일으킬 수 있다. 특히 저압(1.5bar 이하)에서 밸브가 열렸을 경우 연료공급에 차질이 발생되어 엔진 구동에 문제를 일으킬 수 있다.

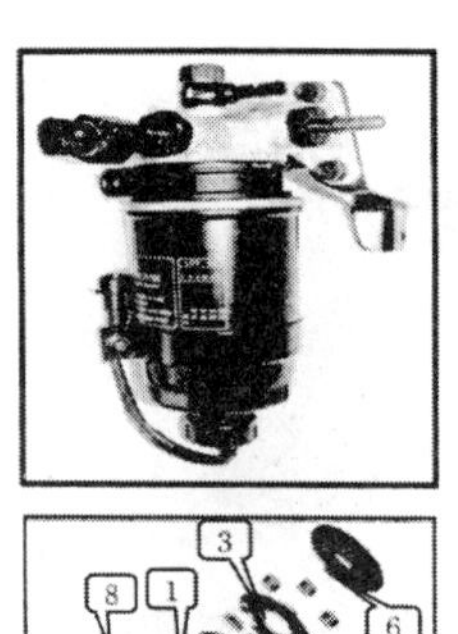

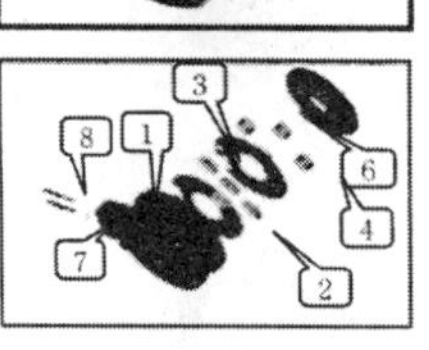


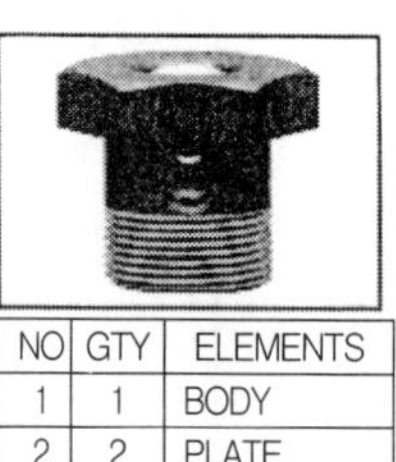

| NO | GTY | ELEMENTS |
|---|---|---|
| 1 | 1 | BODY |
| 2 | 2 | PLATE |
| 3 | 3 | PTC |
| 4 | 4 | SPRING |
| 5 | 1 | LOCK PLATE |
| 6 | 3 | RIVET |
| 7 | 2 | RING SEAL |
| 8 | 2 | TERNINAL |

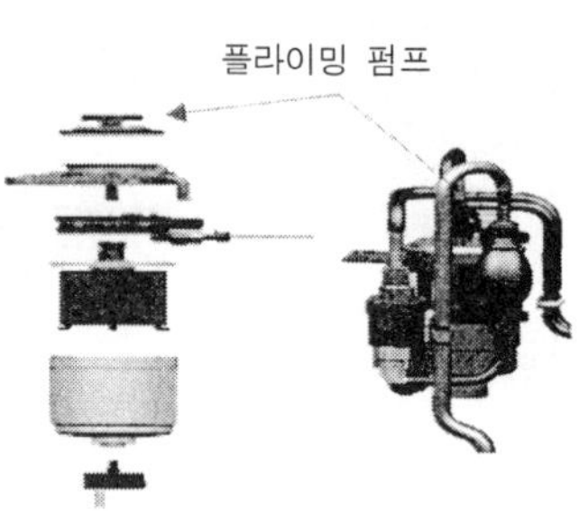


A-2.5 / J2.9 엔진의 플라이밍 펌프

오버플로우 밸브(좌)와 플라이밍 펌프(우)

기계식 저압 펌프를 사용하는 A-2.5 엔진과 J-2.9 엔진의 경우에는 오버플로우 밸브가 장착되지 않는데 이는 전체 연료라인에서 저압 펌프가 설치된 위치와도 상관이 있다. A-2.5 엔진이나 J-2.9 엔진과 같이 연료압력을 입구에서 제어하는 유량 제어 방식의 경우에는 연료 필터를 거친 후에 저압 펌프를 통과하기 때문에 연료 필터 또는 저압라인의 압력상승은 일어나지 않는다. 반면 저압라인에 에어가 유입되었거나 관련 부품 정비 후에는 에어빼기 작업을 해야 하기 때문에 수동펌프인 플라이밍 펌프가 장착되어 있다.

Chapter 03

# 전자제어 시스템

## 3.1 커먼레일 전자제어 시스템의 개요

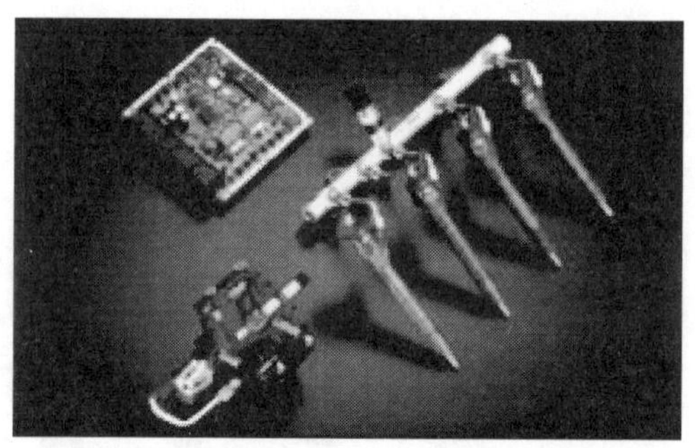

인-라인 연료 분사펌프의 첫 도입은 1927년 보쉬(BOSCH)에서 디젤 연료분사 시스템을 제조하면서 시작되었으며, 인-라인 연료 분사펌프의 주요 적용범위는 모든 크기의 상업용 디젤엔진과 운반차량 및 선박용에 쓰인다. 실린더당 약160kW의 출력을 발생하는데, 대략 1,350bar의 분사압력이 사용된다.

작은 운송용 밴과 승용차에 적용된 직접-분사(DI) 엔진의 설치와 같이, 여러 해에 걸친 다른 요구에 대한 폭넓은 다양성이 특수한 요구에 부응하는 다양한 디젤 연료 분사시스템의 개발을 이끌어왔으며, 이러한 개발의 주요 중요점은 특정한 출력의 증가뿐만 아니라 감소된 연료 소비율, 그리고 노이즈와 배출가스의 저감에 대한 요구이다.

기존의 캠-구동시스템과 비교하여, 보쉬의 직접-분사(DI) 디젤엔진에 사용되는 커먼레일 연료분사 시스템은 분사시스템의 엔진적용에 대해 아래와 같이 상당한 유연성을 제공하고 있다.

- 광범위한 적용범위(승용차, 출력이 약 200kW/실린더에 이르는 선박용 엔진뿐만 아니라 약 30kW/실린더에 이르는 상업용 엔진)
- 약 1,400bar에 이르는 고압 분사압력
- 가변 분사 개시
- 파일럿 분사, 주 분사
- 작동모드에 대한 분사압력의 매칭

분사 압력의 발전

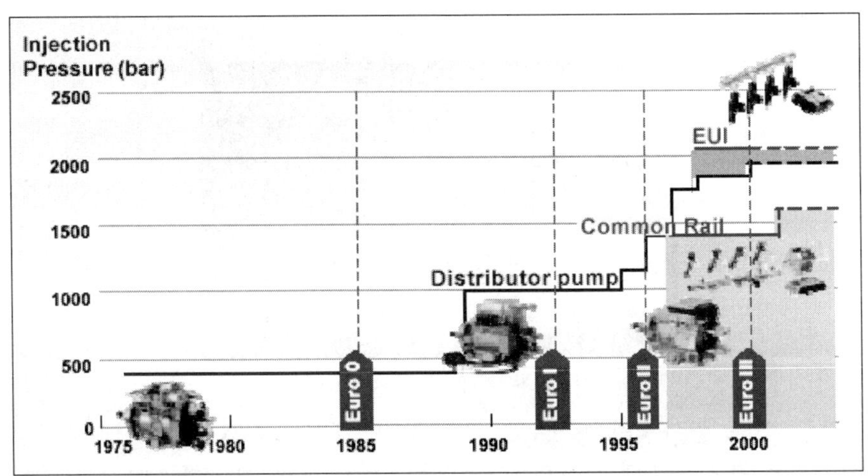

## 전자제어 시스템 입, 출력도

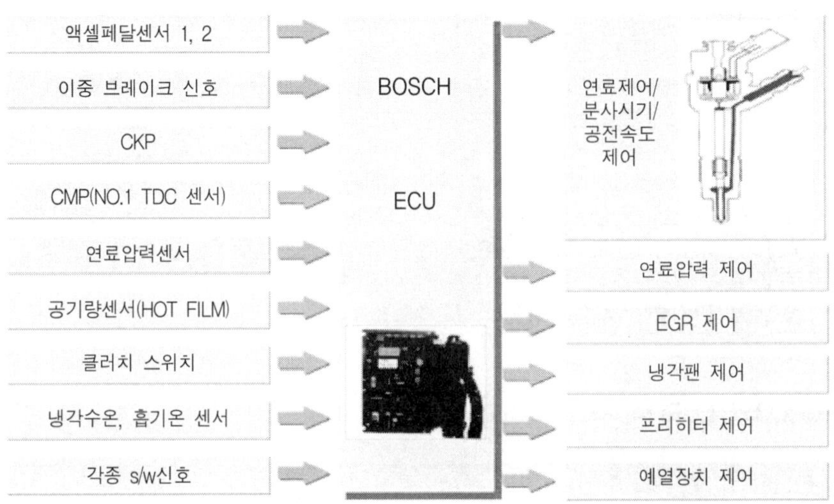


커먼레일 전자제어 시스템은 기존의 가솔린 차량에서 사용되는 입, 출력과는 전혀 다른 의미를 가지게 된다. 즉 고압의 연료를 사용함으로 인해 연료압력을 감지하고 인젝터를 작동 시키는 메커니즘이 상당히 복잡하게 구성되어 있다. 예를 들어 공기유량센서는 가솔린에서는 중요한 센서 중에 하나이며 공기량을 계측하여 연료분사량을 결정하는 중요한 센서 이지만 전자제어 디젤차량에서는 공기량을 계측하여 EGR피드백용으로 쓰인다는 점들이다.

이렇듯 가솔린 전자제어와는 많은 차이점을 가지고 있다. 또한 자기진단 기능에서는 CC 코드라 하여 원인코드(Cause Code) 즉 세부적으로 무슨 고장이 발생하였는지를 알 수 있도록 설계되어 있기 때문에 쉽게 고장수리를 쉽도록 한 것 또한 중요한 것이다.

***아날로그와 디지털의 차이**

아날로그(analog)는 어떤 시스템의 업무나 동작을 전류, 전압 등과 같이 연속적으로 변화하는 물리량을 이용하여 표현 하거나 측정하는 것을 말하며 디지털(digital)은 데이터를 0과 1같은 숫자나 문자 형식으로 된 수치로 표시하는 것으로 이산적인 수의 부호를 신호로 사용하여 정보를 표시하는 것을 말한다. 아날로그는 그리스어의 닮음, 유사란 뜻의 아날로기아(analogia)에서 유래된 언어로서 수치를 자(척)의 길이나 톱니바퀴 등의 회전각 또는 전류, 전압 등의 물리적인 양을 연속적인 수치로 나타낸 것이며, 두가지의 안정된 상태를 가지는 물리적 현상이나 물리량을 2진법의 수치에 대응시켜 개별적인 수량을 취급하는 것을 디지털이라고 한다. 아날로그 데이터가 연속적인 값을 뜻하는 데에 반해 디지털데이터는 이산적인값을 취한다. 각각 특징을 갖는 정보전달의 수단으로써 아날로그 또는 디지털형식의 많은 신호가 사용되고 있는데 아날로그 신호에 의한 정보 전달은신호의 진척, 위상, 전압의 주파수, 펄스의 진폭과 간격, 축의 각도 등으로 신호의 크기나 값에 따라 이루어진다. 디지털신호에 의한 정보전송은 신호의 이산적 상태, 예를 들면 전압의 유무, 접점의 개폐상태 등에 의해 이루어지며 신호의의미부여는 수치의 할당 또는 그 신호의 이산적상태의 가능한 갖가지 조합으로 된 정보에 의해 주어진다. 신호는 주로 시간이란 독립적인 변수에 의해 정의되며 시간에 대해 연속적인 값을 갖는 아날로그신호, 연속(continuoustime) 신호와 0과 1의 2진수로 표시되는 시간적인 특정 집합의 신호로 구성되는 이산(discretetime) 신호 디지털신호로 구분된다. 시스템에 있어서 정보 등을 연소적으로 변화되는 물리량으로 측정하는 것을 의미한다. 즉, 수치 또는 변수를 길이, 전압, 각도 등의 연속적인 물리량으로 표시하는 것으로 이에 대해 디지털(digital)이란 주판알처럼 수치를 하나하나의 불연속량으로 바꾸어 놓는 것을 의미한다.

## * EURO3와 EURO4 시스템 비교

| 구분 | | 유로-3 | 유로-4 | | 비고 |
|---|---|---|---|---|---|
| ECM | CPU사양 | 16bit CPU | 16bit CPU | | |
| | 입출력 핀수 | 121개 | 154개 | | |
| | 장착위치 | 실내 | MC, JB는 엔진룸 장착 | | 차종에 따라 다름 |
| 람다(산소) 센서 | | × | ○ | | EGR 제어용 |
| DPF(Diesel Particulate Filter | | × | U엔진 | × | 분진 및 타르 제거용 |
| | | | D엔진 | ○ | |
| DPF 차압 센서, DPF 온도 센서 | | × | U엔진 | × | DPF 내부 압력 및 온도 감지 |
| | | | D엔진 | ○ | |
| 스월 컨트롤 밸브(SCV) | | × | ○ | | 저중속 영역 매연 저감 |
| 연료 온도 센서 | | × | ○ | | |
| 레일 압력 제어 | 연료입력 조절밸브(MPROM) | × | ○ | | 커먼레일 출구 제어 |
| | PCV(Pressure Control Valve) | × | ○ | | 커먼레일 입구 제어 |
| 인젝터 | 다중 분사방식 | 1파일럿, 1메인분사 | 2파일럿, 1메인분사, 2포스트분사 | | U엔진 : 1포스트 분사<br>D엔진 : 2포스트 분사 |
| | 작동 입력 | 250~1350바 | 250~1600바 | | |
| | 사양 구분 | 클래스(C1, C2, C3) | 7자리 고유 코드 | | |
| 스로틀 플랩 제어 | 제어 영역 | Key off시 (진동 감소) | Key off시(진동 감소) 전운전영역작동 (EGR 보조) | | Key off시 발생되는 엔진 진동을 감소시키기 위해 Key off시 강제적으로 스로틀을 당하게 함 |
| | 방식 | ON/OFF 방식 | PWM 제어(300Hz) | | |

* 배출가스 규제 비교(EURO3와 EURO4 비교)

| 구분 | | Euro3 | Euro4 |
|---|---|---|---|
| 배기가스 규제 | 일산화탄소 | 0.64g/km | 0.50g/km |
| | 질소산화물 | 0.50g/km | 0.25g/km |
| | 탄화수소 | 0.56g/km | 0.30g/km |
| | 입자상물질 | 0.05g/km | 0.025g/km |
| | 매연 | 15% | 10% |

* 배출가스 수준 비교(가솔린 VS 디젤)

- 최근 디젤엔진은 고압분사, 전자화 등 첨단 기술 적용으로 배출량 대폭 저감
- 디젤엔진은 배출물질의 총량 측면에서는 가솔린엔진과 비교하여 높지 않음

트라제

| 구분 | | THC | CO | NOx | PM | TOTAL |
|---|---|---|---|---|---|---|
| 2.0L | 가솔린 | 0.10 | 0.80 | 0.11 | – | 1.01 |
| | 디젤 | 0.007 | 0.02 | 0.69 | 0.069 | 0.786 |
| 배출량 비교(디젤-가솔린) | | -0.093 | -0.78 | 0.58 | 0.069 | -0.224 |

국내 FTP 시험모드

## 3.2 입력요소

### 1. 연료압력센서

축압식 연료장치인 커먼레일(Common Rail)의 연료압력을 측정해 ECU로 출력하며, ECU는 이 신호를 받아 연료량 및 분사시기를 조정하는 신호로 사용된다.

연료압력센서 내부는 피에조 압전 소자 방식으로 되어있으며 내부 구조는 그림과 같으며 연료압력이 상승함에 따라 센서의 출력값 또한 상승한다.

1) 연료압력센서 내부구조 및 단품위치

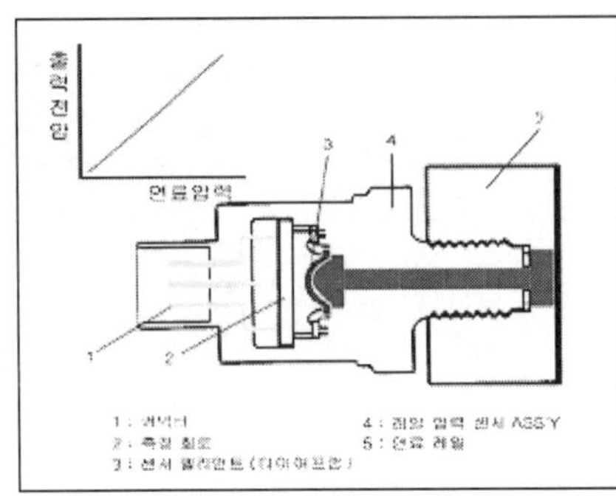


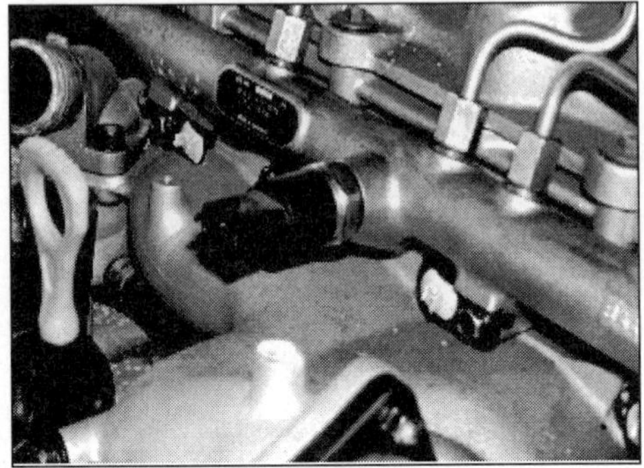

2) 연료압력센서 특성

- 커먼레일의 연료압력을 검출 엔진 ECU 입력
- 연료분사량, 분사시기 조정 신호로 사용

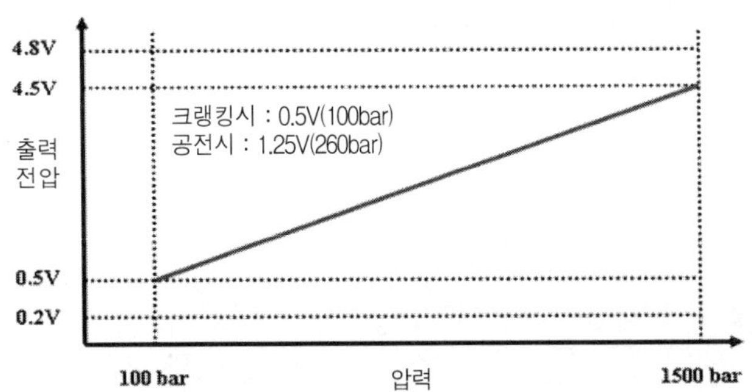


2. 에어플로우 센서(AFS) & 흡기온도센서

에어플로 센서는 핫 필름(Hot Film)방식을 적용하고 있다. 그러나 가솔린 엔진과는 달리 에어플로 센서의 주 기능은 EGR 피드백 컨트롤 제어에 사용된다.

또 다른 기능으로는 스모크 리미트 부스트 압력 컨트롤 제어용으로도 사용된다. 흡기온도 센서는 기존 사용되는 센서와 동일한 부특성 서미스터 방식이 사용되고 있으며, 각종 제어(연료량, 분사시기, 시동 때 연료량 제어 등)에 보정 신호로 사용된다.

특히, 동적인 작동 동안에 정확한 공기/연료(A/F)비를 가지는 정교한 대응은 법에 의해 규정된 배기가스 제한치를 만족시키기 위해서는 필수적이며, 이것은 특정 순간에 엔진에 의해 실제로 유입되는 공기질량을 정교하게 기록하는 센서의 사용이 필수적이라는 말과 동일하다. 이 부하센서의 측정 정확성은 맥동, 역방향 유동, EGR, 가변 캠 샤프트 제어, 그리고 흡기온도의 변화에 완전히 독립적이어야 한다. 핫-필름을 이용한 공기질량의 측정은 위의 규정을 만족하기 위해 가장 적합한 것으로 선택되었는데, 핫-필름 원리는 가열된 센서의 요소에서 공기질량 유동으로의 열전달에 기초를 두고 있다.

1) 에어플로우 센서 내부구조 및 단품위치

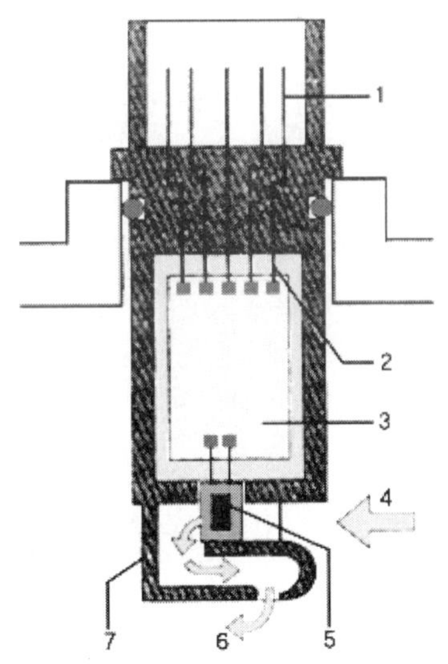


1. 전기 커넥터
2. 내부 연결
3. 하이브리드 회로
4. 공기 흡입
5. 센서 소자
6. 공기 출구
7. 하우징

2) 에어플로우 센서 내부 회로도

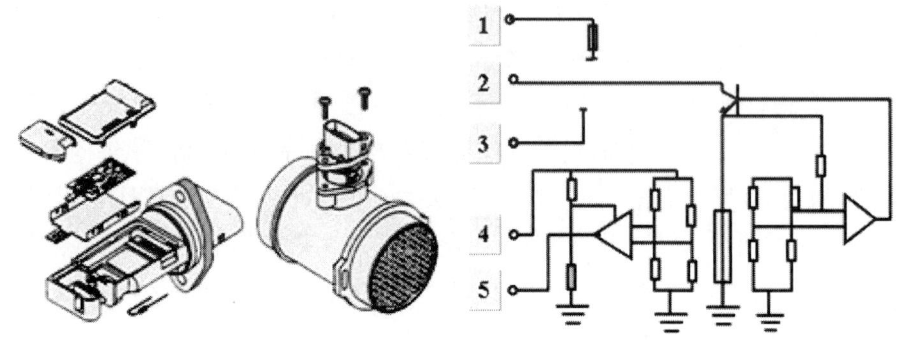


1. 흡기온도 센서 출력
2. 전원공급
3. 접지
4. 5V 기준전압
5. 에어 플로우 센서 출력

3) 에어플로우 센서 측정회로 및 원리

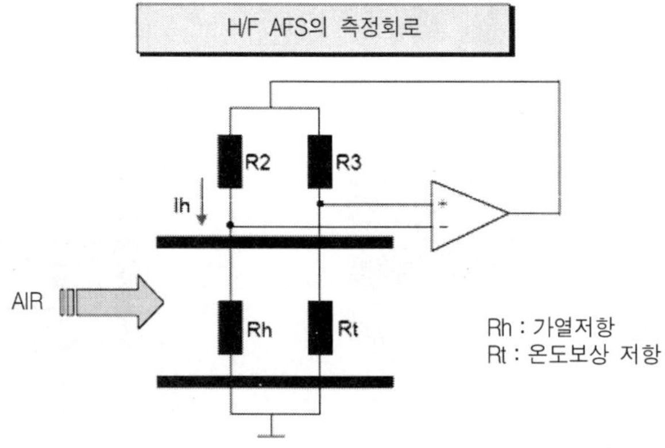


미시적 기계측정 시스템은 유동방향의 검출과 공기질량 유동의 기록을 허용하기 위해 이용되며, 역방향 흐름은 공기 유동의 강한 맥동에서 또한 검출될 수 있다. 미시적 기계센서 요소는 플러그-인 센서의 유동 통로에 위치하는데, 플러그-인 센서는 에어필터나 엔진의 공기흡입 덕트에 있는 측정튜브에 설치되어 있다. 엔진에 의해 요구되는 최대 공기 처리량에 의존적이고, 이용가능한

다양한 크기의 측정튜브가 있으며, 신호전압 곡선은 공기질량 유동의 함수로써 전방 유동과 역방향 유동의 신호범위로 분리된다.

측정 정확도를 증가시키기 위해서, 측정신호는 엔진 관리에 의해 참고 전압 출력으로 참조되는데, 예로써, 특성곡선은 정비소에서 개방회로 전도체를 진단하는 동안에 엔진관리의 도움으로 검출될 수 있다. 흡기 온도센서는 흡기공기의 온도를 측정하기 위해 결합되어 있다.

### 3. 엑셀레이터 포지션 센서 1, 2

엑셀레이터 포지션 센서는 우리가 알고 있는 TPS(스로틀 포지션 센서)와 동일한 원리를 사용하고 있다. 액셀레이터 포지션 센서 1(주 센서) 즉 포지션 센서 1에 의해 연료량과 분사시기가 결정되며 센서 2는 센서 1을 검사하는 센서로 차의 급출발을 방지하기 위한 센서이다.

#### 1) 엑셀레이터 포지션 센서 단품위치 및 회로

엑셀레이터 페달 위치를 검출하여 연료분사량 & 분사시기 결정

- 센서 1 : 주센서이며 분사량 및 분사시기 결정
- 센서 2 : 센서 1을 감시하는 센서(안전보상)
- 고장시 1250rpm 고정

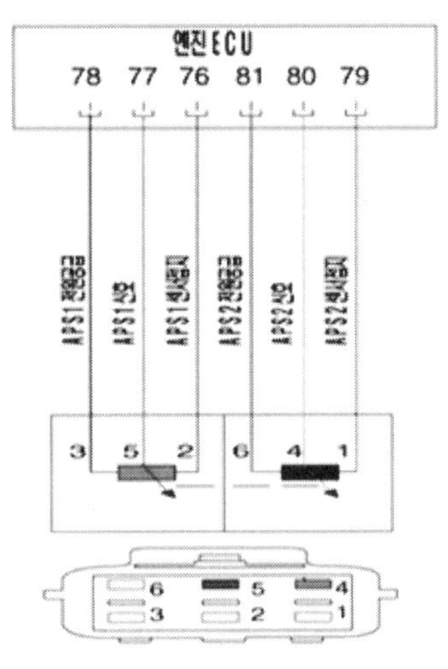

EDC가 장착된 차량은 운전자의 엑셀레이션 입력이 엑셀케이블과 기계적 링크에 의해 이루어지며, 엑셀레이터 포지션센서에 의해 기록되고 ECU에 전달된다. 전압은 엑셀레이터 페달 설정의 함수로써 엑셀레이터 포지션센서에 있는 포텐쇼 미터를 가로질러 생성되며, 프로그램된 특성곡선을 사용하여 페달의 위치는 이 전압으로부터 계산된다.

2) 액셀레이터 포지션 센서 출력특성

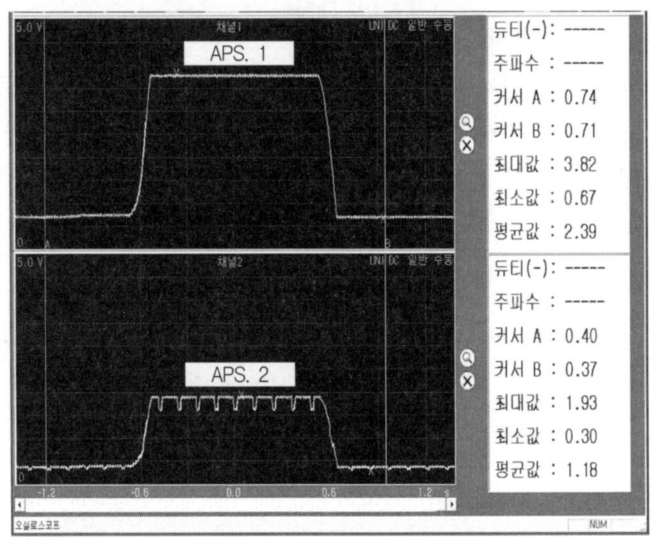


## 4. 연료온도 센서(FTS)

연료온도 센서는 냉각수온 센서와 동일한 부특성 서미스터 센서이며, 연료온도에 따른 연료량 보정 신호로 사용된다. 이는 보쉬 2세대 A-엔진(스타렉스/쏘렌토)에는 적용되지 않고, 보쉬 1세대 D-엔진(싼타페/트라제XG/카렌스Ⅱ과 델파이 J-엔진(카니발Ⅱ테라칸)에만 적용된다.

***연료 온도에 따른 분사량 제어 기능**

**- 연료의 온도가 높은 상태와 낮은 상태에 따른 연료의 용적의 차이(부피의 차이)에 따른 연료량 보정 기능**

*분사량 제어**
- **점화/주 분사량을 보정**
- **연료 온도 센서 고장시 연료 온도에 따른 분사량 보정 중지**

1) 연료온도센서 단품위치 및 온도에 따른 출력전압

| 연료 온도 | 전압 |
|---|---|
| 0도 | 3.7~4.3V |
| 20도 | 3.2~3.6V |
| 40도 | 2.4~3.0V |
| 80도 | 2.4~3.0V |
| 100도 | 1.0~1.5V |

2) 연료 온도에 따른 제어 조건표

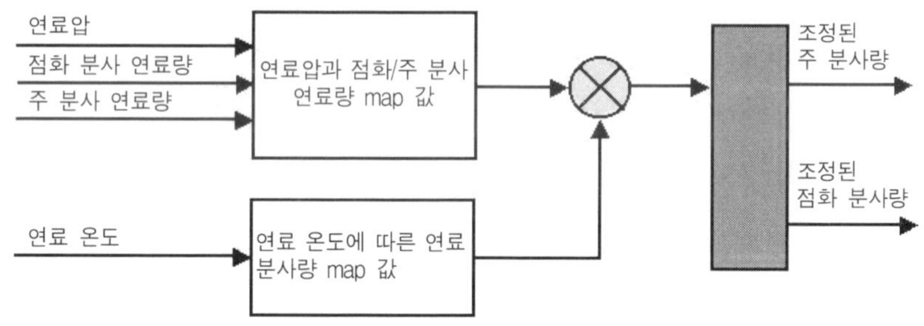


## 5. 냉각수온 센서(WTS)

인젝터를 통해 엔진에 분사되는 연료의 상태가 난기 상태일 때는 분사된 연료는 연소가 잘 된다.

하지만 냉각된 상태에서는 연료를 무화 상태로 분사했다 하더라도 연료들간에 서로 엉켜 알갱이가 커지므로 완전연소를 시킬 수가 없을 뿐만 아니라 냉간 시동이 불가능해지게 된다.

그러므로 냉간 시동 때에는 연료량을 증가시켜 원활한 시동이 될 수 있도록 엔진의 냉각 수온을 감지해 냉각 수온의 변화를 전압으로 변화시켜 ECU로 입력시켜 주면 ECU는 이 신호에 따라 연료량을 증감하는 보정 신호로 사용된다. 열간 때에는 냉각팬 제어에 필요한 신호로 사용된다.

1) 냉각수온 센서 단품위치 및 내부구조

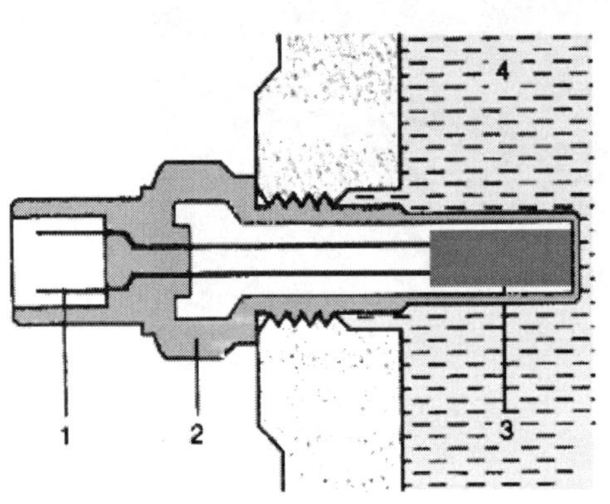


1. 커넥터
2. 하우징
3. NTC 저항체

2) 냉각수온 센서 회로 및 출력특성

온도센서는 다음의 4가지로 구분되며, 그 특성은 모두 같고 서로 다른 위치에 장착된다.

① 냉각수 온도를 측정하기 위한 수온센서

② 흡기공기의 온도를 측정하기 위한 흡기 온도센서

③ 오일 온도를 측정하기 위한 유온센서

④ 연료 온도를 측정하기 위한 연료 온도센서

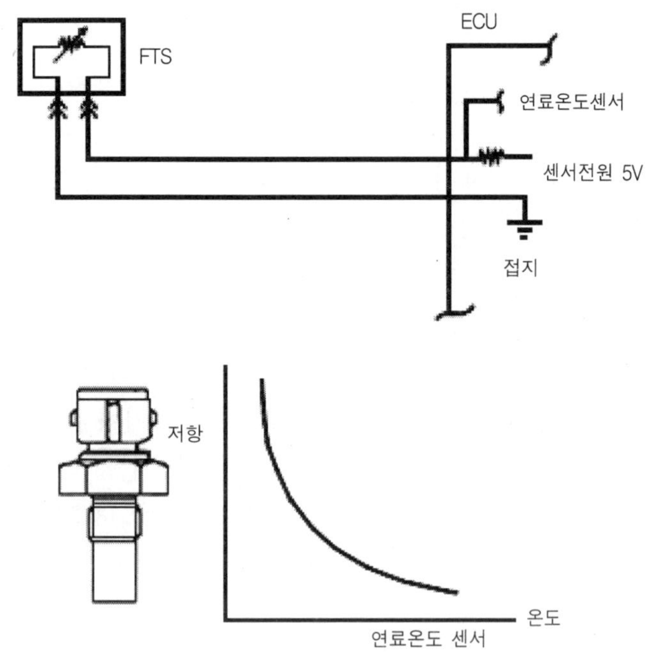


3) NTC타입의 온도센서 특성곡선

각 센서는 5V가 적용되며, 전압-구동 회로의 음의 온도계수(NTC)를 가지는 온도 의존적 저항기로 구성되어 있다.

저항기를 가로질러 감소된 전압은 아날로그-디지털 컨버터(ADC)를 통해 ECU로 입력되고, 이 전압은 온도를 측정하는데 이용된다.

특성곡선은 주어진 전압값의 함수로써 온도를 정의하는 ECU 마이크로 컴퓨터에 저장된다.

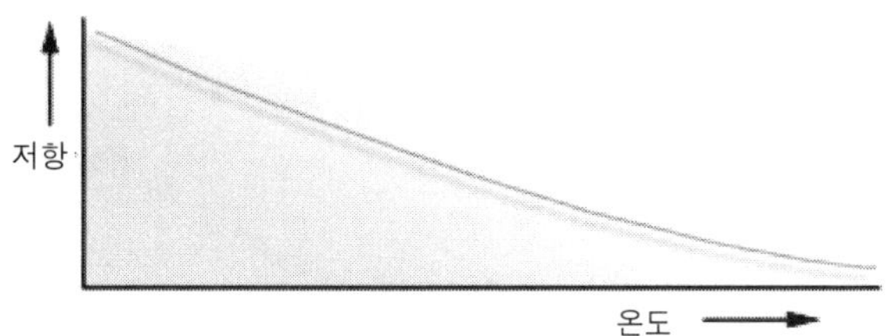

## 6. 크랭크 포지션 센서(CPS, CKP)

크랭크 포지션 센서는 실린더 블록에 설치되어 크랭크축과 일체로 되어 있는 센서 휠의 돌기가 회전을 할 때 즉, 크랭크축이 회전 때 교류(AC)전압이 유도가 되는 마그네트 인덕티브 방식이다. 이 교류 전압을 가지고 엔진 회전수를 계산한다. 센서 휠에는 총 60개의 돌기가 있고 그 중 2개의 돌기가 없으며, 그 Missing Teeth와 TDC 센서의 신호를 이용해 1번 실린더를 찾도록 되어있다.

연소실의 피스톤 위치는 분사의 개시를 정의하는데 결정적인 역할을 한다. 모든 엔진의 피스톤은 커넥팅 로드(컨로드)로 크랭크샤프트에 연결되어 있으며, 크랭크샤프트에 있는 센서는 모든 피스톤의 위치에 대한 정보를 제공할 수 있다. 또한, 회전속도도 크랭크샤프트의 분당 회전수로 정의된다. 중요한 입력 변수는 유도감응식 크랭크샤프트 위치센서로부터 나오는 신호를 사용하여 ECU에서 계산된다.

* 크랭크 포지션 센서 단품위치 및 내부구조

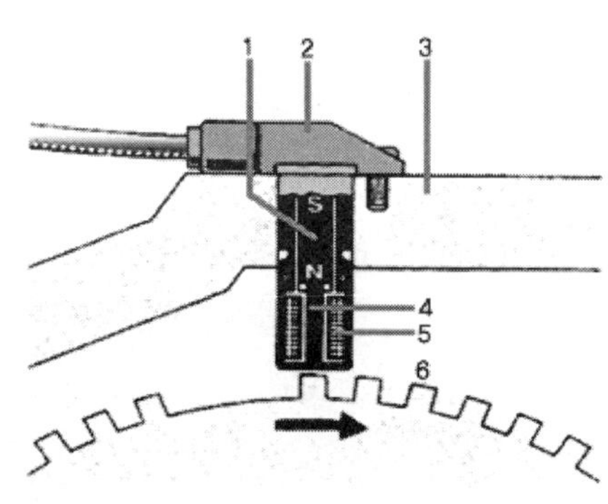


1. 영구자석
2. 하우징
3. 엔진 크랭크케이스
4. 부드러운 철
5. 코일
6. 트리거 휠

① 신호 생성

60개의 이빨을 가진 철강-자성의 트리거 휠이 크랭크샤프트에 장착되어 있으며, 실제로 사용되는 트리거 휠은 2개의 이빨이 없는데, 이 부분은 실린더1에 대해 크랭크샤프트의 정의된 위치에 할당된다. 크랭크샤프트 위치센서는 트리거 휠의 이빨 순서를 기록하며, 영구적인 자석과 구리선을 가진 부드러운 철심으로 구성되어 있다. 센서에서 자기의 흐름은 이빨과 갭이 지나감에 따라 변하고 사인곡선의 AC전압이 생성되는데, 엔진속도(크랭크샤프트)를 증가시키면, 반응하여 전압의 진폭이 날카롭게 증가하게 된다. 최근에는 Hall IC를 이용한 센서를 사용한다.

② 엔진속도 계산

실린더 피스톤들 사이의 각도관계(offset)는 1번 실린더에서 각각의 새로운 작동 사이클을 시작하기 전에 크랭크샤프트를 두 번 회전(720°)하는 것이며, 만약 피스톤들이 서로에 대해 일정하게 offset된다면 이것은 다음을 의미한다.

**각도 점화 여유(°) = 720°/ 실린더 수**

4실린더 엔진에서, 각도 점화 여유는 180°이다. 다른 말로, 크랭크샤프트 위치센서는 두 번의 점화 사이에 30개의 이빨을 스캔해야 한다는 말이다. 요구되는 시간구간은 분 단위이며, 분 단위 시간에서 평균 크랭크샤프트 속도가 엔진속도(rpm)이다.

### 7. 캠 포지션 센서(캠 센서, CMP)

엔진에 설치되어 있는 TDC 센서는 베르나와 동일한 방식이다. 캠축에 설치되어 캠축 1회전(크랭크 축 2회전)당 1개의 펄스 신호를 발생시켜 ECU로 입력시킨다. ECU는 이 신호에 의해 1번 실린더 압축 상사점을 검출하게 되며 연료분사의 순번을 결정하게 된다.

캠 샤프트는 엔진의 흡기와 배기밸브를 제어하며, 이것은 크랭크샤프트 속도의 반으로 회전한다. 피스톤이 상사점(TDC) 방향으로 움직일 때, 캠 샤프트 위치는 부수적인 점화를 포함하는 압축단계에 있는지, 아니면 배기단계에 있는지를 결정한다.

이 정보는 시작단계 동안에 크랭크샤프트 위치로부터 생성될 수 없으며, 반면에 보통 엔진 작동 동안에 크랭크샤프트 센서에 의해 생성된 정보는 엔진의 상태를 정의하기에 충분하다. 다른 말로, 이것은 만약 캠 샤프트 위치센서가 차량이 구동되는 동안에 정보를 ECU로 보내주지 못해도, ECU는 여전히 크랭크샤프트 센서로부터 엔진의 상태에 대한 신호를 받고 있음을 의미한다.

1) 캠 샤프트 위치센서 단품위치

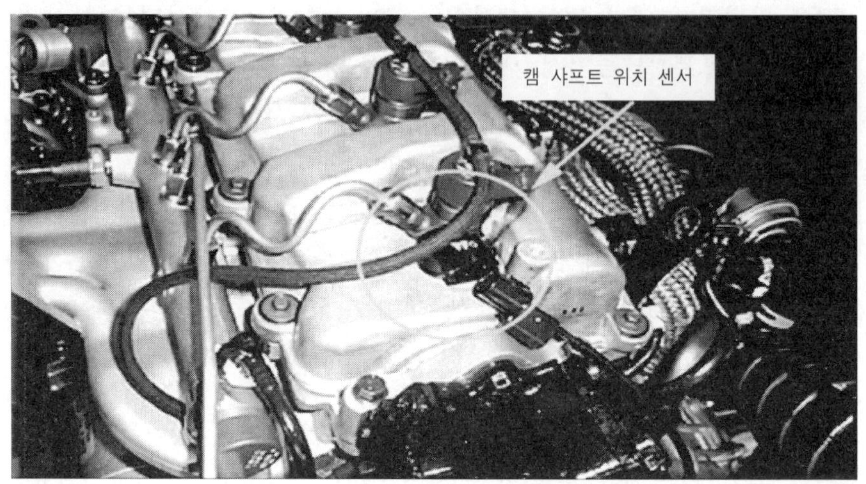


2) 캠 샤프트 위치센서 구성 회로

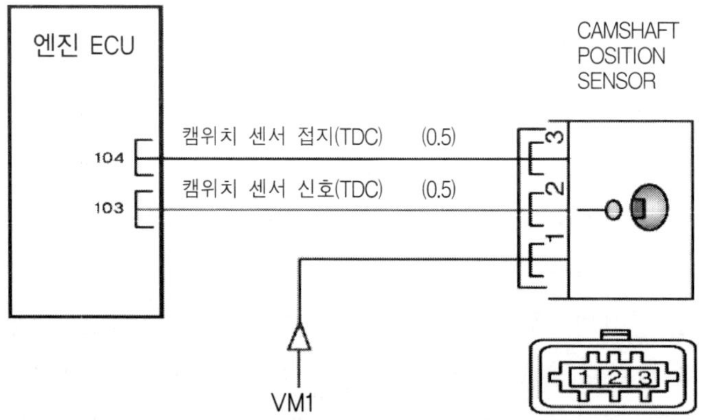

3) 크랭크 샤프트 연계 캠 위치센서 출력파형

캠 샤프트 위치센서는 캠 샤프트 위치를 설정할 때 HALL효과를 이용한다. 철강-자성 재질의 이빨이 캠 샤프트에 부착되고 이와 함께 회전하며, 이 이빨이 캠 샤프트 위치센서의 반도체 웨이퍼를 지나가면 그것의 자성장은 오른쪽 각도에서 반도체 웨이퍼에 있는 전자를 웨이퍼를 통해 흐르는 전류방향으르 전환시킨다. 이것은 ECU에 1번 실린더가 압축단계에 들어갔음을 알리는 간단한 전압신호(HALL전압)로 입력된다.

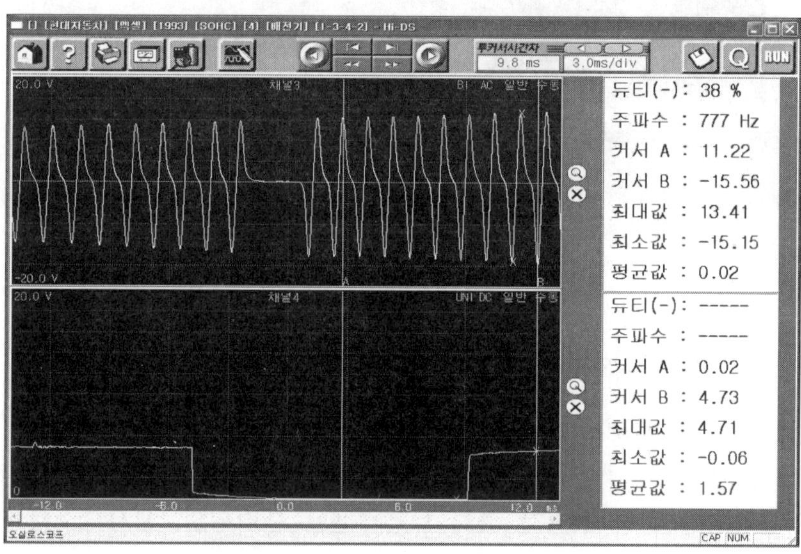


## 8. 노크센서(델파이 J-엔진에만 적용)

노크센서는 델파이 J-엔진(카니발Ⅱ테라칸)에만 적용되며, 실린더 블록에 설치되어 각 실린더의 노킹을 감지해 ECU로 입력시킨다. 또한 이상 연소의 유무를 파악해 아이들 안정성 제어 및 인젝터 손상여부를 파악해 경고등 램프를 띄운다. 또한 MDP학습 때 파일럿(PILOT) 분사량을 정밀하게 조절한다.

* 노크센서 단품위치

## 9. 부스트 압력센서(BPS)

부스터 압력센서(BPS)는 흡기 매니폴드에 공기역학적으로 연결되고, 흡기 매니폴드의 절대압력을 0.5에서 3bar사이로 측정한다. 센서는 두 개의 센서요소와 평가회로를 위한 챔버를 가지는 압력셀로 분리되며, 센서요소와 평가회로는 일반적인 세라믹 기질에 마운팅되어 있다.

각 센서 요소는 정의된 내부압력으로 참고 체적을 함유하고 있는 벨-형상의 두꺼운 필름의 다이어프램으로 구성되어 있으며, 이 다이어프램은 인가되는 압력의 함수로써 더 크거나 더 작은 정도로 바뀌게 된다. 피에조 저항방식의 저항기는 기계적 응력이 적용되면, 다이어프램의 표면 저항이 변하는 다이어프램의 표면에 위치하는데, 이러한 저항기는 다이어프램이 이동할 때 브릿지처럼 연결된다.

이것은 브릿지 전압이 부스터 압력을 측정하는 한 수단임을 의미하는 것이다. 평가회로는 브릿지 전압을 증폭하고, 온도의 영향과 압력특성의 선형화를 보상하며, 평가회로의 출력신호는 ECU에 입력되고, 여기서 프로그램 된 특성곡선의 도움으로 부스터 압력을 계산하는데 사용된다.

* 부스트 압력센서 단품위치

부스터 압력센서

## 10. 람다센서

람다센서는 U-엔진(EURO-4)에 적용된 센서로 EGR장치의 정밀 제어를 위해 배기가스 중 산소 농도를 검출하는 센서이다. 검출되는 산소 농도에 따라 감소되는 전류량으로 환산하여 수치를 나타내며 NOX(질소산화물) 배출량의 10-20% 추가 저감 효과가 있다.

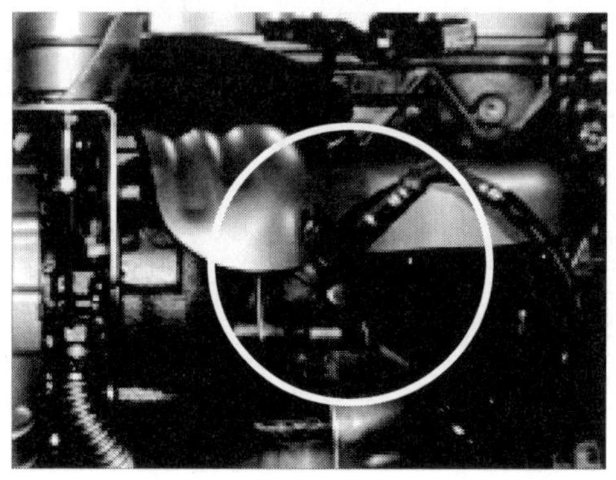

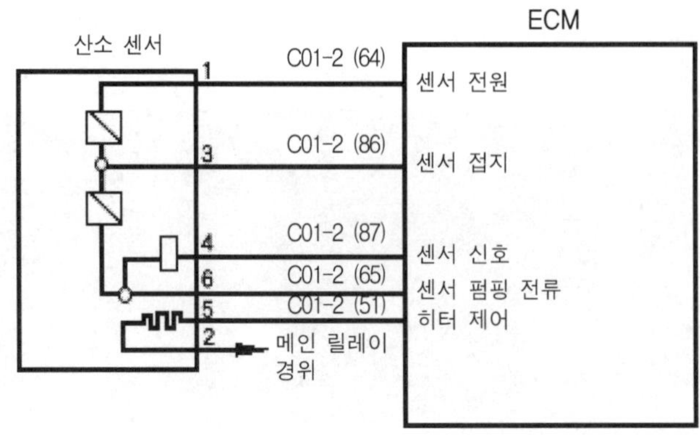


* 람다센서의 내부구조

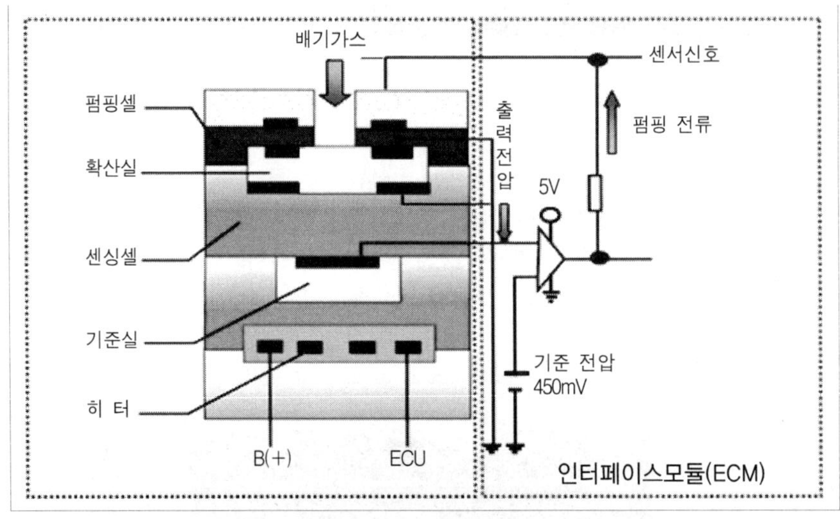


## 11. 이중 브레이크 스위치

브레이크 신호는 듀얼 브레이크 신호이며 액셀러레이터 포지션 센서 고장여부 신호로 사용된다. 예를 들어 브레이크 신호 뒤에 액셀러레이터 포지션 센서 신호가 낮게 들어오면 정상이나, 액셀러레이터 포지션 센서 신호가 높게 들어오면 액셀러레이터 포지션 센서 신호 고장이라고 판단한다.

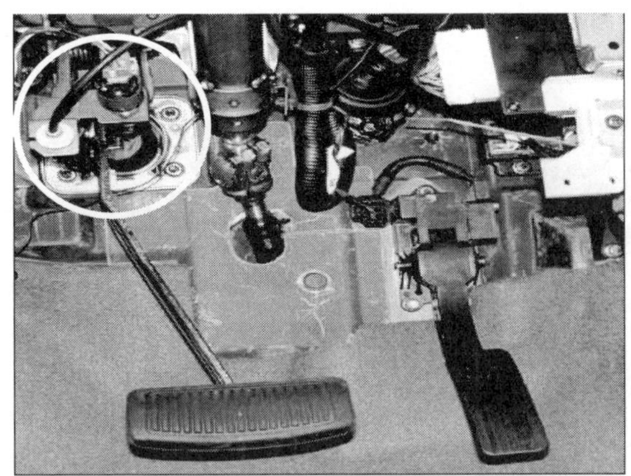

브레이크 스위치 단품위치

* 브레이크 스위치 회로 및 제어조건

- ECU로 입력되는 브레이크 스위치 신호가 2개이며 브레이크 스위치 1, 2로 구분
- 브레이크 스위치 1, 2를 조합하여 브레이크 스위치 고장 검출
- 브레이크 스위치와 엑셀페달 센서 연계해서 엑셀페달센서 고장 검출
- 엑셀페달이 밟힌 상태에서 나중에 브레이크 스위치가 밟힌 상태이면 APS 고장이라고 판정 림프홈 모드 돌입(단, 차속 5km/h 이상)

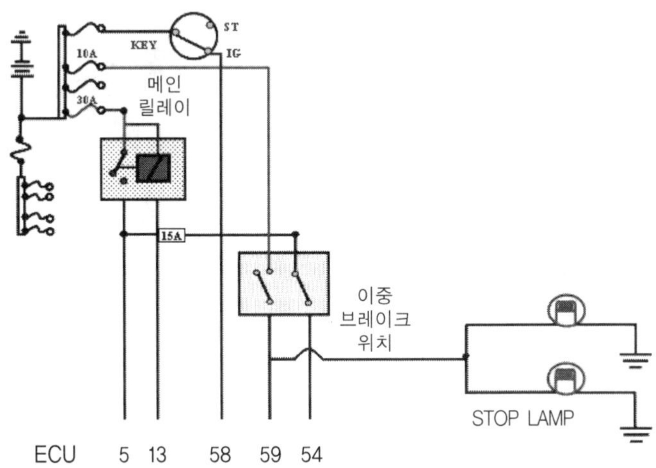

* 브레이크 스위치 출력전압

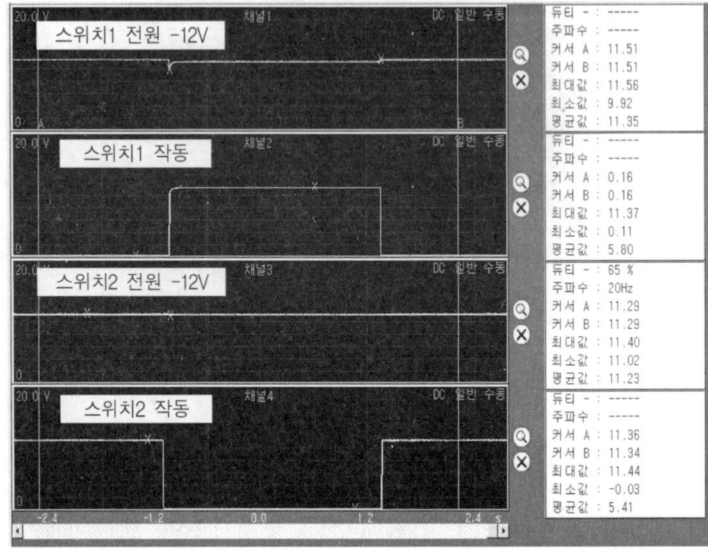


## 12. 클러치 스위치

클러치 스위치 접점식 스위치이며, 스위치 신호에 따라 크루즈 해제와 스모그 컨트롤 때 필요한 기어 단수 인식에 사용된다. 또한 충격 감소 보정용으로도 사용된다.

- 변속시 스모크 제어
- 정속주행 보정신호(수출사양)

엔진 ECU

61

(0.3)

클러치 스위치 신호

CLUTCH 스위치 (MT ONLY)

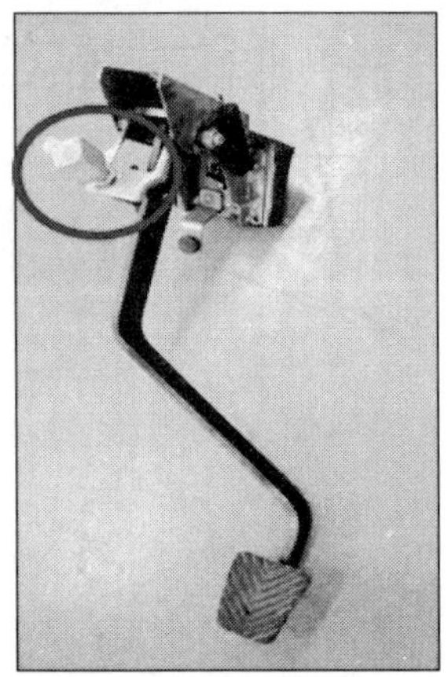

클러치 스위치 회로 및 단품사진

## 13. 기타 스위치

### 1) 에어컨 스위치

에어컨 작동 때 엔진 회전수가 떨어지는 것을 방지하기 위해 연료량 보정 신호로 사용된다. 블로어 모터 스위치 전기적인 부하에 따른 엔진회전수가 떨어지는 현상을 방지하기 위해 연료량을 보정하는 신호로 사용된다.

### 2) 에어컨 압력 스위치(로/하이 스위치)

에어컨 라인에 가스 유무 및 막힘 유무를 판단해 에어컨 컴프레서를 작동시키는 신호로 사용된다(에어컨 콤프레셔 보호용).

### 3) 에어컨 압력 스위치(미들 압력 스위치)

에어컨 라인에 일정한 압력(15kg/cm$^2$) 이상 발생 때 냉각팬을 구동시키는 신호로 사용된다.

### 4) 블로워 모터 스위치

전기적인 부하에 따른 엔진 회전수가 떨어지는 현상을 방지하기 위해 연료량을 보정하는 신호로 사용된다.

## 3.3 ECU 제어요소

### 1. ECU 역할과 작동방법

ECU는 외부센서로부터 신호를 받아서 분석하고, 이 신호를 허용가능한 전압 수준으로 제한하는데, 이 입력 데이터와 저장된 특성 맵으로부터, ECU 마이크로 프로세서는 분사시간과 분사순간을 계산하고, 이러한 시간을 엔진의 피스톤과 크랭크샤프트의 이동에 적용되는 신호특성으로 변환한다.

규정된 정확도와 엔진의 높은 동적인 반응은 고차의 계산 힘(power)을 요구하고 있다. ECU 마이크로 프로세서의 출력신호는 액츄에이터를 레일 압력 제어와 요소의 스위치-오프로 전환하는 적절한 힘(power)을 제공하는 트리거 구동단계에 사용된다.

게다가, 블로워 릴레이, 예비-히터 릴레이, 글로우-플러그 릴레이, 에어컨 릴레이등과 같은 예비 기능뿐만 아니라, 엔진 함수에 대한 액츄에이터를 트리거한다(EGR 액츄에이터, 부스터-압력 액츄에이터, 그리고 전기연료펌프에 대한 릴레이).

구동 단계는 간단한 전기적 과부하에 의한 파괴와 쇼트회로에 반하는 증거이다. 이 타입의 에러와 개방회로 또는 연결되지 않은 라인은 마이크로 프로세서에 전달되고, 분사 구동 단계에서 진단기능은 고장신호 특성을 감지한다.

게다가, 하나의 출력신호는 차량의 다른 시스템에 사용되는 인터페이스를 경유하여 전달됨과 동시에, 특별한 안전 개념의 구조 이내에서 ECU는 연료분사시스템을 완전하게 감독한다. 인젝터 트리거는 특히 구동단계에 절실히 요구되며, 구동단계에서 나오는 전류는 인젝터의 고압 시스템에 적용되는 트리거 요소에 자기력을 생성시켜 준다.

매우 엄격한 허용치와 분사된 연료량의 높은 반복성을 보장하기 위해서, 이 코일은 급격한 전류 측면을 가지고 트리거되어야 하는데, 이것은 ECU에서 이용 가능한 높은 전압을 필요로 한다는 얘기이다.

전류 제어 회로는 통전시간(분사시간)을 픽-업(peak-up)전류위상과 보류위상으로 나누는데, 이것은 인젝터가 모든 작동 조건하에서 재생 가능한 분사를 보증하도록 매우 정확하게 작동한다. 게다가, ECU와 인젝터에서 파워 손실을 감소시켜야 한다.

1) 작동 조건

다음은 ECU에 대해 강력히 요구되는 사항들이다.

① 주변온도(일반적으로 -40°에서 +85°)

② 연료와 윤활유에 대한 저항

③ 습도에 대한 저항

④ 기계적 부하위 사항 외에도 전자기적 적합성(EMC)와 HF간섭 신호의 방열에 대해서도 강력히 요구된다.

2) 설계와 구조

ECU는 금속 하우징을 가지고 있으며, 센서, 액츄에이터, 그리고 전원공급은 멀티-폴 플러그-인 커넥터를 통해 ECU에 연결된다. 액츄에이터를 직접적으로 트리거하는 출력의 구성성분은 열을 ECU하우징 밖으로 소산하는 것과 동일한 방법으로 ECU에서 통합되며, 씰이 된 것과 안 된 ECU 모두 이용 가능하다.

3) 작동단계 제어

엔진이 매 작동단계에서 최적의 연소로 작동하기 위해서는, 각 단계에서 ECU는 적절한 분사량을 계산해야 하는데, 이 과정에서 변수가 고려되어야만 한다.

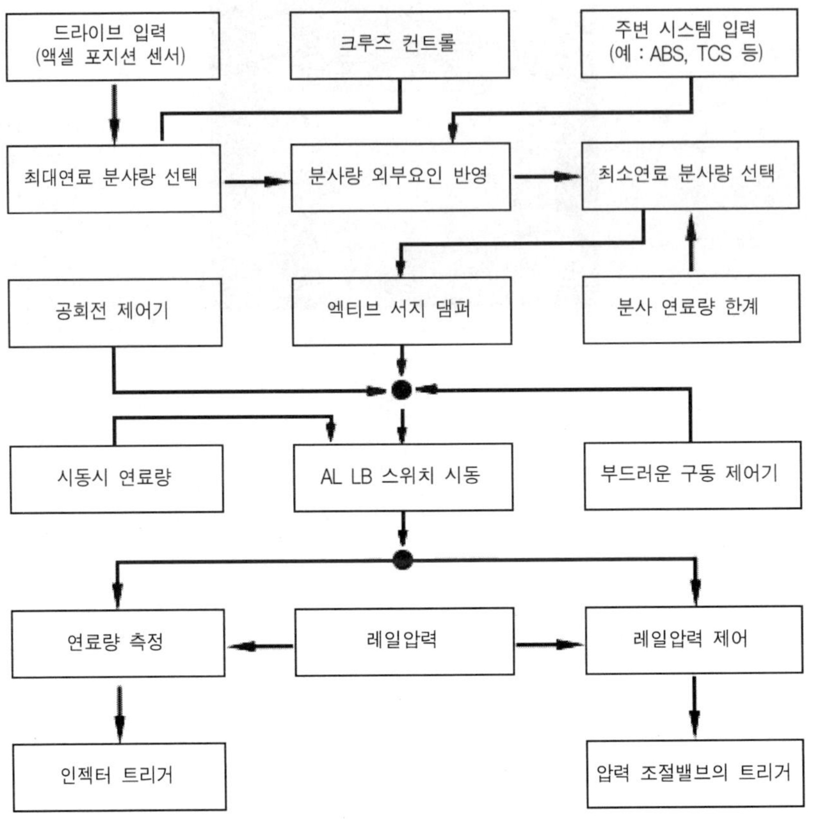


ECU 내부 연료분사량 계산

## 2. 연료분사 제어

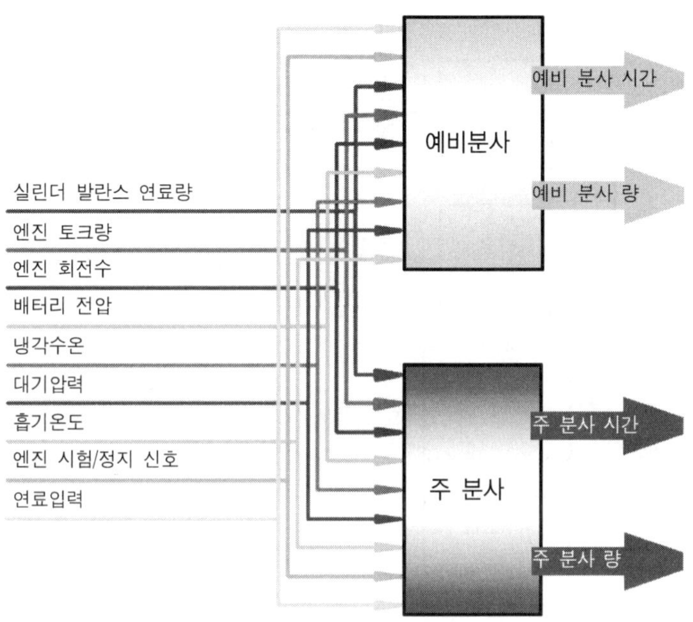


### 1) 연료 온도에 따른 연료량 제어

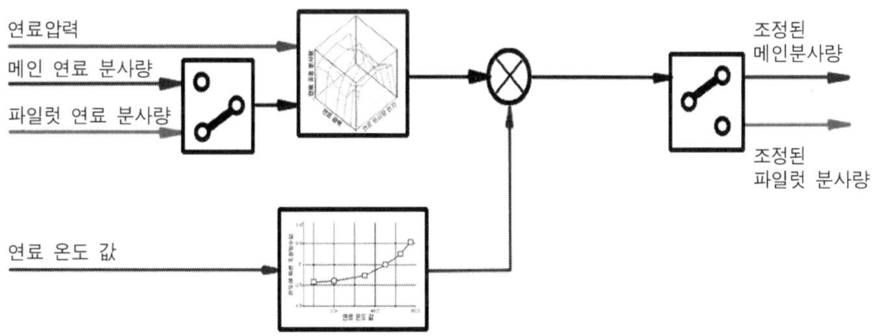

2) Pilot injection 분사 시간 계산

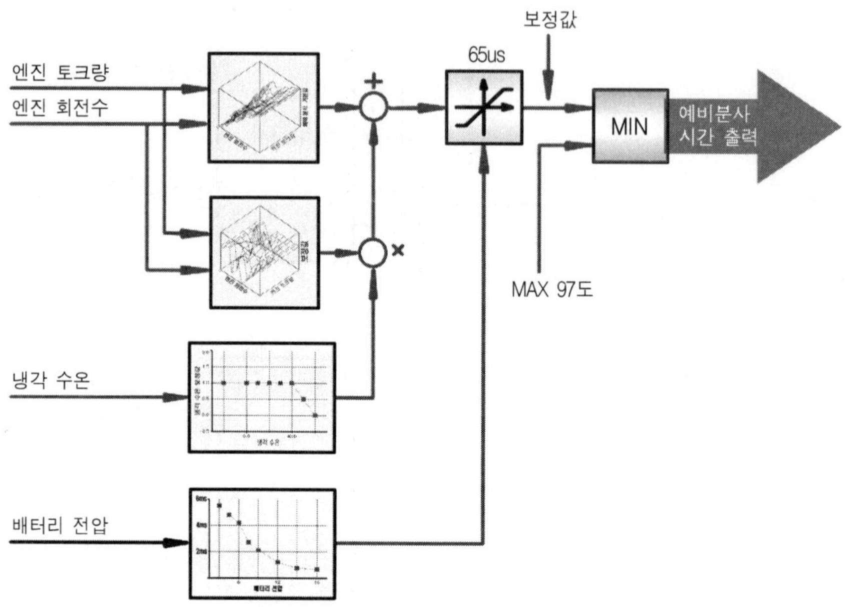


* pilot injection 금지 조건

① 예비 분사가 주 분사를 너무 앞지르는 경우

② 다른 조건은 엔진 회전수가 약 3200rpm 이상인 경우

③ 분사되는 연료량이 약 130us 이하인 경우

④ 주 분사의 경우 연료량이 충분하지 않은 경우

⑤ 연료압이 200bar일 때 최소 연료 분사량이 0.4mmcc 이하로 분사하는 경우

⑥ 연료압력 관련 부분과 엔진의 중대한 결함이 발생하는 경우

⑦ 압력이 최소 값 이하로 떨어진 경우(최소 연료압 모니터링 확인)

⑧ 커먼레일의 연료 누유인 경우

### 3) Main injection 분사 시간 계산

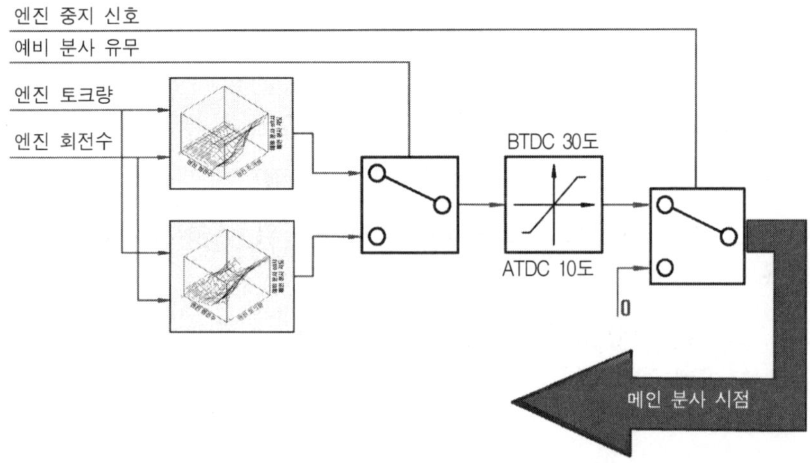


### 4) Main injection 분사량 계산

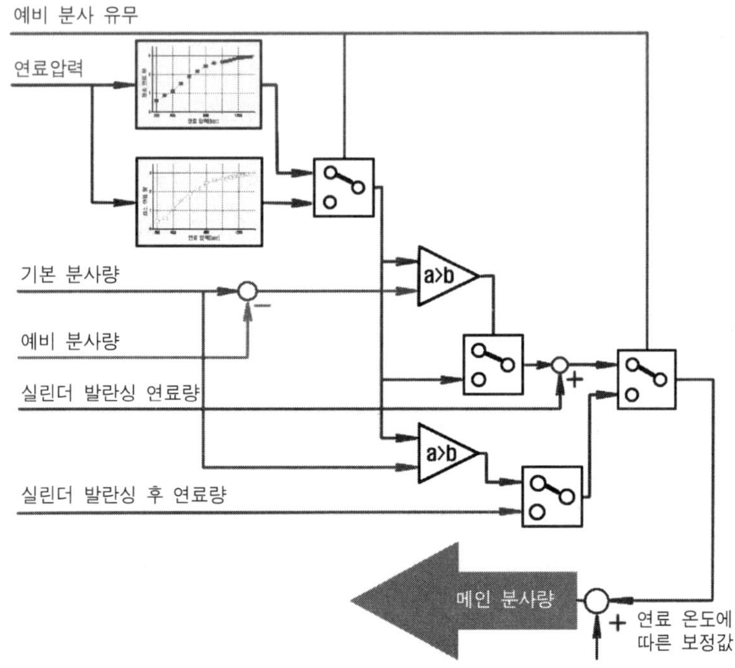

### 5) 분사연료 한계제어

운전자가 원하는 연료량(또는 물리적으로 가능한 최대량)이 반드시 분사되어서는 안되는 몇 가지 이유가 있다.

- 과도한 배기가스 배출
- 과도한 그을음 배기가스
- 과도한 토크나 엔진속도로 인한 기계적 과부하
- 과도한 냉각수 윤활오일 또는 터보차져 온도의 상승 결과로 인한 열적인 과부하

분사된 연료량에 대한 제한은 입력변수(예로서 흡기공기질량, 엔진속도, 냉각수온)들에 의해 성립된다.

## 2. 아이들 제어

공회전에서 연료소비율은 엔진 효율의 상당 부분과 공회전 속도에 의존한다. 밀집한 교통조건에서 차량의 연료소비율의 상당한 부분은 이 동작상태에 기인한다. 공회전 속도가 최소로 유지되어야 하는 것은 분명하다. 어떤 작동조건일지라도 공회전 속도는 최소로 설정되어야 하며 엔진이 과부하 상태로 움직이거나 멈출지라도 부하 이하로 더 떨어져서는 안된다. 이것은 차량의 전기 시스템이 작동되거나, 에어컨 스위치가 켜지거나, 변속기 부하가 걸리거나, 파워스티어링이 작동되는 순간에도 적용된다.

원하는 공회전 속도를 규제하기 위해서 공회전 제어기는 실제 엔진 속도가 원하는 공회전 속도가 될 때까지 분사된 연료량을 변화시킨다. 여기서 원하는 공회전 속도와 제어 특성은 선택된 기어와 엔진의 온도(냉각수-온도센서)에 의해 영향을 받는다. 외부적 부하 순간뿐만 아니라 내부적 마찰순간은 공회전 속도제어에 의해 보상되거나 고려되어야 한다. 이것은 온도에 매우 의존적일 뿐만 아니라 차량의 수명 동안에 최소한으로 변화한다.

## 3. 부드러운 운전 제어(Smooth-running control)

기계적 허용치와 수명 때문에 엔진의 각 실린더당 발생하는 토크에는 차이가 있다. 이것은 특히 아이들에서 거칠고 불규칙적인 운전을 초래한다. 부드러운 운전제어(실린더 균형)는 실린더가 점화되는 매 순간의 엔진속도의 변화를

측정하고 그것을 서로 비교한다. 각 실린더에 대해 분사된 연료량은 각각의 실린더 사이의 엔진 속도에서 측정된 차이에 따라서 조정된다. 그래서 각 실린더는 엔진에 의해 생성되는 토크에 같은 역할을 한다. 부드러운 운전제어는 단지 낮은 엔진 속도 범위에서 작동한다.

## 4. 연료압력 제어

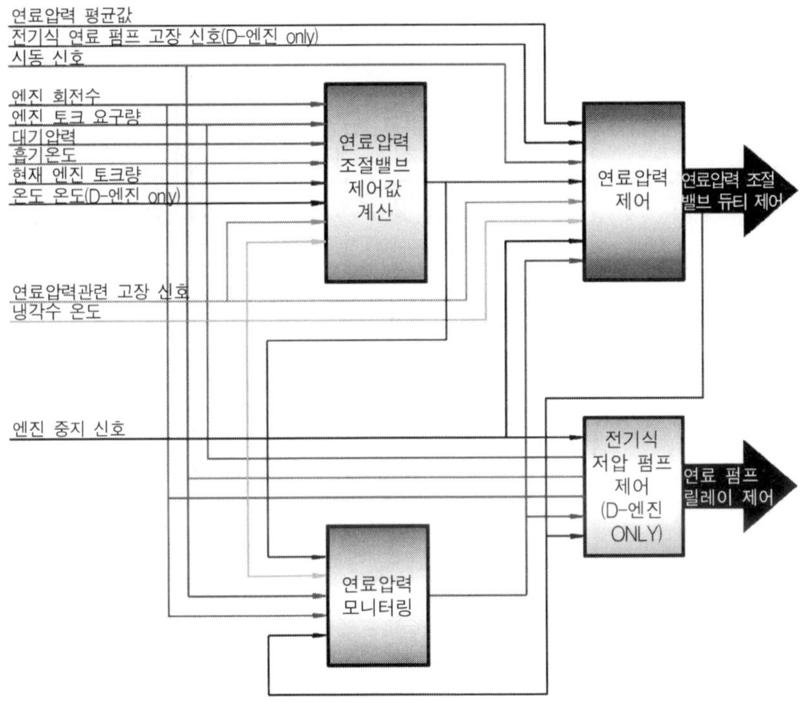


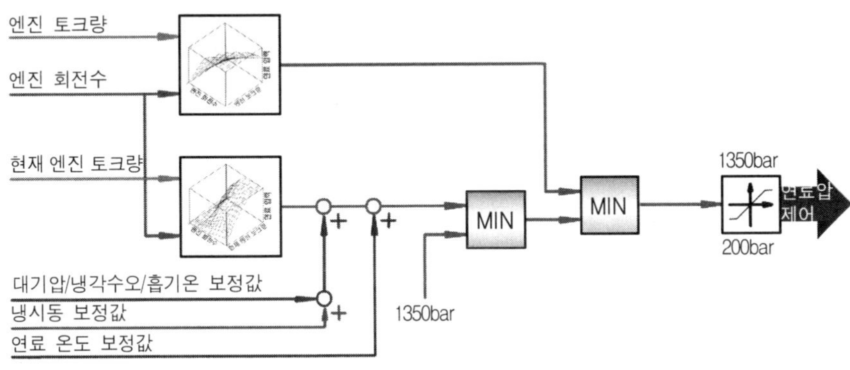

## 5. 연료압력 모니터링 제어

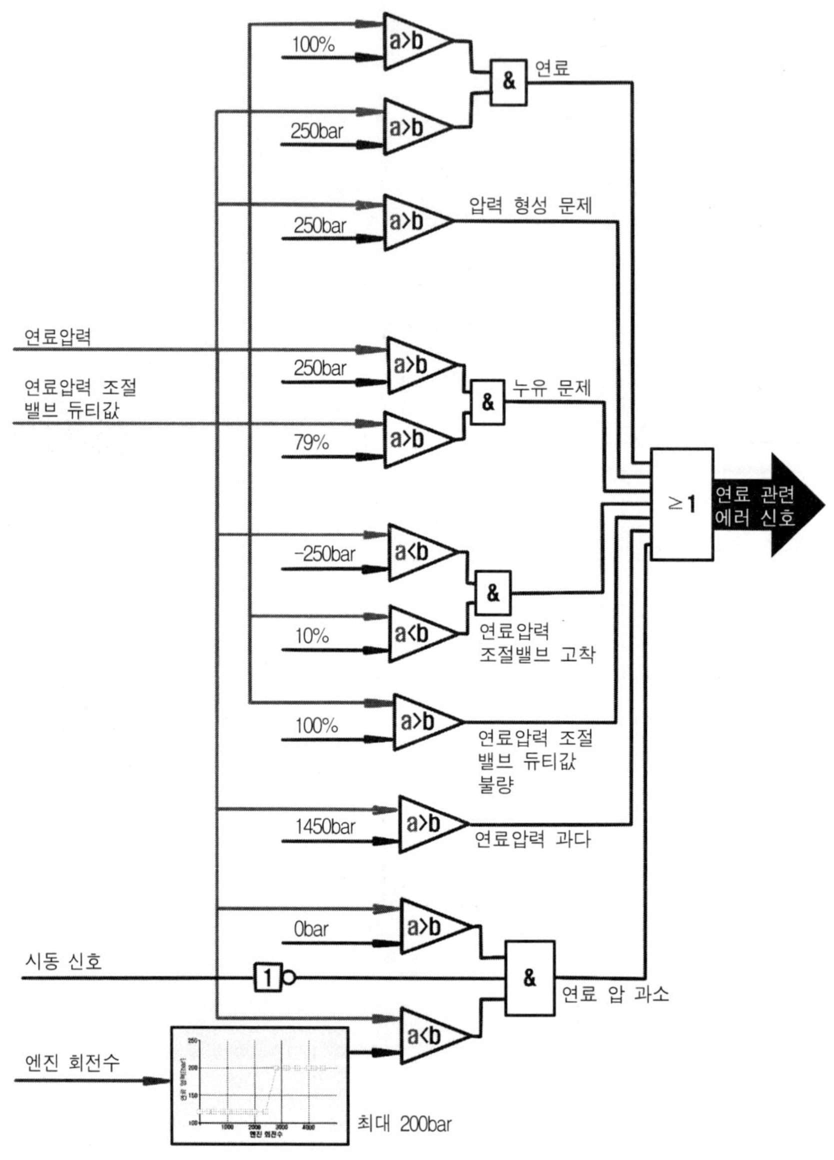

## 6. 연료압력 제한 제어

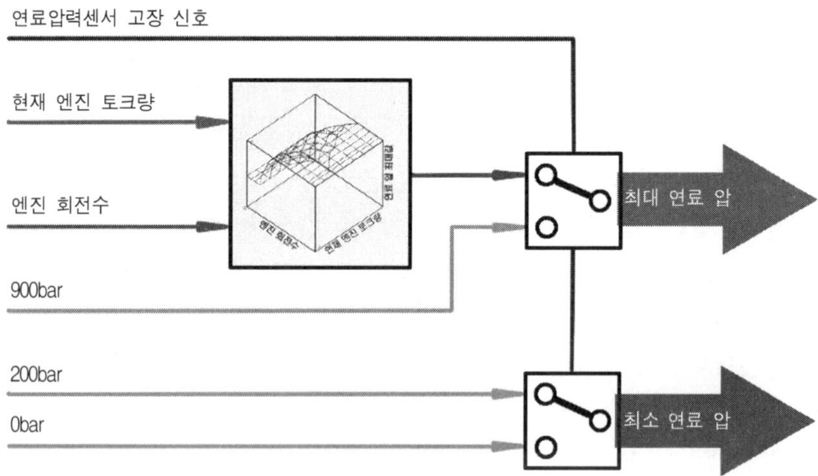


## 7. 최소 연료압력 모니터링 제어

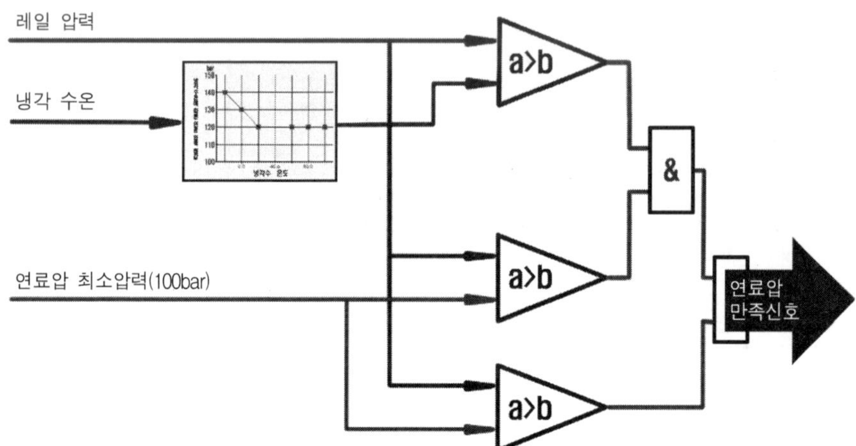

## 8. 차속제어

차량속도 제어(정속주행)는 차량이 일정한 속도에서 구동될 때 작동된다. 이것은 운전자에 의해 입력된 속도가 차량의 인스트루먼트 패널(계기판)에 표시될 때까지 차량의 속도를 제어한다. 분사된 연료량은 실제속도가 설정속도가 될 때까지 증가하거나 감소한다. 정속제어가 작동하는 동안에 운전자가 클러치를 밟거나 브레이크를 사용하면 제어과정은 중단된다.

만약에 엑셀레이터 페달을 밟으면 차량은 정속제어에서 설정된 속도 이상으로 가속될 수 있다. 엑셀레이터 페달을 놓자마자 정속제어는 이전의 설정속도로 다시 속도를 감소시켜 제어한다. 비슷하게 만약 정속장치가 꺼져있으면 운전자는 설정되었던 마지막 속도를 다시 선택하기 위해 활성화 키를 다시 누르기만 하면 된다.

## 9. 실린더 밸런싱 제어 영역

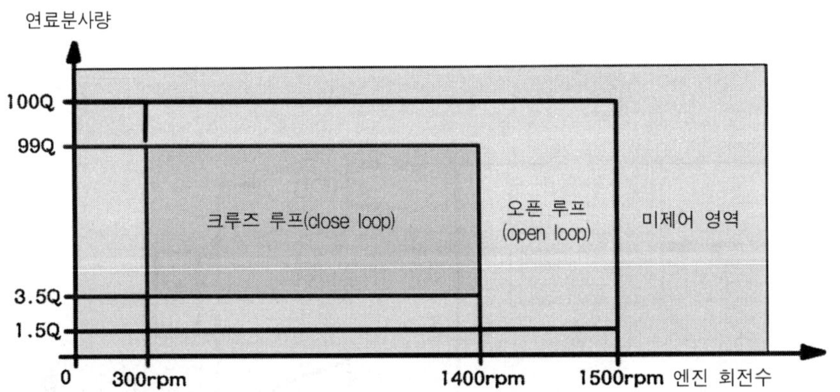

## 10. 각 단별 스모크 제어

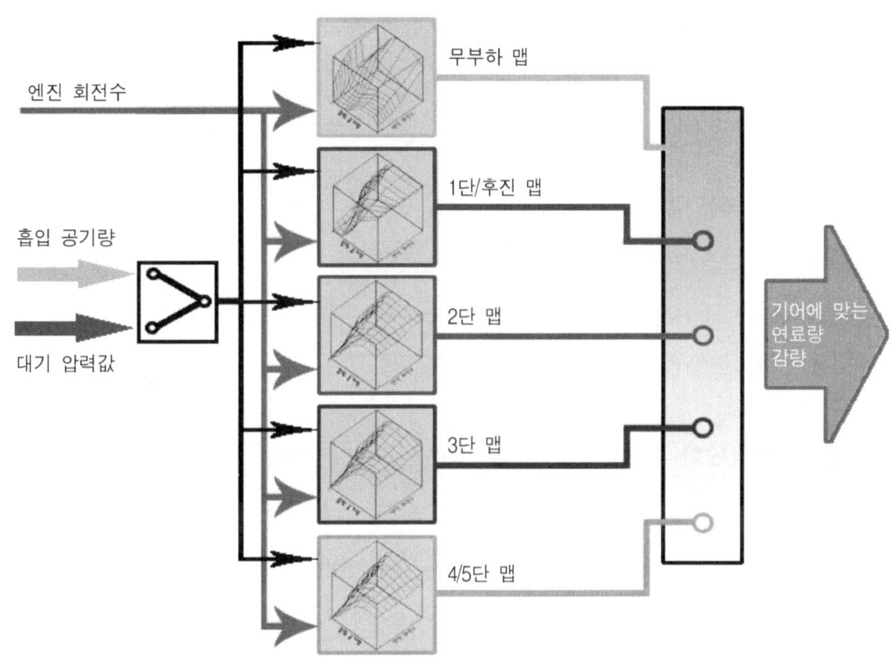


## 11. 과열 방지 제어

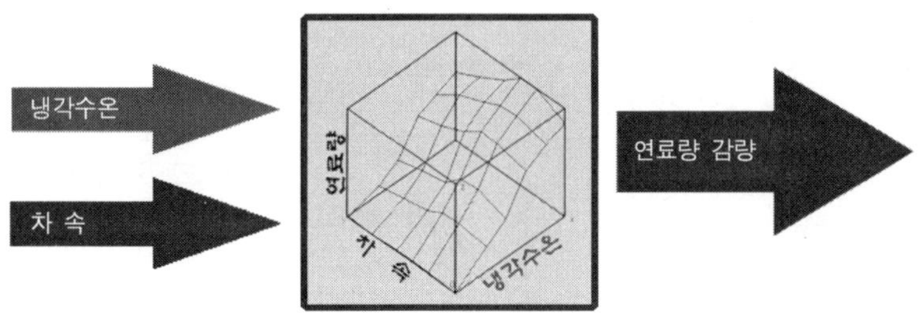


1700rpm < 엔진 회전수 < 4750rpm

연료량 감량은 냉각수온 110도 이상부터 시작을 하여 최대 40Q(40㎣)까지 감량을 하도록 되어 있다.

## 12. 배터리 전압에 따른 아이들업 제어

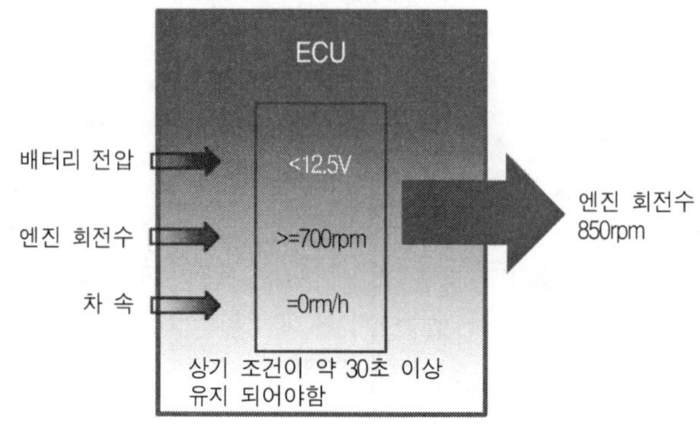


## 13. 활성적인 서지-감쇄제어(Active surge-damping control)

엑셀레이터 페달이 갑자기 눌려지거나 풀어지면 이것은 엔진에 의해 전개되는 토크에 급격한 변화가 생겨서 분사된 연료량에도 갑작스런 변화를 초래한다. 이러한 뜻밖의 부하 변동은 유동하는 엔진 마운팅과 구동트레인을 엔진 속도의 변동을 초래하는 이상진동을 초래한다.

**액티스 서지 댐퍼**

1. **갑작스런 엑셀페달 움직임(드라이브 입력)**
2. **엑티브 서지 댐핑 제어가 없는 엔진속도 곡선**
3. **엑티브 서지 댐핑 제어가 있을 때**

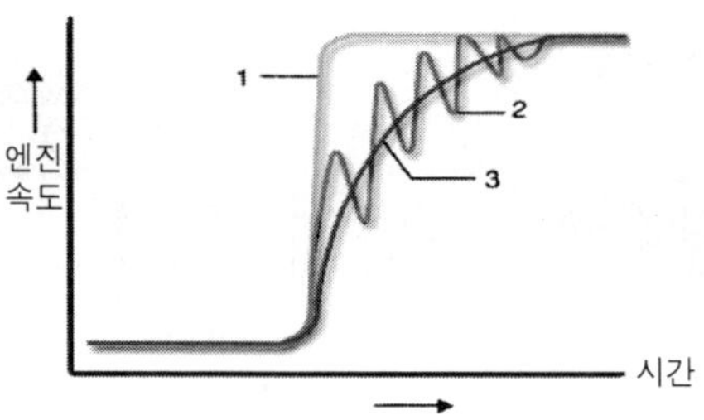


활성적인 서지-감쇄는 주기적인 속도변동과 같은 주파수에서 분사된 연료량을 변화시켜 이러한 주기적인 속도 변동을 감소시킨다. 즉 속도가 증가하면 더 적은 연료가 분사되고 속도가 감소하면 더 많은 연료가 분사된다. 이것은 서지 이동을 효과적으로 감쇄한다.

## 3.4 출력 제어요소

### 1. 인젝터 제어

유압 서보 시스템과 전기적 트리거 요소(솔레노이드 밸브)를 가진 특별한 인젝터가 효과적인 분사의 시작과 정교한 연료량을 제어하기 위해, 커먼레일 연료시스템에 사용되고 있으며, 분사개시 시점에서 높은 픽업전류는 인젝터의 솔레노이드 밸브가 빨리 열리도록 적용되었다. 노즐내부 니들의 행정이 작동하기 시작할 때 그리고 노즐이 완전히 열리자마자, 통전전류는 더 낮은 보류값으로 감소되고, 분사된 연료량은 인젝터의 개방시간과 레일압력에 의해 정의된다. 분사는 솔레노이드 밸브가 더 이상 트리거되지 않을 때 종료된다.

#### 1) 역할

분사개시와 분사된 연료량은 전기적으로 트리거된 인젝터에 의해 조정되며, 이러한 인젝터는 노즐홀더 어셈블리를 대신하게 된다(노즐과 노즐홀더). 직접분사(DI) 디젤엔진에 있는 노즐홀더 어셈블리와 유사하게, 실린더헤드에 인젝터를 장착할 때 클램프가 자주 사용된다. 이것은 커먼레일 인젝터가 실린더 헤드에 다른 특별한 수정없이 기존의 직접분사 디젤엔진에 장착될 수 있음을 의미한다.

#### 2) 설계와 구조

인젝터는 다음의 기능 블록으로 분리될 수 있다.

- 홀 타입 노즐
- 유압 서브 시스템
- 솔레노이드 밸브

연료는 고압연결에서 통로를 통해 인젝터에 공급되고, 공급 오리피스를 통해 제어 챔버에 공급된다. 제어 챔버는 솔레노이드 밸브에 의해 열리는 블리드 오리피스를 경유하여 연료 리턴라인에 연결된다. 블리드 오리피스가 닫힌 채, 밸브제어 플런저에 작용된 유압 힘은 노즐-니들 압력값을 능가하고, 그 결과로 니들은 그것의 시트로 강제 이동되어 연소실로부터 고압통로를 차단한다. 인젝터의 솔레노이드 밸브가 트리거되면, 블리드 오리피스가 열리고, 제어 챔버의 압력이 하락하게 된다.

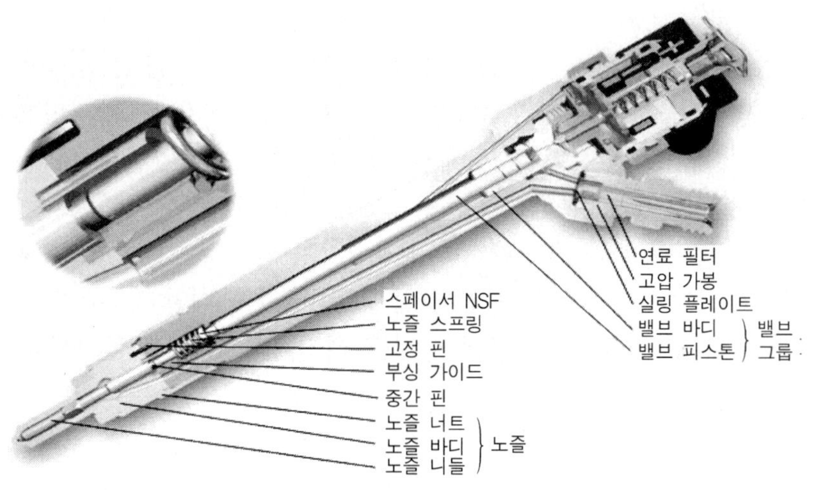


BOSCH 커먼레일 인젝터 내부구조

그 결과로서, 플런저에 작용하는 유압 힘도 또한 떨어진다. 유압 힘이 노즐 니들에 작동하는 힘보다 더 낮아지면, 노즐 니들은 열리고, 연료는 스프레이 홀을 통해 연소실에 분사된다. 유압 증대시스템을 사용하는 이러한 간접적인 노즐 니들의 제어는 니들을 신속하게 열기 위해 필요한 힘이 솔레노이드 밸브로부터 직접적으로 생성되지 않기 때문이다. 노즐 니들을 열기 위해 요구되는 소위 제어량은 실제로 분사되는 연료량에 추가된다.

그리고 이것은 제어 챔버의 오리피스를 통해 연료 리턴라인으로 돌아간다. 제어량뿐만 아니라, 연료는 노즐 니들과 밸브 플런저 가이드에서도 또한 손실이 생긴다.

이러한 제어와 누수 연료량은 연료 리턴라인과 오버 플로워 밸브, 고압 펌프, 그리고 압력 제어 밸브가 연결된 리턴라인을 통해 연료 탱크로 돌아간다.

3) 작동 방법

인적터의 작동은 엔진의 시동과 압력을 생성하는 고압 펌프를 가지는 4개의 동작단계로 분리될 수 있다.

- 인젝터 닫힘(고압 적용)
- 인젝터 열림(분사 개시)
- 인젝터 완전히 열림
- 인젝터 닫힘(분사 종료)

이러한 작동단계는 인젝터의 구성성분에 작용하는 힘의 분배에 의해 결정되는데, 엔진정지 또는 레일 내에 압력이 없는 상태에서는 노즐의 스프링이 인젝터를 닫는다.

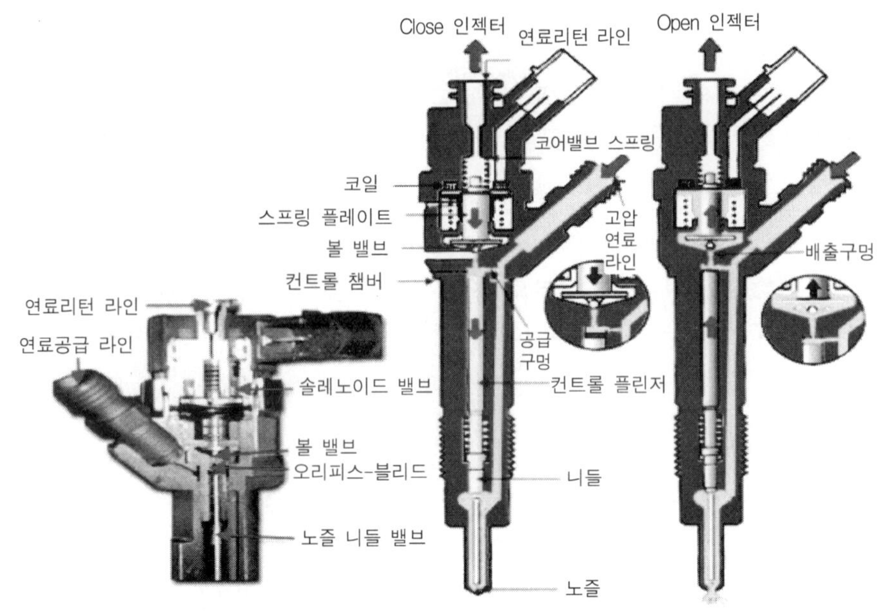


인젝터 내부구조 및 작동방법

**① 인젝터 닫힘(휴식 상태)**

휴식상태에서 솔레노이드 밸브는 에너지가 인가되지 않아서 닫히게 된다. 블리드 오리피스 가 닫힌 채, 밸브 스프링은 전기자의 볼을 블리드 오리피스의 시트로 이동시킨다. 레일의 고압은 밸브 제어 챔버에서 형성되고, 같은 압력이 노즐의 챔버 체적에서도 존재 한다. 제어 플랜저의 끝면에 작용하는 레일의 압력은 노즐을 압력단계에서 적용된 전개 힘에 대하여 닫힘 위치로 유지한다.

### 인젝터 열림(분사 개시)

솔레노이드 밸브는 인젝터를 신속하게 열어주는 피크 전류에 의해 인가된다. 트리거된 솔레노이드에 의해 발산되는 힘은 밸브스프링의 힘을 능가하게 되고, 전기자는 블리드 오리피스를 열어준다. 거의 동시에, 높은 수준의 픽업 전류는 전자기석에 요구되는 더 낮은 지속 전류로 감소된다. 이것은 자기회로의 에어갭이 이제 더 작아졌기 때문에 가능하다. 블리드 오리피스가 열리면, 연료는 밸브 제어 챔버에서 연료 리턴라인을 경유하여 연료 탱크로 흐른다. 블리드 오리피스는 완전한 압력균형을 막고, 밸브 제어 챔버에서 압력은 그 결과로 가라앉는다.

이것은 밸브 제어 챔버에서 압력을 레일과 여전히 같은 압력에 있는 노즐의 챔버 압력을 더 낮게 한다. 밸브 제어 챔버에서 감소된 이 압력은 제어 플런저에서 작용하는 힘의 감소를 유도한다. 그 결과로 노즐의 니들은 열리고, 분사는 시작된다. 노즐의 니들 전개속도는 트리거와 공급 오피스를 통한 유동율의 차이에 의해 결정된다.

제어 플런저는 블리드와 공급 오리피스 사이의 연료 유동에 의해 생성되는 연료 쿠션으로 유지된 채로 상부의 정지위치에 도달한다. 인젝터 노즐은 이제 완전히 열리고, 연료는 연료 레일에서의 압력과 거의 동일하게 연소실로 분사된다. 인젝터에서 분포력은 전개상태 동안의 힘과 비슷하다.

### 인젝터 닫힘(분사 종료)

솔레노이드 밸브가 더 이상 트리거되지 않으면, 밸브스프링은 전기자를 아래 방향으로 힘을 가하고, 볼은 블리드 오리피스를 닫는다. 여기서 전기자 플레이트가 아랫방향에 있는 구동 숄더에 의해 가이드 되지만, 전기자와 볼의 아래 방향으로 작용하는 어떠한 힘도 가하지 않도록 하는 반환 스프링이 있는 오버스프링이다.

블리드 오리피스의 닫힘은 공급 오리피스로부터 압력을 경유하여 제어 챔버에 압력형성을 유도한다. 이 압력은 레일의 압력과 동일하게 제어, 플런저의 끝면을 통해 제어 플런저에 압력을 가한다. 스프링의 힘과 더불어 이 힘은 챔버 체적에 의해 발생된 압력을 능가하고 노즐 니들은 닫힌다. 노즐 니들의 닫힘 속도는 공급 오리피스를 통한 유량에 의해 결정된다. 노즐 니들이 다시 아래 정지위치에 대하여 오르자마자 분사는 정지한다.

4) 분사특성

재래식 분사특성 디스트리뷰터와 인-라인 펌프를 가진 기존의 분사시스템에서, 연료분사는 파일럿과 후분사가 없는 단지 주분사 상태만을 의미한다.

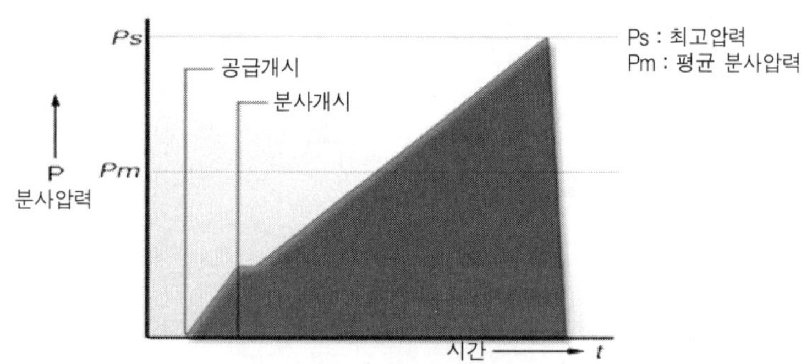


재래식 분사시스템의 연료 방출율 곡선

비록, 솔레노이드 밸브로 제어되는 디스트리뷰터식 펌프에서는 파일럿 분사 단계의 도입이 개발 진행되고 있지만, 기존의 시스템에서 압력발생과 분사된 연료량의 공급은 캠과 펌프 플런저에 의해 서로 연결되고, 이것은 분사특징에 다음과 같은 영향을 미친다.

- 분사압력은 증가속도와 분사된 연료량과 함께 증가
- 실제 분사과정 동안에 분사압력은 증가하고, 분사말기에 노즐이 닫혀 압력은 떨어짐

그 결과는 다음과 같이 나타난다.

- 분사된 연료량이 적을수록 많은 양으로 분사된 연료량보다 더 낮은 압력으로 분사되고,
- 최대압력은 평균 분사압력보다 2배 이상 크며,
- 효율적인 연소에 대응하는 라인에서는, 실제로 방출율(rate-of-discharge)이 삼각형 모양으로 이루어진다.

최대압력은 연료 분사펌프의 구성 성분과 운전의 기계적 부하에 대해 결정적인 역할을 한다. 따라서, 기존의 연료분사 시스템에서 최대압력은 연소실에서 형성되는 공기/연료 혼합물의 량에 결정적으로 작용한다.

### 4 커먼레일의 분사 특성

기존의 분사특징과 비교하여, 이상적인 분사특징을 위해 다음과 같은 사항이 요구된다.

- 서로간의 독립성, 분사된 연료량과 분사압력은 각각, 그리고 모든 엔진 작동조건에 대해 정의될 수 있어야 함(이상적인 공기/연료 혼합물을 형성하기 위해 더 많은 자유도가 제공되어야 함)
- 분사과정의 초기에, 분사된 연료량은 가능한 적어야 함(즉, 분사개시와 연소개시 사이의 점화지연동안)

이러한 요구는 파일럿과 주 분사 특징을 가지는 커먼레일 분사시스템에서 실현되고, 커먼레일 시스템은 모듈시스템이기 때문에, 기본적으로 다음의 구성요소가 분사특징에 대해 주요 역할을 한다.

- 실린더 헤드에 볼트가 설치된 솔레노이드 밸브 제어 인젝터
- 압력 어큐뮬레이터(레일)
- 고압 펌프

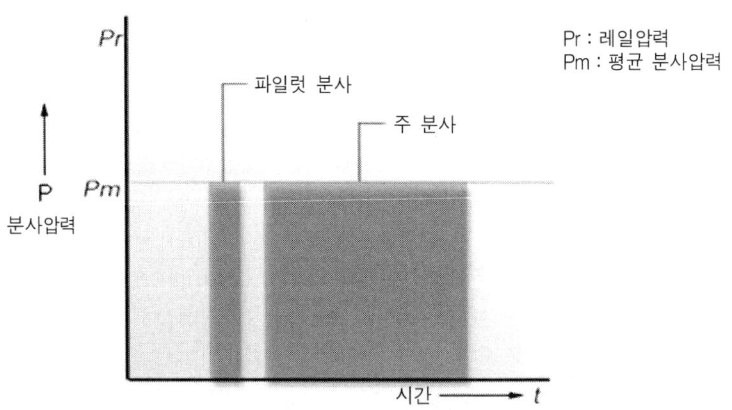


커먼레일 분사시스템의 연료 방출율 곡선

다음의 구성요소는 또한, 시스템을 동작하기 위해 요구되는 것들이다.

- 전자제어 유니트(ECU)
- 크랭크 샤프트 속도센서

- 캠 샤프트 속도센서(TDC 센서)

승용차 시스템에 대해, 반경-피스톤 펌프는 압력발생을 위해 고압 펌프를 사용하게 되는데, 압력은 분사과정에 독립적으로 생성되고, 고압 펌프의 속도는 불변 전달률(non-variable transmission ratio)을 가지며, 엔진속도에 직접적으로 연결되어 있다. 기존의 분사시스템과 비교하여, 이송이 실질적으로 일정하다는 사실은 커먼레일 고압 펌프가 훨씬 더 작아진다는 것뿐만 아니라, 펌프의 구동이 그러한 고압-부하 피크치에 종속되지 않음을 의미한다.

인젝터는 짧은 라인으로 레일에 연결되고, 기본적으로 노즐과 분사개시에 스위치를 열기 위해 ECU로부터 에너지를 제공받는 솔레노이드 밸브로 구성되며, 솔레노이드 밸브의 스위치가 닫혀지면(에너지 공급 중단), 분사는 종료된다. 일정한 압력을 가정하면, 분사된 연료량은 솔레노이드 밸브의 활성화된 시간과 직접적으로 비례하며, 이것은 엔진과 펌프의 속도(시간-제어 연료분사)에 완전히 독립적이라 할 수 있다.

▪ 피크전류 : 20±1A, 홀드인전류 : 12±1A, 재충전전류 : 7A

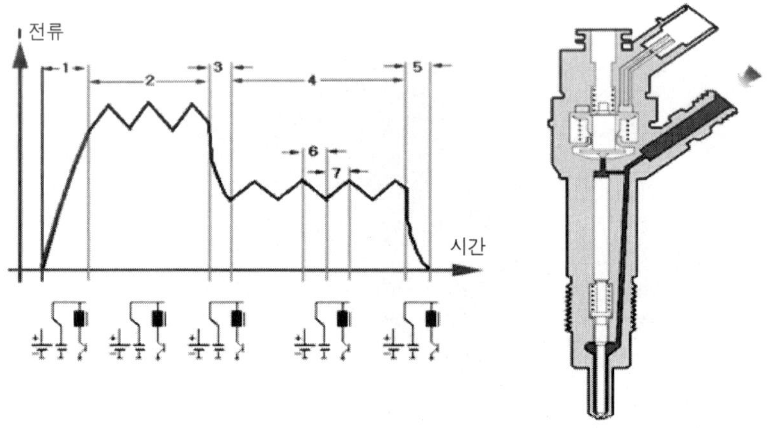


1. 콘덴서 방전
2. 풀인전류
3. 콘덴서 충전
4. 홀드인 전류
5. 콘덴서 충전
6, 7. 홀드인 조정전류

인젝터 작동전류 제어

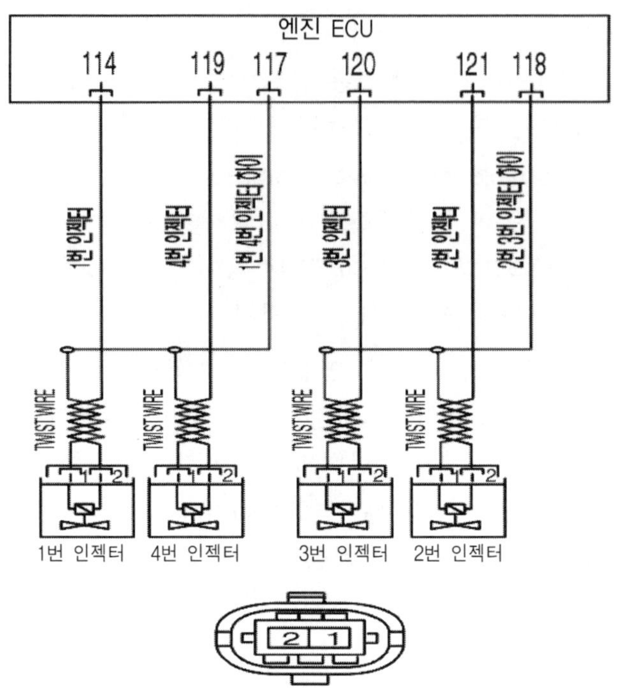


인젝터 결선회로

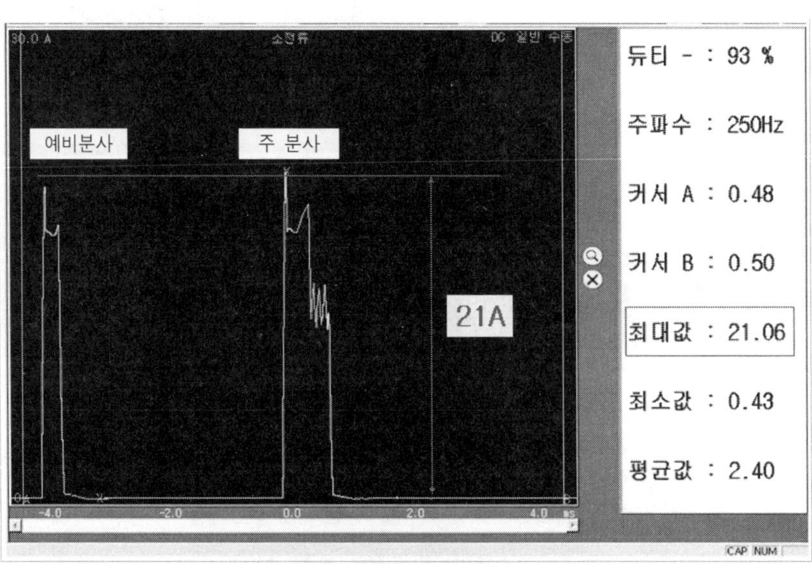


인젝터 전류파형

요구되는 고속 솔레노이드 스위칭(개폐)은 높은 전압과 전류에 의해 달성되는데, 이것은 ECU에서 솔레노이드 밸브 트리거 단계가 순차적으로 설정되어야 함을 의미하며, 분사의 개시는 EDC(전기적 디젤 제어)의 각도-시간 제어시스템에 의해 제어되는데, 이것은 엔진 속도를 기록하기 위한 크랭크 샤프트에 있는 센서와 상태감지(working cycle)를 위한 캠 샤프트에 있는 센서를 사용하게 된다.

### 파일럿 분사(Pilot injection)

파일럿 분사는 TDC에 비교해서 90° 크랭크 샤프트(90°cks)까지 진각될 수 있다. 만약 분사개시가 40° BTDC보다 이전에 일어나면, 연료는 피스톤 표면과 실린더 벽에 침전될 수 있고, 윤활유의 원치 않는 희석을 초래할 수 있다.

파일럿 분사에서는, 디젤연료의 소량(1-4㎣)이 연소실의 예비조건(precondition)을 위해 실린더에 분사되어 연소효율은 대체적으로 향상되며, 다음과 같은 효과가 달성된다.

- 압축압력은 파일럿 반응과 부분 연소 때문에 조금 증가
- 주-분사 점화지연이 감소
- 연소압력 상승의 감소와 연소압력 피크치의 감소(훨씬 부드러운 연소)

이러한 효과는 연소 소음과 연료 소비율, 그리고 많은 경우에 배기가스를 감소시킨다. 파일럿 분사가 없는 방출율 곡선을 보면, 약간 압축된 라인에서는 TDC이전에 평평한 압력상승이 명백히 보이다가, 이후 최대 압력점에서는 상대적으로 날카롭게 나타난다.

가파른 압력상승은 디젤엔진의 연소 소음에 상당한 영향을 끼치는 피크치와 같이 증가한다. 파일럿 분사가 있는 방출율 곡선에서는, TDC근처에서의 압력이 다소 높은 값이고, 연소 압력은 덜 가파르게 증가하는 것을 볼 수가 있으며, 파일럿 분사는 점화지연을 감소시키기 때문에, 엔진의 토크발생에 간접적인 기여를 하고 있다. 연료 소비율은 주-분사의 개시와 파일럿, 주-분사 순서사이의 시간적인 함수로써 증가하거나 감소할 수 있다

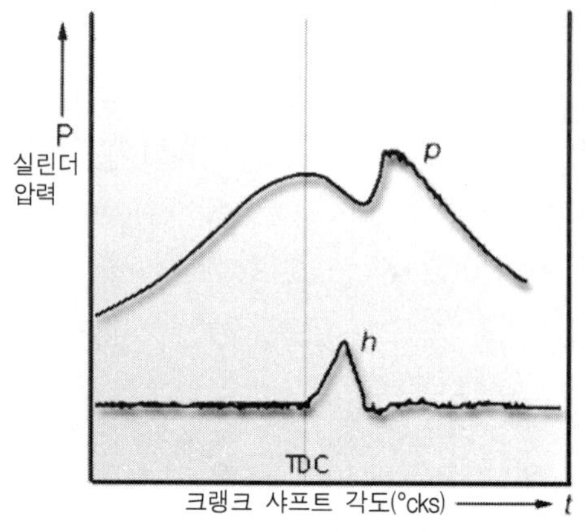


파일럿 분사가 없는 방출율 곡선

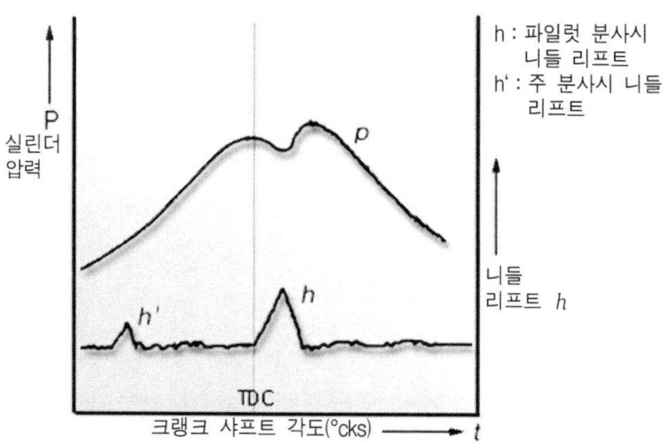


파일럿 분사가 있는 방출율 곡선

### 메인 분사(Main injection)

엔진의 출력에 대한 에너지는 주-분사 순서로부터 나오는데, 이것은 기본적으로 주-분사가 엔진토크의 개발에 커다란 영향이 있음을 의미한다. 커먼레일 연료분사 시스템에서 분사 압력은 분사과정 전체를 통해 실제적으로 일정하게 유지된다.

## 2. 연료압력 조절기 제어

### 1) 역할

압력 조절밸브는 과도 압력밸브와 같은 역할을 한다. 과도한 압력의 경우, 압력 조절밸브는 비상 통로를 열어서 레일의 압력을 제한다. 압력 조절기는 짧은 시간에 최대 1,500bar의 레일압력을 허용한다.

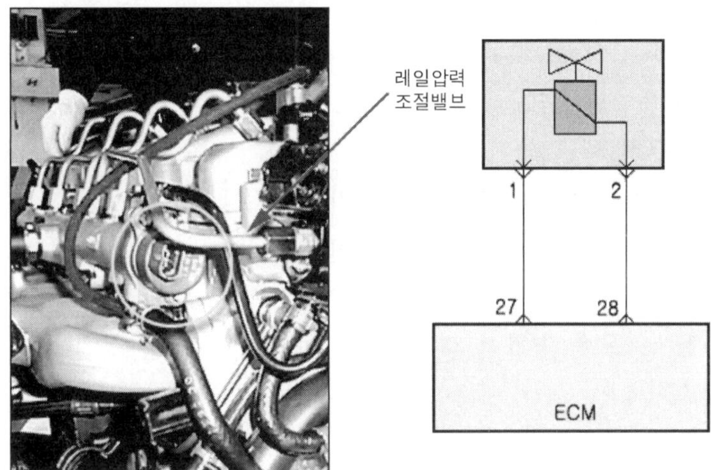


압력 조절밸브 단품위치 및 회로도(D-ENG)

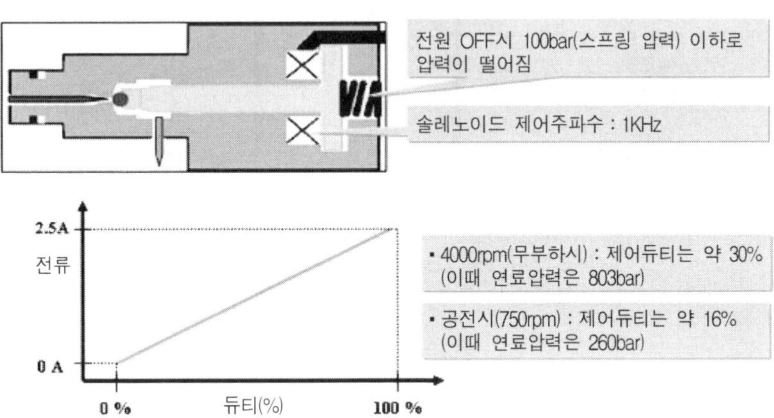


엔진속도 및 부하에 따른 연료압력 제어(D-ENG)

2) 설계와 구조

압력 조절밸브는 다음의 성분으로 구성되는 기계적 장치이다.

- 레일에 나사식으로 장착하기 위해 바깥 나사산을 가진 하우징
- 연료-탱크 반환라인과의 연결
- 이동 가능한 플런저
- 스프링

레일의 끝부분 연결에서, 하우징은 하우징의 안쪽에 있는 씰에 반하여 나오는 콘 형태의 플런저 끝에 의해 닫히는 통로를 가지고 있다.

정상적인 작동압력(135bar)에서 스프링은 플런저를 시트에 반하여 힘을 가하고, 레일은 닫힌 채로 유지한다. 최대 시스템 압력이 한계를 넘으면, 플런저는 스프링의 힘에 반한 레일의 압력에 의해 가압된다.

고압하의 연료는 이제 나갈 수 있고, 연료는 통로를 통하여 연료 탱크로 반환하는 채취라인으로 유도되는 플런저의 내부로 흐른다. 밸브가 열리면, 레일의 압력이 떨어지도록 연료가 리턴 라인으로 빠져 나간다.

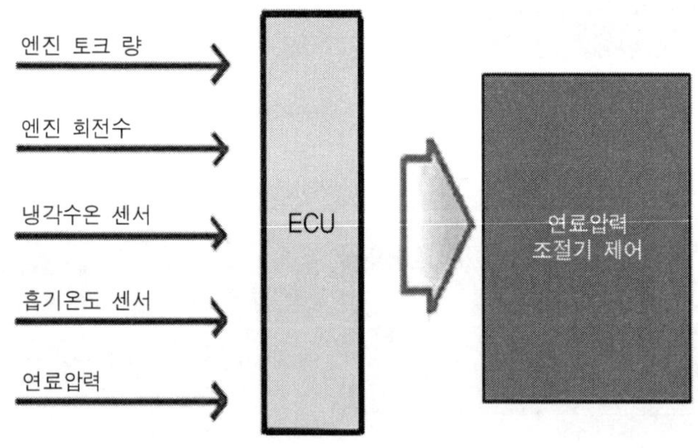


연료압력 모니터링 기능
고압 스스템에서 누출과 기타 고장을 감지하기 위함

연료압력 조절 제어사양

### 연료압력 조절기(MPROP)

- 저압 펌프(기어)와 고압 펌프의 연료통로 사이에 밸브 설치
- 분사에 필요한 연료량을 조정하여 고압 펌프 측에 공급

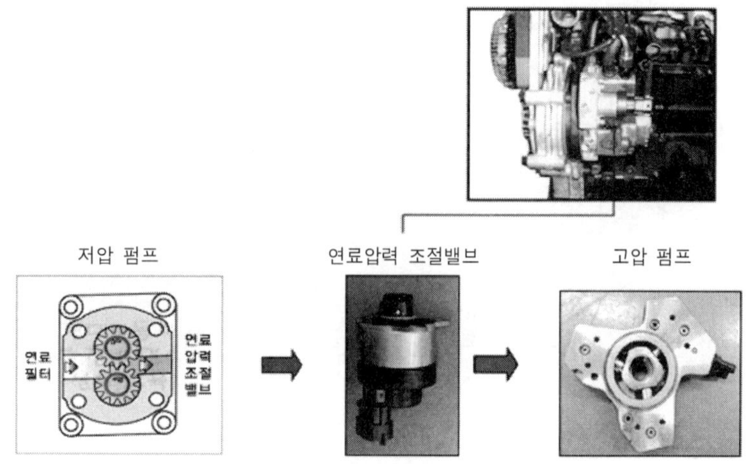


연료압력 조절기 단품위치 및 구성품(A-ENG)

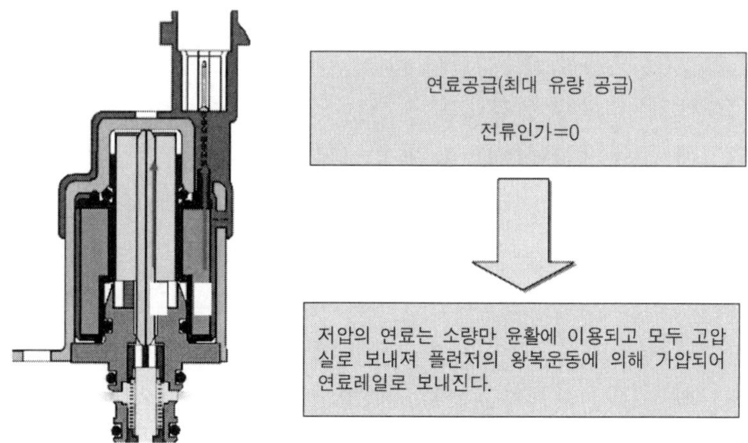


연료압력 조절기 전류인가 상태(A-ENG)

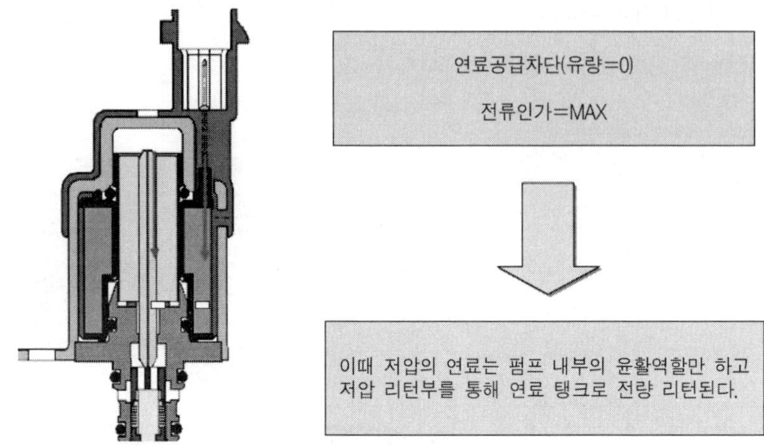


연료압력 조절기 전류차단 상태(A-ENG)

### 3. 배기가스 재순환(EGR) 장치 제어

배기가스 재순환(EGR) 장치가 장착되면 배기가스의 일부분이 엔진의 흡기 포트로 유입되며 어느 정도까지는 잔여의 배기가스 내용물의 증가한 부분이 에너지 전환과 배기가스에 영향을 미치는데 그 목적은 질소산화물(NOX) 생성의 저감이다. 엔진의 부하가 중요하며 실린더로 유입되는 공기/가스 질량은 40% 정도의 배기가스로 구성된다.

ECU 제어에서 실제로 유입되는 신선한 공기 질량이 측정되어 이 값은 각각의 작동위치에서 공기질량 설정값과 비교된다.

제어회로에 의해 생성된 신호를 사용하여 EGR 밸브는 배기가스가 흡기포트로 흐를 수 있도록 열린다. 선택적으로 스로틀 밸브가 적용되는 경우가 있는데 디젤엔진에서 스로틀 밸브는 가솔린 엔진에서와는 완전히 다른 역할을 하며 낮은 엔진 속도영역에서 엔진 회전수에서 흡기 매니폴드에서 과압을 감소시킴으로써 배기가스 재순환율을 증가시킨다.

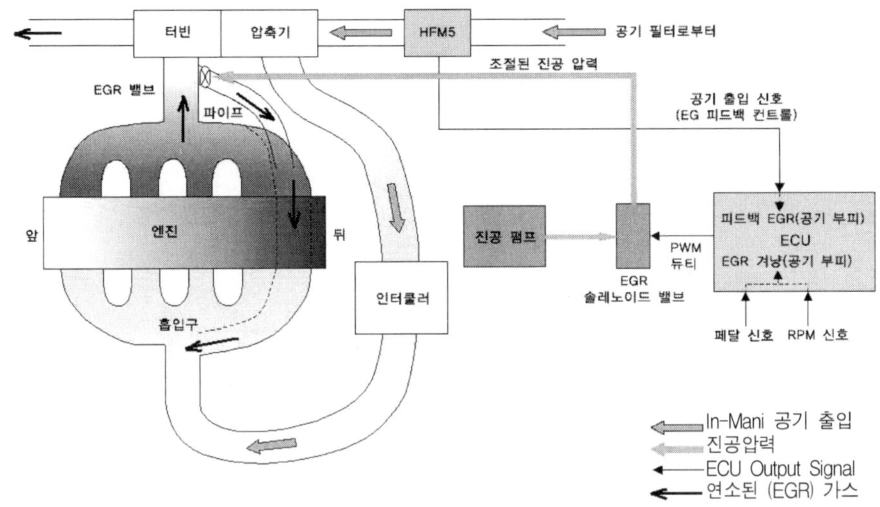


EGR 제어 구성도

### EGR 중지조건

① 오버런(Over run) 상태인 경우(2000rpm 이상이고 연료량이 5㎣ 이하인 경우)

② 엔진 회전수가 낮은 경우(1000rpm 이하로 52초 이상 지난 경우)

③ 1800rpm 이하 또는 2800rpm 이상에서 연료량이 20㎣ 이상인 경우

④ EGR 액츄에이터 고장인 경우

⑤ 공기량 센서 고장인 경우

⑥ 터보 차져 관련 고장인 경우

⑦ 대기 압력이 약 940hPa 이하인 경우

⑧ 냉각수온이 약 35℃ 이하 또는 약 100℃ 이상인 경우

⑨ 배터리 전압이 약 9V 이하인 경우

⑩ 엔진 회전수가 약 650rpm 이하 또는 약 3200rpm 이상인 경우

⑪ 흡기온도가 약 90℃ 이상인 경우

⑫ 연료압력 조정밸브 고장시

⑬ AFS 고장시

⑭ 연료량이 42mm 이상 분사시

⑮ 시동시

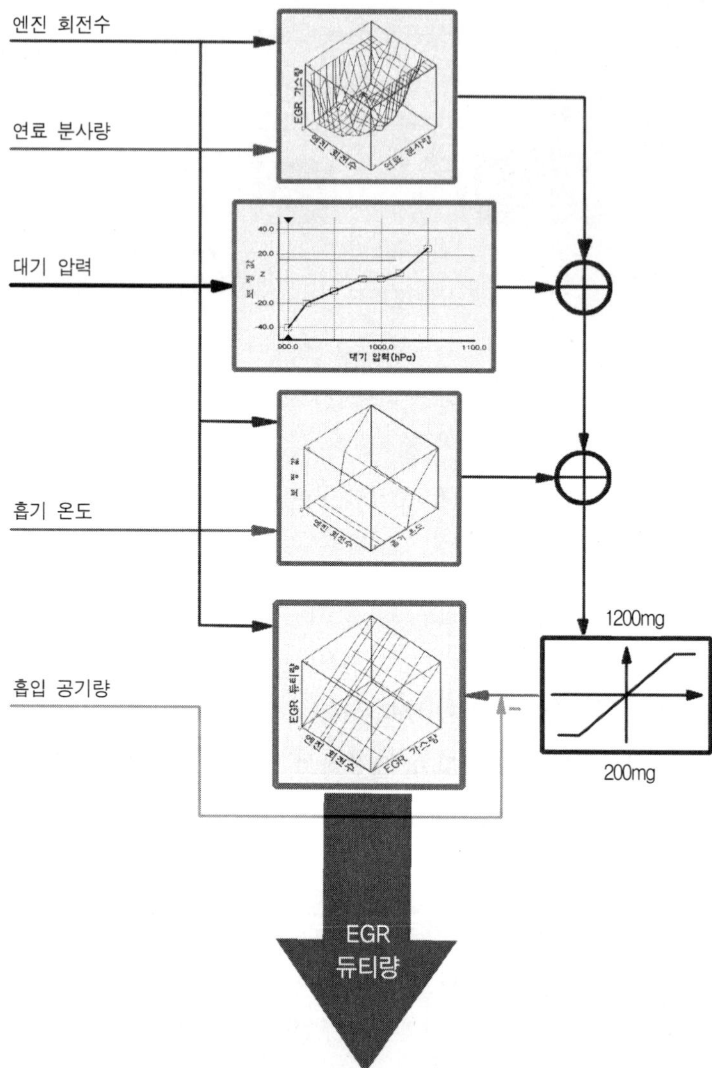


EGR 솔레노이드 밸브 듀티량 제어

EGR 솔레노이드 밸브 제어 듀티에 따른 EGR 밸브에 가해지는 진공
(제어 주파수 : 300Hz)

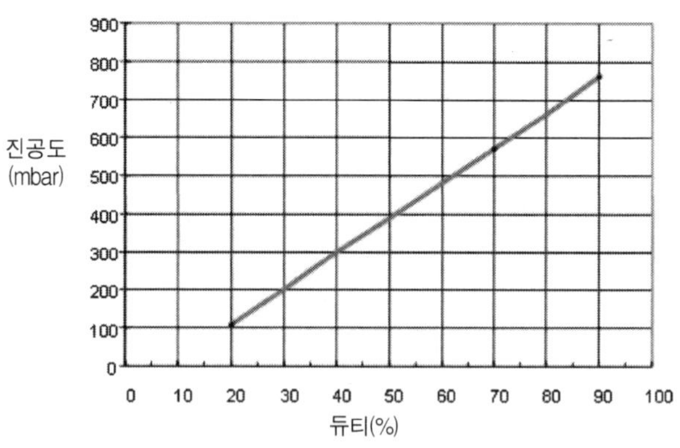


EGR밸브 제어에 따른 진공도 변화

*수냉식 배기가스 재순환 장치(Cooled EGR)

적용목적

- 재순환되는 배기가스의 엔진 유입 온도 저감
- 흡기온 저하 및 흡입 공기량 증대
- NOx 및 PM 저감

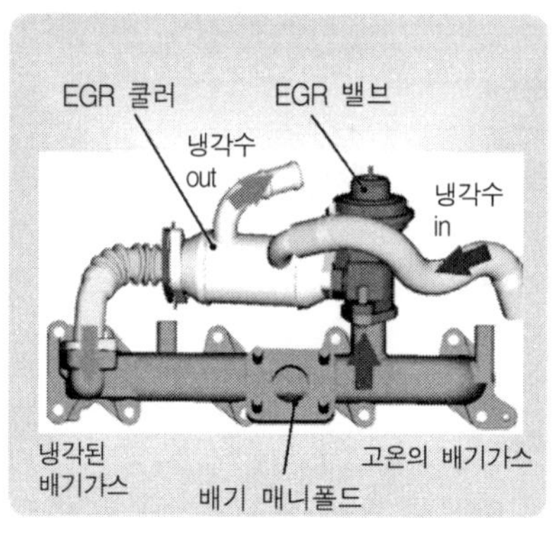


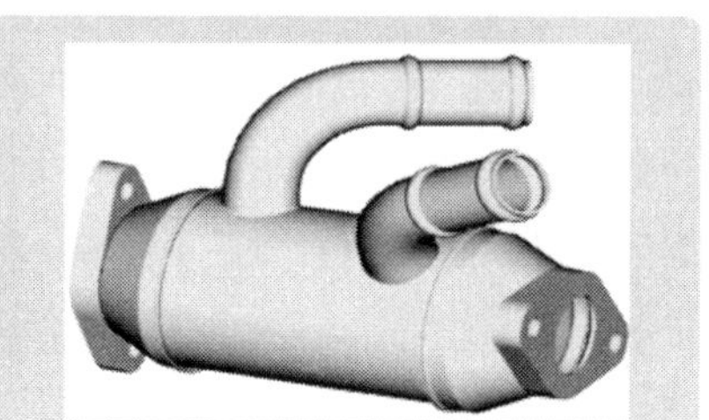

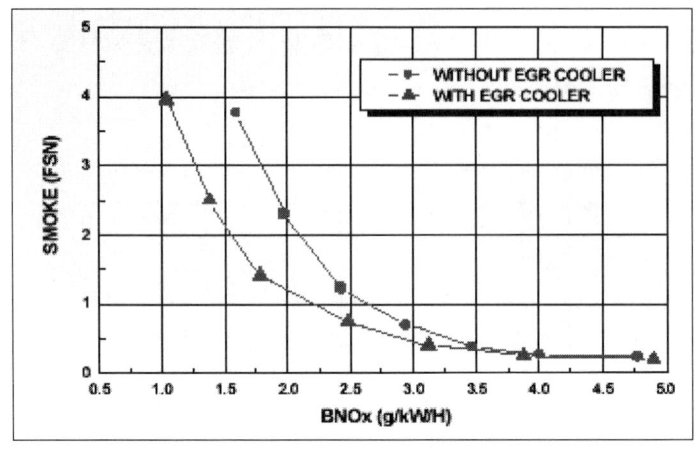


Cooled EGR의 효과(스모크와 질소 산화물NOX의 상관관계)

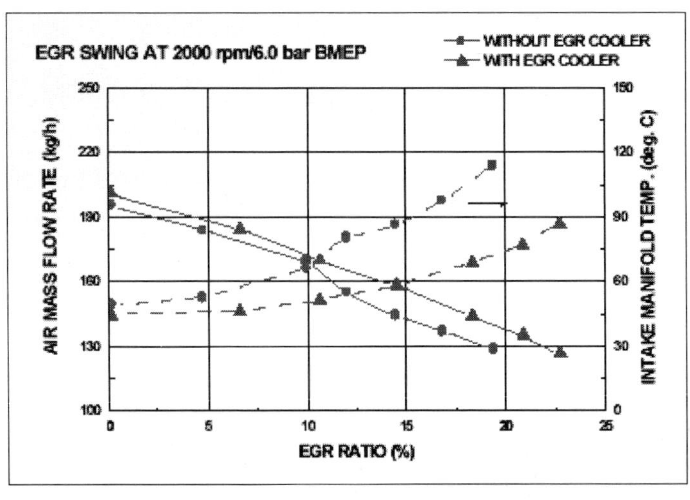


Cooled EGR의 효과(흡입 공기량에서)

## 4. 스로틀 플랩(THROTTLE FLAP) 제어

시동 off시 스로틀 플랩 밸브가 작동하여 흡입공기를 급속 차단하여 잔류진동 방지 및 엔진을 정지한다. 시동 ON 및 정상주행시 밸브는 항상 열림 상태로 고정되며 시동 OFF시 스로틀 플랩 솔레노이드가 작동하여 스로틀 플랩 다이어프램으로 연결된 진공호스의 부압에 의해 밸브가 작동한다.

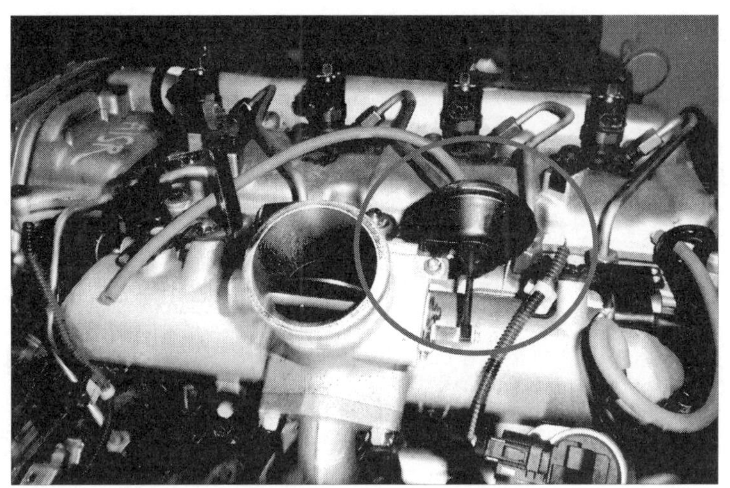

스로틀 플랩 단품위치

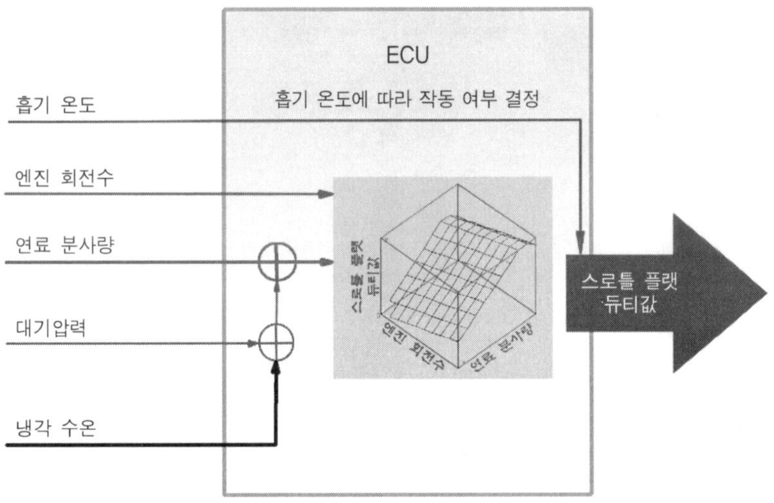


스로틀 플랩 솔레노이드 듀티값 제어

디젤/가솔린엔진 THROTTLE BODY 비교

| | 디젤엔진 | 가솔린엔진 |
|---|---|---|
| 1. 사용목적 | 1. 저중속 운정시 EGR량을 증대키 위한 차압형성<br>2. 시동OFF시 흡입공기를 급속차단하여 잔류진동 방지 | √가속제어를 위한 흡입공기량 제어 |
| 2. 차이점 | 1. 부압에 의한 제어로 초기전개 상태에서 전폐상태로 움직임 | √가속페달과 연결되어 초기전폐 상태에서 전개상태로 움직임 |
| 3. 복귀스프링 | 1. 사용목적에 부합키 위해 시동off시의 잔류부압(약300mmHg)으로 급속차단이 되어야 하며 부압제거시 0.5초 이내 복귀 됨 | √가속 제어 복귀장치 법규에 따라 2중 스프링장착을 해야 하며 1개의 스프링 파손시 나머지 스프링으로 전개상태네서 1초 이내에 복귀가 되어야함 |

**외국 디젤엔진 스로틀 바디 사양 비교**

|  | 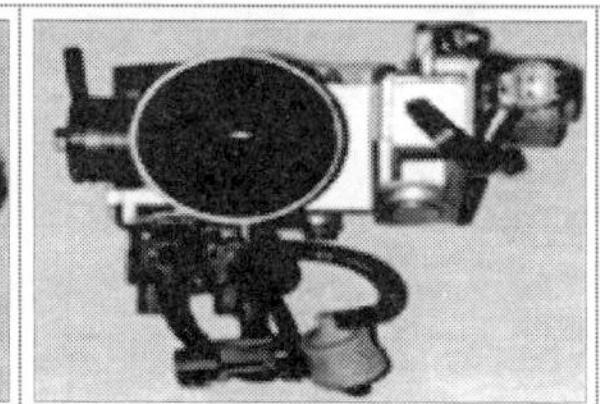 |  |
|---|---|---|
| 르노 ESPACE<br>엔진 : G9T<br>스로틀 복귀 스프링 개수<br>: 1EA(액츄에이터 내장) | 도요타 HILUX<br>엔진 : 1KD-FTV<br>스로틀 복귀 스프링 개수<br>: 1EA(전자식 밸브 외장) | 폭스바겐LUPO<br>엔진 : 1.42L3DT<br>스로틀 복귀 스프링 개수<br>: 1EA(엑츄에이터 내장) |

## 5. 가변 터보차져 VGT(VARIABLE GEOMETRY TURBOCHARGER) 제어

VGT(VARIABLE GEOMETRY TURBOCHARGER)는 배기가스 흐름을 이용하여 흡입되는 공기량을 증가시키는 터보차저(TURBO CHARGER)의 일종으로, 엔진의 변화하는 운전조건에서도 흡입되는 공기량이 효과적으로 유입될 수 있게하는 가변식 터보차저이다.

듀티(DUTY)로 제어되는 VGT 솔레노이드 밸브(배큠 액츄에이터)와 연결된 베인(VANE) 기구에 의해 터빈 입구의 배기가스 유로 면적을 변화시켜 고속 고부하 및 저속 저부하 조건에서터빈 전달 에너지를 증대시켜 엔진 출력향상, 차량 가속성능 향상, 연비향상 등에 기여한다.

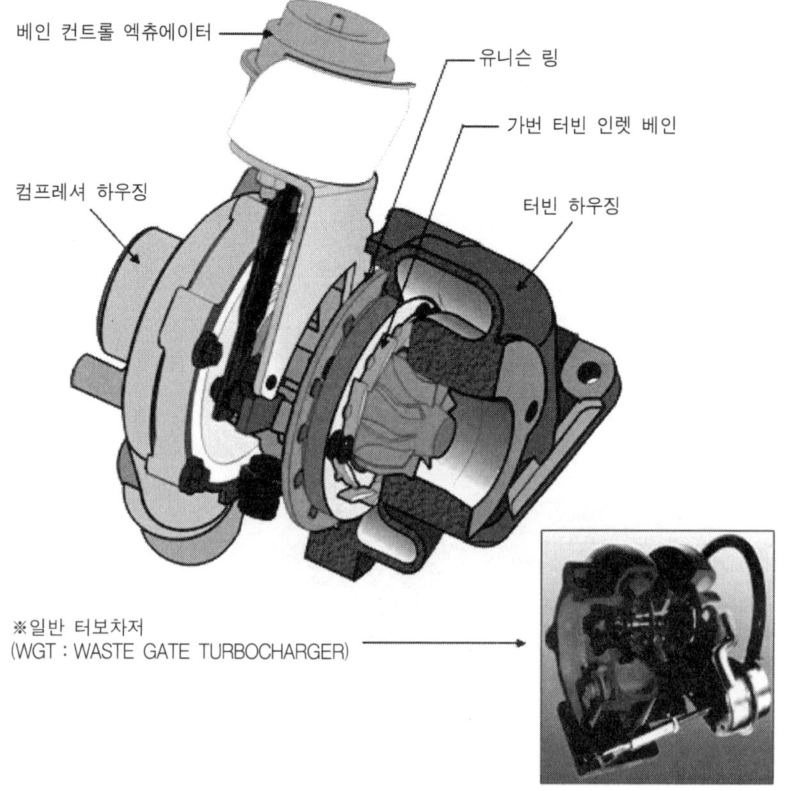


VGT 계략도

고속 고부하(대유량) 조건

- 베인 유로 넓힘 → 배기유량 증가 → 터빈 전달 에너지 증대

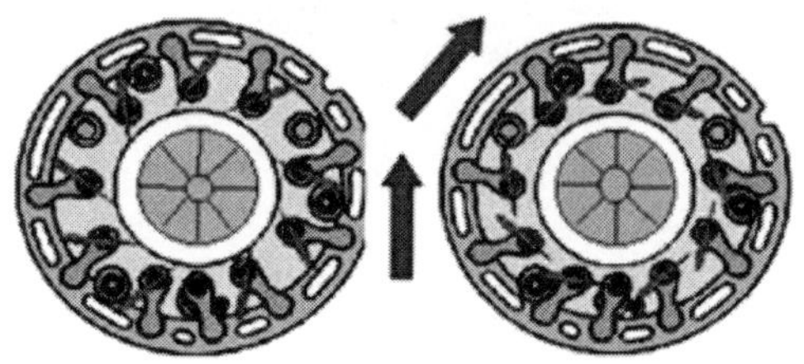

고부하 : 베인 열림　　저부하 : 메인 닫힘

저속 저부하(저유량 조건(액추에이터 당김)

- 베인 유로 좁힘 → 배기가스 통과속도 증가 → 터빈 전달 에너지 증대

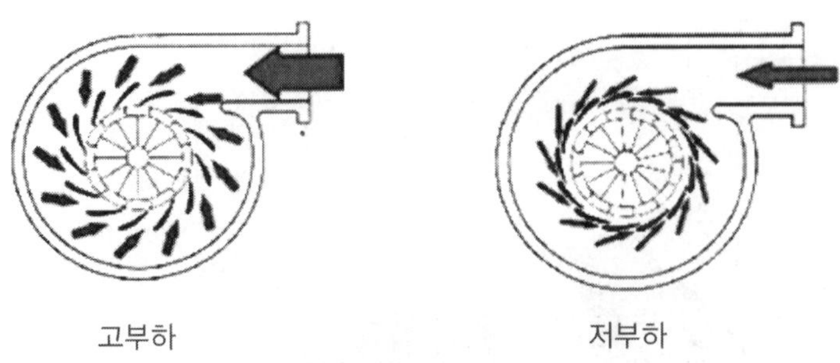


VGT 작동원리

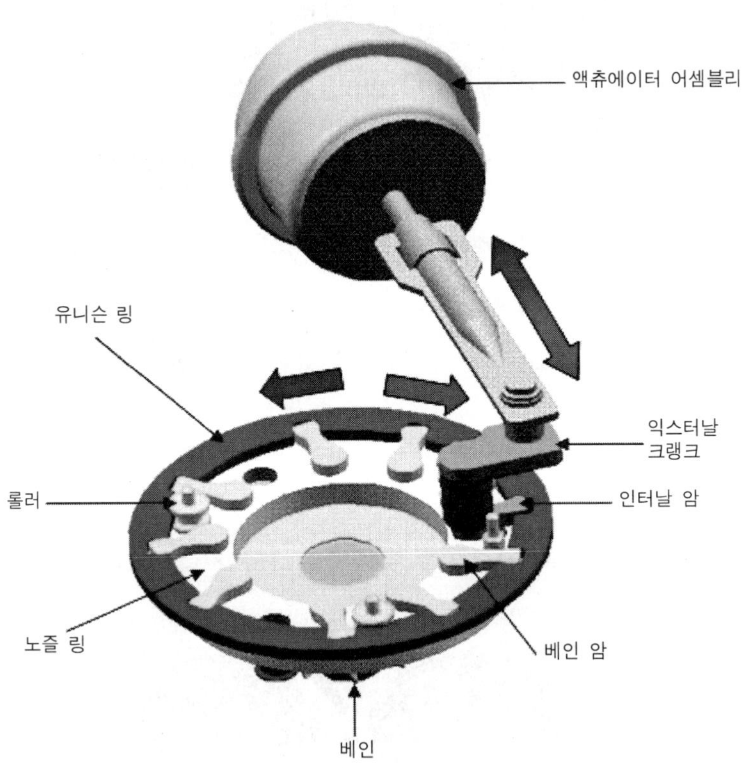


베인(VANE) 조정가구

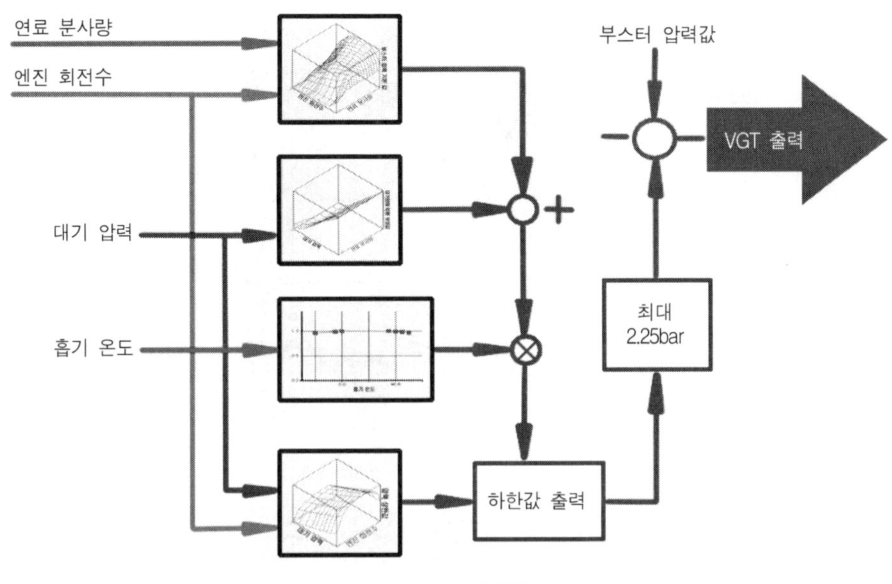


VGT 제어 사양

VGT 금지 조건

- 엔진 회전수가 700rpm 이하인 경우
- 냉각수온이 약 0도 이하인 경우
- EGR 관련 부분이 고장인 경우
- 부스터 압력센서 고장인 경우
- VGT 액츄에이터가 고장인 경우
- 흡기 공기량 센서가 고장인 경우
- 스로틀 플랩 장치 고장인 경우
- 가속 페달 센서 고장인 경우

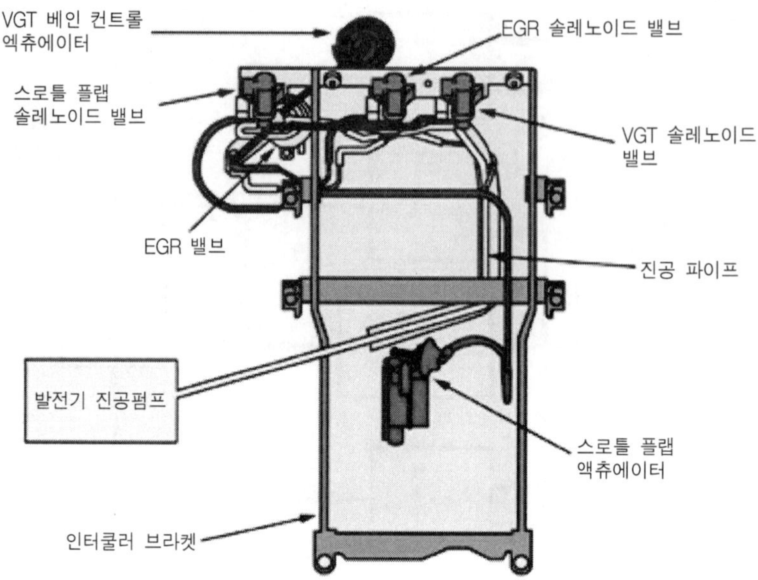


VGT 진공호스 연결도(싼타페)

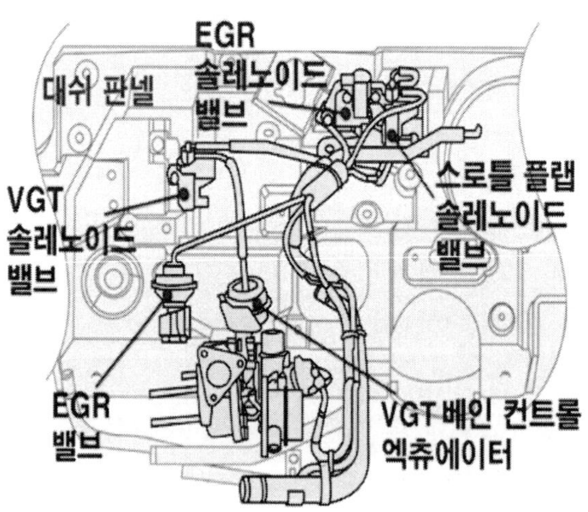


VGT 진공호스 연결도(트라제-XG)

## 6. 예열장치(글로우) 제어

예열장치 제어 유니트는 냉시동에 효과적인 역할을 하며 이것은 또한 배기가스와 밀접하게 관계가 있는 워밍-업 시간을 줄일 수 있다. 예열시간은 냉각수 온도의 함수이며 엔진이 실제로 구동중이거나 엔진 시동 동안에 예열상태는 엔진속도와 분사량을 포함하는 여러 변수에 의해 결정되고 예열제는 예열 릴레이를 이용한다.

### 흡입공기 가열

- 시동성 향상
- 냉시동시 배기가스 저감

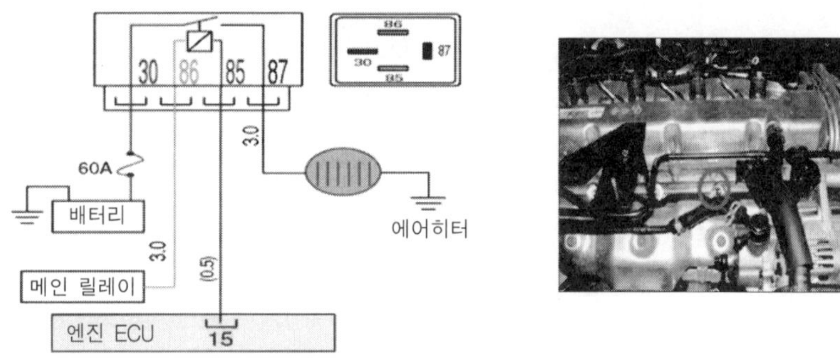


예열장치 작동회로 및 단품위치

### PRE-GLOW

| 냉각수 온도 | -20도 | -10도 | 20도 | 50도 |
|---|---|---|---|---|
| 예열 시간 | 12초 | 8초 | 3초 | 0.7초 |

### 시동 후 글로우

① PRE-GLOW를 안한 경우 : 엔진회전수가 2500rpm 이상이 0.5초 이상 지속되고, 냉각수온이 60도 이하이면 최대 30초간 작동
30초 이전에 앞의 조건이 해제되면 자동 해제됨

② PRE-GLOW를 한 경우 : 냉각수온이 60도 이하이면 최대 30초간 작동
30초 이전에 냉각수온이 60도 넘으면 해제

## POST GLOW

| 냉각수 온도 | -20도 | 0도 | 20도 | 40도 |
|---|---|---|---|---|
| 예열 시간 | 40초 | 25초 | 10초 | 0초 |

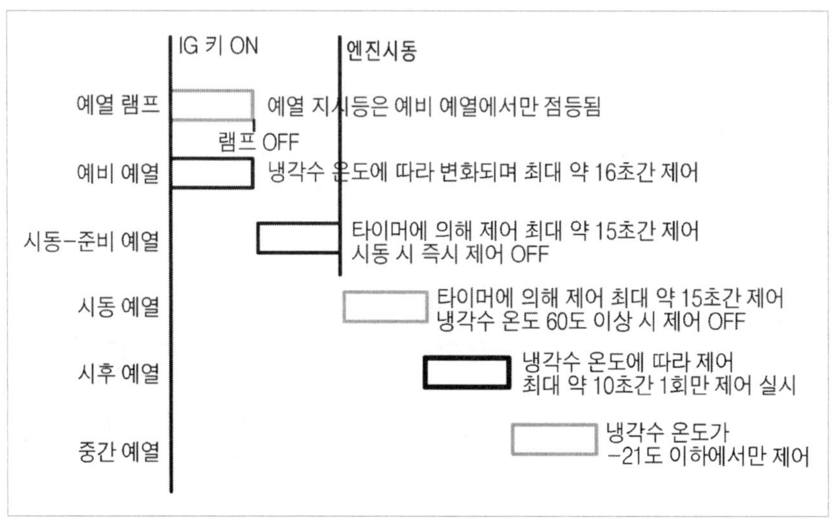


엔진 예열장치 제어사양

### 7. 냉각팬 제어

냉각팬은 엔진 ECU에 의해 2단계의 속도로 제어되며 제어 로직에서 보듯이 냉각수온센서 차속센서 미들압력 스위치 에어컨 스위치 신호가 기본이 된다. 또한 관련센서 고장시 페일 세이프 기능이 있으며 정비시 참고로 활용할 수도 있다.

| 에어컨 스위치 | 미들 스위치 Kg/㎠ | 차속 Km/h | FAN | 냉각수 온도 (℃) | | | | |
|---|---|---|---|---|---|---|---|---|
| | | | | -30 | 94 | 100 | 107 | |
| ON | 15.5(18) (ON) | | RAD' | HIGH | | | | |
| | | | CON' | HIGH | | | | |
| | 15.5(18) (OFF) | V < 45 | RAD' | LOW | | | | HIGH |
| | | | CON' | LOW | | | | HIGH |
| | | 45 ≤ V < 80 | RAD' | OFF | | LOW | | HIGH |
| | | | CON' | OFF | | LOW | | HIGH |
| | | 80 < V | RAD' | OFF | | | | HIGH |
| | | | CON' | OFF | | | | HIGH |
| OFF | | V < 45 | RAD' | OFF | | LOW | HIGH | |
| | | | CON' | OFF | | LOW | HIGH | |
| | | 45 ≤ V < 80 | RAD' | OFF | | LOW | | HIGH |
| | | | CON' | OFF | | LOW | | HIGH |
| | | 80 < V | RAD' | OFF | | | | HIGH |
| | | | CON' | OFF | | | | HIGH |
| 미장착 | | V < 80 | RAD' | OFF | | HIGH | | |
| | | 80 < V | RAD' | OFF | | | | HIGH |

- 냉각수온 센서 고장시 콘덴서 팬, 라디에이터 팬 HI 구동

냉각팬 제어 다이어그램

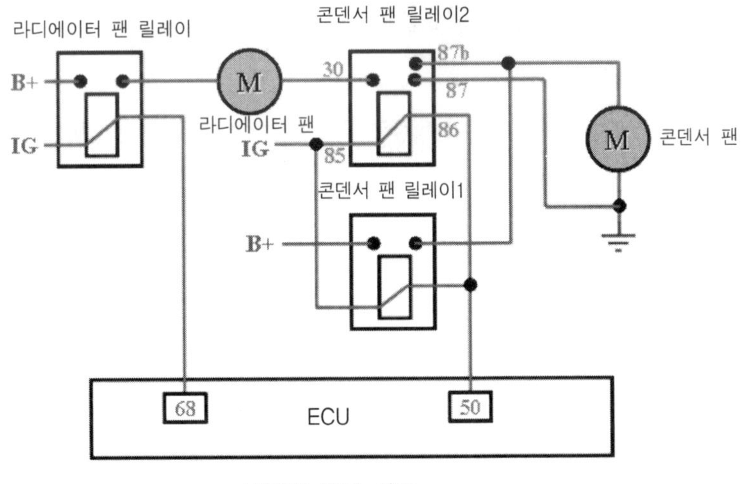


냉각팬 작동 회로

로우(직렬회로) : ECU 로우단자 접지-B+ → 라디에이터 팬 릴레이 → 라디에이터 팬 → 컨덴서 팬 → 접지

하이(병렬회로) : ECU 하이단자 접지-B+ → 라디에이터 팬 릴레이 → 라디에이터 팬 → 접지 → 컨덴서 팬 릴레이 → 컨덴서 팬 → 접지

## 8. 연료히팅 제어

겨울철 및 한행지 지역에서 디젤 차량의 냉시동시의 시동성 향상을 위하여 부착한 부품으로 연료를 직접적으로 히팅하는 기능을 수행한다.

차량에 사용되는 연료의 특성상 온도가 저온으로 떨어질 경우(-4℃시점) 디젤 연료 일부 성분(파라핀)의 점도가 증가하여 필터에 코팅되어 연료의 흐름성을 원활치 못하게 하여 시동성을 떨어지는데, 연료의 히팅을 통하여 점성을 낮추어 원활한 연료 공급을 시켜준다.

### 1) 연료히트 내부구조

| NO | QTY | ELEMENTS |
|---|---|---|
| 1 | 1 | BODY |
| 2 | 2 | PLATE |
| 3 | 3 | PTC 소자 |
| 4 | 4 | SPRING |
| 5 | 1 | LOCK PLATE |
| 6 | 3 | RIVET |
| 7 | 2 | RING SEAL |
| 8 | 2 | TERNINAL |

- PTC소자 : 히터의 발열체로서 전류의 인가되면 발열을 하고 규정치의 발열이 되면 부도체가 되어 열을 발생치 않아 일정 온도를 유지하는 Self regulating(스스로 조절)되는 부품임

또한 본 FILTER의 주요 기능인 HEATING을 주기능으로 하는 부품으로써 일정 온도가 상승되었을 때 스스로 부도체가 되어 발열을 정지시켜 주는 PTC 소자와 그 외 부수적인 부품으로 구성 되었으며, PTC소자는 정온도 계수 써미스터(POSITIVE TEMP)라고 칭하며 약칭 PTC라고 한다. 이는 반도성 세라믹의 물질 내에 그 용도에 따라 다양한 첨가제인 미량의 회토론 원소(Y, La, sh) 및 Pbo 등을 첨가된 소온 소결체이다.

- PLATE-HEATING : PTC소자에서 발생되는 열을 방출시키는 기능 수행하여, 열전도 및 방열이 잘될 수 있는 소재 및 두께를 관리해야 PTC소자와의 밀착성이 좋으면 전도체의 표면 온도가 높아짐과 동시에 출력 또한 높아짐에 따라 평명도 및 간섭 높이를 관리한다.

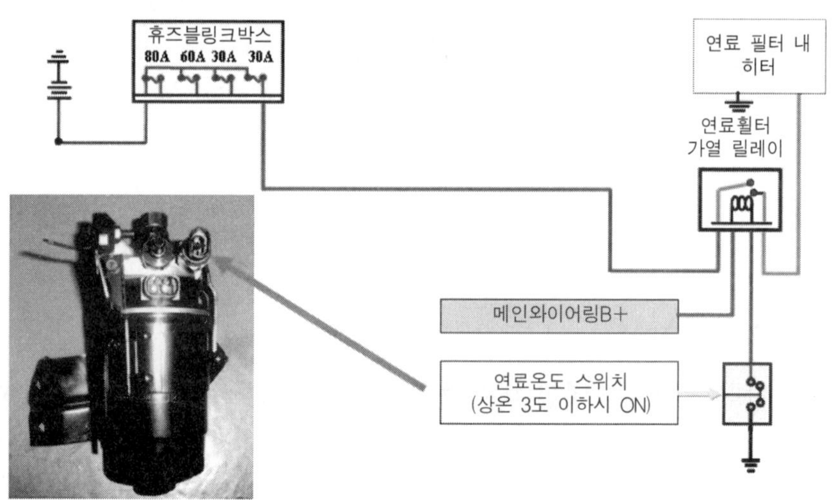


연료히팅 회로 및 단품사진

2) 연료온도 스위치 내부구조 및 역할

극한지 또는 저온 상태 하에서 디젤 엔진의 시동성을 향상시키기 위해 key on시 key 2단의 전원이 디젤 필터 내부의 연료온도가 -3±3℃ 이하 일 때 터미널 스위치의 바이메탈이 열팽창 하여 떨어져 있는 접점에 연결되어 히터에 전원공급을 시작하게 하고, 반대로 -5±3℃가 되면 반대로 접점이 떨어져 전원을 차단하는 기능을 수행한다.

### 주요 구성 부품

- BODY : 황동으로 이루어져 있으며, HEAD에 장착할 수 있도록 나사가 가공되어 있음
- 바이메탈 : 연료 온도에 따라 열팽창계수가 다른 두 개의 금속을 결합하여 터미널 연결 및 이탈시키는 직접적인 역할을 함
- 로드 : 바이메탈의 열팽창에 의한 변위량을 터미널에 전단하여 접점에 연결 및 이탈 시키는 기능

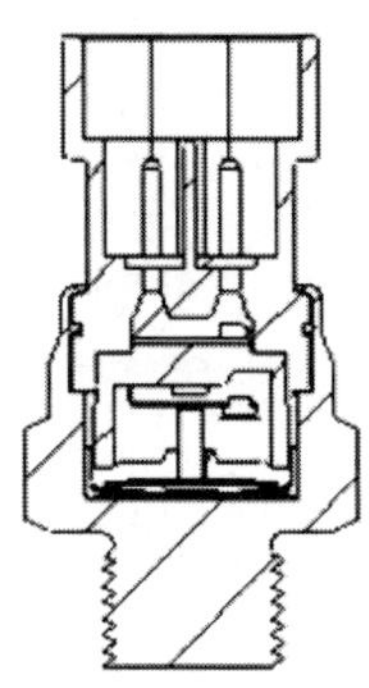

## 9. 냉각수 히터 제어

냉각수 히터란 냉각수 라인 내에 설치되어 있으며 외기온도가 낮을 경우 일정한 시간동안 작동시켜 엔진에서 히터로 유입되는 냉각수온을 높혀줌으로 히터의 난방성능을 향상시켜 운전자에게 신속한 난방 환경을 제공하는 장치이다.

### 1) 가열 플러그 방식

추운 날씨(동절기)에 전류에 의한 발열로 엔진 냉각수를 가열하여 실내 히터 열교환기로 보내는 장치로서 냉각수 라인에 직접 설치되며 3개의 글로우 플러그가 냉각수와 닿게 되어있다. 냉각수는 가열된 글로우 플러그를 지나서 히터코어 방향으로 흘러가며 이때 냉각수온이 상승한다. 플러그의 소비전력은 900W(300W×3EA)이며 엔진 ECU에 의한 자동제어 방식이다. 엔진 ECU는 냉각수온이 65℃ 이상 되면 가열 플러그 전원을 OFF한다.

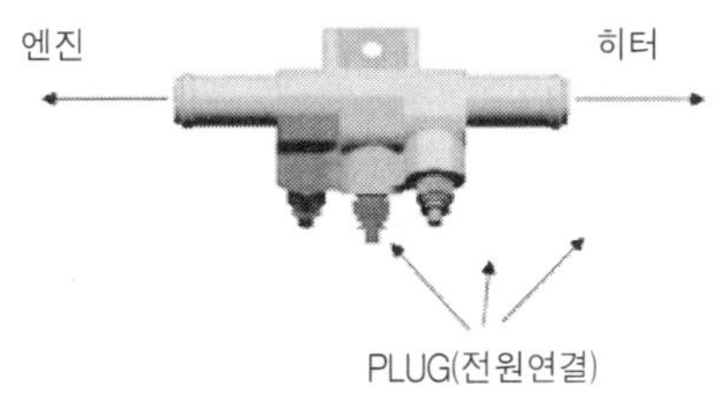


적용차종 : 싼타페, 트라제, 카렌스, 엑스트렉

가열플러그 히터 단품사진

## 2) PTC(POSITIVE TEMPERATURE COEFFICIENT) 방식

고효율 엔진에서 발생되는 초기 난방 성능 부족 해결

- PTC 초기진입조건

ECU

* ENG. rpm : 700rpm 이상
* 외기온도(흡기 센서) : 5℃ 이하
* BATTERY전압 : 8.9V -OFF, 12.5V -ON
* ENG. 수온 : 70℃ 이하
* BLOWER : ON
* 작동시간 : 60분

HTR CONTROL

* BLOWER : ON

### PTC 초기 작동 후 제어 PATTERN

① 엔진 rpm 제어

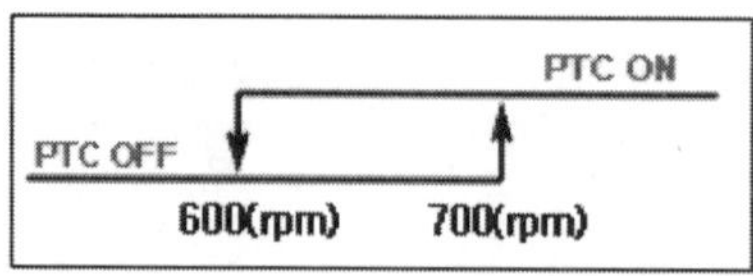

② 배터리 전압 제어

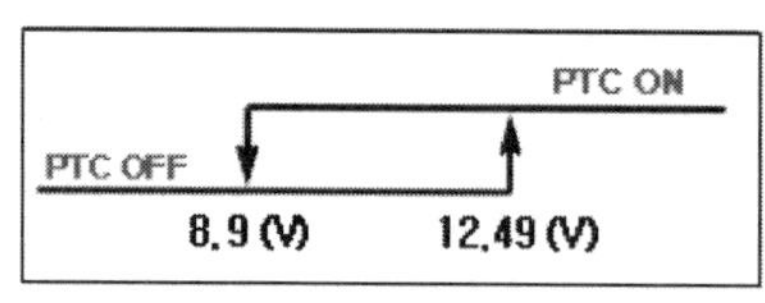


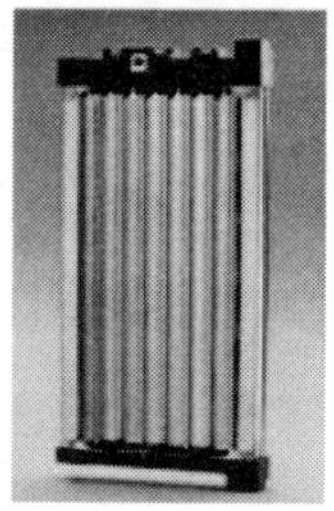

적용차량 : 투싼, 스포티지, 포터2

3) 연소식 히터 방식

커먼레일 엔진에 적용되는 연소식 히터는 디젤 연료만 사용되며 냉간시 차량의 난방 성능을 향상 시키기 위해 사용된다.

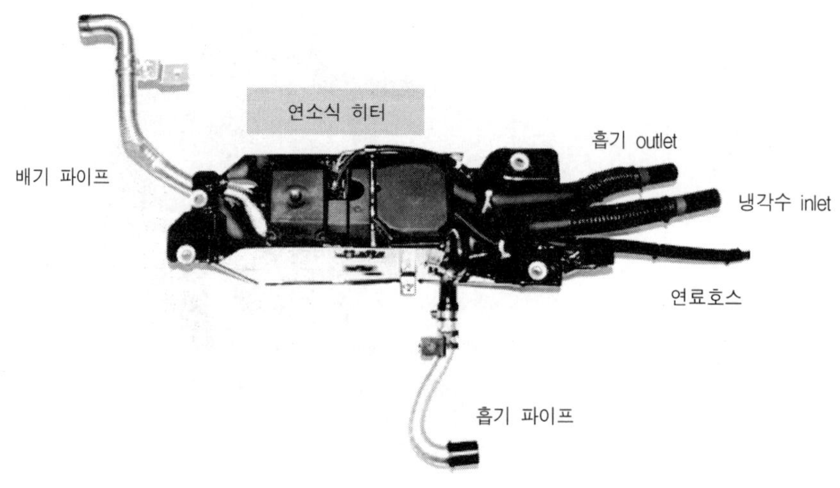


연소식 히터 단품사진

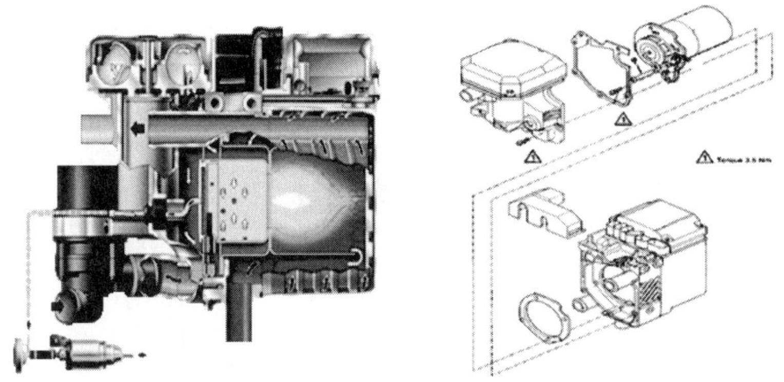

연소식 히터 내부 구조도

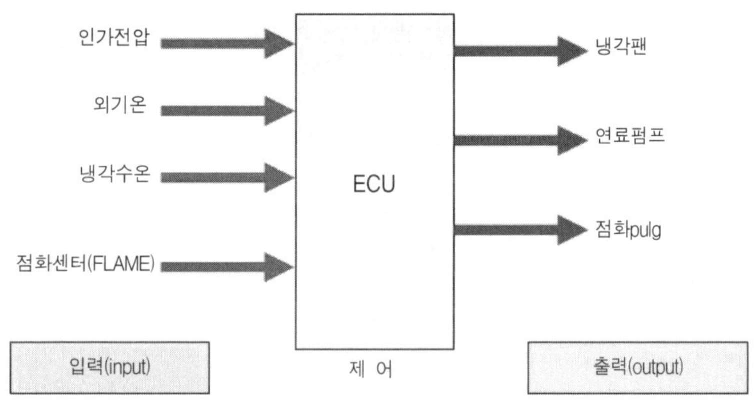


연소식 히터 제어조건

작동조건

-냉각수 온도 : 78℃ 이하 & 외기온도 2℃ 이하

작동순서

① Cleaning 실시 : 연소팬 & 점화플러그 작동(30초)

② Pre-filling : 연료펌프만 작동(3초)

③ 점화진행 : 점화플러그, 연소팬, 연료펌프상스(121초)

④ Full load : 연소팬, 연료펌프 100% 가동
점화플러그 off후 Sensor로 작동

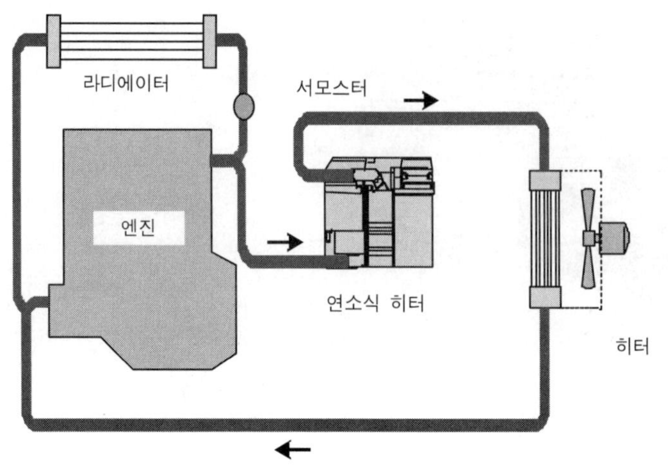


적용 차종 : 트라제, 스타렉스

연소식 히터 방식 냉각수 흐름도

작동해제 조건

엔진 시동 : OFF

① 도우징 펌프 작동 중지

② CLEANING 작동 : 연소식 히터 내부에 있는 연료를 100%연소함
　연소팬 및 글로우 플러그, 워터 펌프만 작동

③ 연소식 히터 모든 부품 작동 멈춤

냉각수 온도 : 78℃이상

① 도우징 펌프 작동 중지

② CLEANING 작동 : 연소식 히터 내부에 있는 연료를 100%연소함
　연소팬 및 글로우 플러그, 워터 펌프만 작동

③ 워터 펌프만 작동하고 나머지 부품은 작동 멈춤

## 10. 차량 통신 제어

### 1) 시스템 개요

차량에서 증가하는 전기적 OPEN/CLOSE-루프제어는 서로 네트워크로 연

결된 각 ECU를 필요로 하며, 이러한 제어는 다음을 포함한다.

- 트랜스미션 전환 제어
- 일렉트로닉 엔진 컨트롤 및 연료분사 제어
- ABS(ANTILOCK BRAKING SYSTEM)- TCS(TRACTION CONTROL SYSTEM)
- ESP(ELECTRONIC STABILITY PROGRAM)
- MSR(ENGINE DRAG-TORQUE CONTROL)
- EWS(ELECTRONIC IMMOBILIZER)
- ON-BOARD COMPUTER

시스템 사이의 정보교환은 요구되는 센서의 수를 감소시키고, 각 시스템의 사용을 향상시킨다. 특히, 차량에 설계된 통합시스템 인터페이스는 두 개의 카테고리로 나눌 수 있다.

- 기존의 인터페이스
- 시리얼 인터페이스. 즉, 제어기 면적 네트워크
  (CAN : CONTROLLER AREA NETWORK)

2) 기존 데이터 전송

차량에서 기존의 데이터 전송은 모든 신호가 데이터자체의 각 유도기에 할당되는 특징이 있는데 2진수 신호는 두개의 단계 "1" 또는 "0"(이진수 코드)을 사용하여 전달된다. 예로서 에어컨 압축기는 "ON" 또는 "OFF"이며, ON/OFF비는 엑셀레이터 페달 센서처럼 계속적으로 변하는 변수를 전달하는데 사용된다. 차량에서 전기적 구성성분 사이의 데이터교환 증가는 기존의 와이어링과 플러그-인 커넥터를 경유하여 점검하기 힘든 위치에 장착되어 있다.

3) 시리얼 데이터 전송(CAN)

기존의 인터페이스를 통한 데이터 전달의 문제점은 BUS 시스템(데이터 고속처리)을 이용하여 보다 쉽게 해결된다. 한 예가 CAN 통신인데, 버스시스템은 자동차용 적용을 위해 개발되었으며, 전기적 제어 유니트를 가진 CAN을 경유하여 전달되는 신호는 하나의 시리얼 CAN 인터페이스를 가지게 된다. 차량에 적용되는 CAN에는 아래의 세가지 중요한 부분이 있다.

- ECU 네트워킹
- 바디워크, 안락하고 편리한 전자기기
- 이동 무선통화

아래 설명은 ECU 네트워킹에만 해당되는 사항이다.

**▌통합 진단▐**

CAN 버스시스템은 에러검사에 대한 검출기능들을 가지고 있는데, 이것은 데이터 프레임과 각 전달자가 자신의 전달된 메시지를 다시 받는 모니터링의 검사신호를 포함하고 있다. 만약 제어장치 에러를 검출하면, 현재의 전달을 멈추는 에러 FLAG를 보내어 다른 제어 장치가 잘못된 에러를 받는 것을 막아준다. 제어장치에 결함이 있으면, 에러없는 메시지를 포함하여 모든 메시지가 에러표시를 가지고 종료된다. 이러한 현상을 방지하기 위해, CAN 버스시스템은 일시적인 에러와 영구적인 에러사이를 구분할 수 있는 기능과 제어장치 고장 을 국부적으로 제한하는 기능을 통합하며, 이 과정은 에러현상의 통계적인 평가에 기초를 두고 있다.

**▌차량 통신 표준화▐**

ISO(국제 표준기구)는 자동차 적용에서 CAN 데이터 전달에 대한 표준을 정의이다.
- 125kBit/s까지 응용에 대한 ISO 11 519-2
- 125kBit/s 이상 응용에 대한 ISO 11 898

## 11. 에어컨 제어

차량바깥의 온도가 너무 높을 때 차량내부가 상쾌한 온도로 유지되도록 하기 위하여, 에어컨은 냉매압축기를 구동하여 차량 실내공기를 냉각시킨다.

엔진과 운전 상황에 따라 냉매압축기 연료 소비율은 엔진출력의 1~30%이며, 목표는 온도제어를 향상시키는 것이 아니라, 최적의 엔진토크 유지이다. 그러므로 운전자가 급하게 가속할 경우(최대의 엔진 토크 요구) 냉매 압축기는 ECU에 의해 정지된다.

# Euro-Ⅳ 디젤 엔진

날로 심각해져 가는 환경오염에 대응하기 위해 환경부와 환경단체 그리고 자동차 제조회사에서는 여러 가지 노력을 기울이고 있는데 우리나라에서도 2005년부터 유럽 연합에 적용하고 있는 배기가스 규제인 Euro-Ⅳ 규제를 2006년부터 적용하기로 해 이 규제치를 만족시킬 수 있는 새로운 엔진을 개발, 선보이고 있다. 강화된 배기가스 규제(Euro-Ⅳ)에서는 PM과 Nox 성분에 대한 규제치가 Euro-Ⅲ 대비 절반 가까이 낮아졌기 때문에 이에 대응하기 위한 여러 가지 새로운 시스템이 추가 적용되었고 이러한 엔진을 Euro-Ⅳ 엔진이라고 한다.

*PM-Particulate Matter : 입자상물질-물질의 파쇄, 선별 등의 기계적 처리나 연소, 합성 등의 과정에서 생기는 고체 또는 액체 상태의 미세한 물질

## 4.1 배기가스 규제와 경유 승용차

고압 연료분사장치(Common Rail), 전자제어 장치 등을 적용하고 경유 승용차의 엔진 제작기술이 급속히 발전됨에 따라 경유 승용차에서도 매연을 거의 볼 수 없는 수준(10년 전과 비교 시 거의 1/10 수준)으로 기술이 개발되었다. 하지만, 휘발유 차량과 비교해 볼 때 CO/HC의 배출량은 적으나 PM/Nox 등의 유해물질은 여전히 많이 배출되기 때문에 아직까지도 환경오염의 주범으로 인식되고 있는 실정이다.

-CO/HC : 휘발유 차량 대비 1/2~1/5 수준

-Nox : 휘발유 차량 대비 6~8배 배출(Euro-Ⅳ 만족차량은 3~4배)

이에 경유차 환경위원회에서는 경유 승용차 허용으로 인한 추가적인 대기오염물질 증가가 없도록 보완적 대책을 수립하여 추진하기로 하였다. 그 가운데 하나가 하이브리드차, 매연 여과장치(CPF) 부착 경유차, CNG, LPG 등 저공해 연료를 사용하는 차량에 대해서 세제감면, 보조금 지급 등을 통한 매연저감장치의 보급 확대이다. 이러한 대책이 추진된다는 전제 하에 환경위원회에서는 2006년 매연 여과장치(CPF)를 50% 이상 부착되도록 하여 Euro-Ⅲ와 Euro-Ⅳ 차량을 50:50 비율로 판매(또는 CPF 부착한 차량 100% 판매)하고, 2007년 이후에는 Euro-Ⅳ 차량만 판매하도록 하는 안을 검토하고 있다.

경유 승용차 배출허용기준(g/km)

| 국가 | 적용년도 | CO | HC | Nox | PM(매연) |
|---|---|---|---|---|---|
| 한국 | 98.1.1 | 1.5 | 0.25 | 0.62 | 0.08(30%) |
| | 2000.1.1 | 1.2 | 0.25 | 0.62 | 0.05(20%) |
| | 2001.1.1 | 0.5 | 0.02 | 0.01 | 0.01(15%) |
| | 2004.7.1(Euro-Ⅲ) | 0.64 | 0.56 | 0.50 | 0.05(15%) |
| | 2006.1.1(Euro-Ⅳ) | 0.5 | 0.30(HC+Nox) | 0.25 | 0.025(10%) |
| EU | 1996.1(Euro-Ⅱ) | 1.0 | 0.90(HC+Nox) | | 0.10 |
| | 2000.1(Euro-Ⅲ) | 0.64 | 0.56(HC+Nox) | 0.50 | 0.05 |
| | 2005.1(Euro-Ⅳ) | 0.50 | 0.30(HC+Nox) | 0.25 | 0.025 |
| 미국 (캘리포니아) | LEV(LEV-1) | 2.61 | 0.056(NMOG) | 0.19 | 0.05 |
| | ULEV(LEV-1) | 1.31 | 0.034(NMOG) | 0.19 | 0.025 |
| | ULEV(LEV-2) | 1.31 | 0.034(NMOG) | 0.04 | 0.006 |

*LEV-Low Emission Vehicle : 저공해 자동차
ULEV-Ultra Low Emission Vehicle : 초 저공해 자동차
NMOG-Non Methane Organic Gas : 비 메탄계 유기가스

## 4.2 Euro-Ⅳ 대응기술

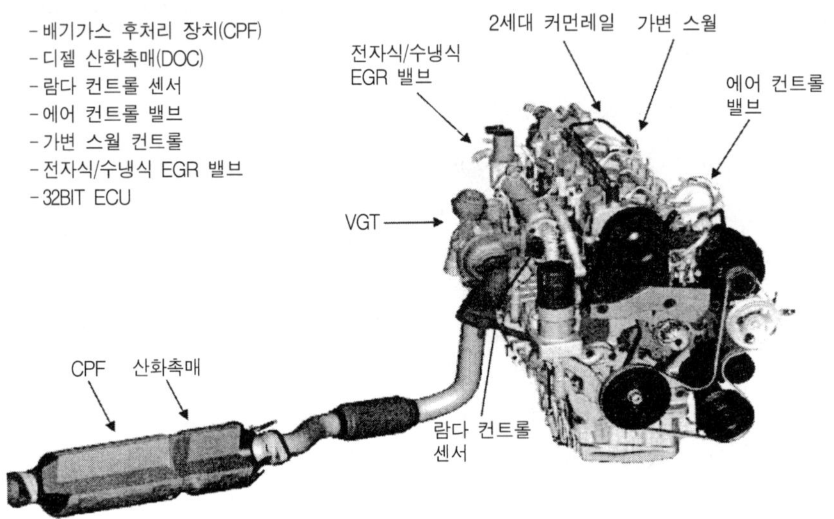


Euro-Ⅳ 엔진 적용 시스템

환경부는 2006년부터 적용되는 자동차 배출가스 허용기준을 휘발유자동차는 미국 캘리포니아, 경유자동차는 유럽연합 수준으로 대폭 강화하는 내용을 주요 골자로 하는 대기환경보전시행규칙을 2004년 12월 10일자로 개정, 공포하였다.

이 가운데 경유 승용차 규제는 이미 2005년부터 유럽연합에 적용하고 있는 Euro-Ⅳ 배출가스규제로 현 기준 대비 일산화탄소(CO)는 21~37% 질소산화물(Nox)은 30~67%, 미세먼지는 40~80% 강화되었다. 다만, 경유 승용차는 현행 기준이 유럽보다 강하여(미세먼지 5배, 질소산화물은 25배) 통상마찰을 야기하고 있는 점을 고려하여 2005년 1년간 Euro-Ⅲ 기준(유럽연합국가에서 2000~2004년 적용)을 한시적으로 도입하고, 2006년부터 Euro-Ⅳ 수준으로 강화하기로 했다.

이에 발맞춰 당사에서는 디젤차량의 배출가스에서 가장 문제가 되는 질소산화물(Nox)과 입자상물질(PM)의 배출량을 현저히 낮춘 새로운 엔진 및 제어시스템을 도입하였다. CO/HC 등은 디젤산화촉매(DOC)를 이용해 배출량을 낮출 수 있지만 질소산화물이나 입자상 물질은 촉매에서 변화되지 않고 그대로 배출되기 때문에 대기오염의 주범이 된다. 따라서, 질소산화물을 저감하기 위해 EGR 밸브를 정밀 제어하고 PM을 일정기간 필터에 쌓여 있게 한 뒤 고온의 배기가스를 이용해 태워 없애는 기술인 CPF(배기가스 후처리장치)를 적용하게 되었다.

*DOG-Diesel Oxidation Catalyst : 디젤 산화촉매

## 4.3 대응기술 비교(Euro-Ⅲ 대비)

| | | Euro-Ⅲ | Euro-Ⅳ | 변경 내용 |
|---|---|---|---|---|
| ECU | CPU 사양 | 16 비트 CPU | 32 비트 CPU | 성능 향상 |
| | 핀 수 | 121개 | 154개 | |
| | 장착위치 | 실내 | 엔진룸 | 정비성 향상 |
| 인젝터 | 다중 분사 | 1Pilot, 1Main | 2Pilot, 1Main, 2Post | -u Eng' : 1-Post<br>-A/D Eng' : 2-Post |
| | 작동 입력 | 250~1,350bar | 250~1,600bar | 분사압 상승 |
| | 사양 구분 | Class(C1, C2, C3) | 7자리 코드화 | 정밀 보정 |
| 에어 컨트롤<br>(스로틀 플랩) | 작동 영역 | Key Off<br>(진동감소) | Key Off시<br>(진동감소)<br>-전 운전 영역<br>(EGR 보조) | -CPF 재생시 공기량 제어<br>-스로틀 플랩 기능 |
| | 방식 | ON/OFF | PWM | |
| 고압 펌프 | | CP 3.2 | CP 1H<br>(Euro-Ⅳ 사양) | 압력 조절밸브 장착 |
| 커먼레일 | | 연료압력센서 | 연료압력센서+<br>압력조절밸브(PCV) | 입/출구 동시 제어 |
| 람다 컨트롤 센서 | | × | ◎ | -연료량 보정<br>-EGR 정밀 제어 |
| 가변 흡기 제어 | | × | ◎ | 저중속 성능 향상 |

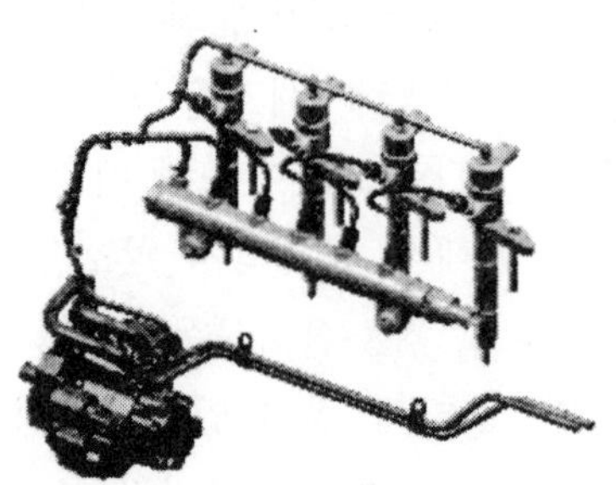

Euro-Ⅲ 연료장치

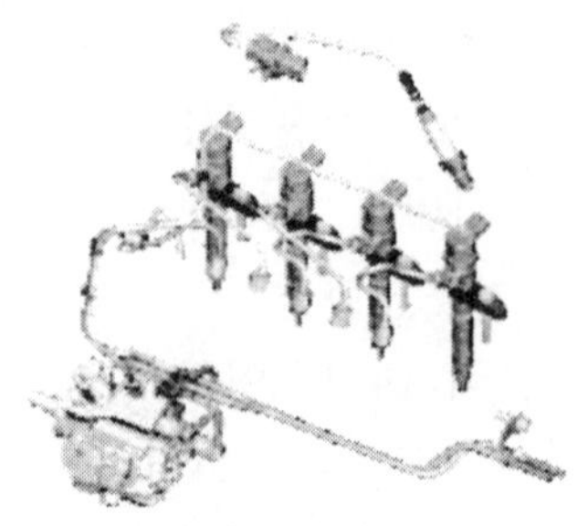

Euro-Ⅳ 연료장치

## 4.3 주요 적용 시스템

### 1. 에어 컨트롤 밸브(ACV-Air Control Valve)

#### 1) 개요

Euro-Ⅵ 시스템에서는 에어 컨트롤 밸브를 장착해 흡입공기량을 제어할 수 있도록 하였다. 에어 컨트롤 밸브의 기능은 다음의 3가지로 압축된다.

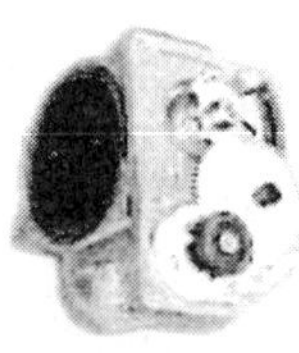

ACV 장착위치와 단품 이미지

#### 2) 기능

첫 번째 기능은 기존의 CRDi 엔진에 장착된 스로틀 플랩의 기능으로 시동 OFF시 흡입공기를 차단해 디젤링 현상을 방지하기 위한 것이다.

센서출력 1/3
이그니션스위치 ON OFF OFF
엔진회전수 7500 0 RPM 0
스로틀플랩액츄에이터 100.0 91.0 % 0.0

IG OFF시 스로틀 플랩 기능

두 번째 기능은 정확한 EGR 제어를 위한 것으로 배기가스가 재순환될 때 에어 컨트롤 밸브를 작동시켜 흡입공기량을 제어한다. 강화된 Nox 규제에 마족하기 위하여 EGR율을 흡입공기량 전체의 50%에 가깝도록 제어하고 있다. EGR 가스의 재순환은 배기와 흡기의 압력차에 의해서 연소실로 유입되는데 만약 배기측의 압력이 흡기측과 같거나 낮을 경우 목표한 양의 EGR 가스가 흡기 매니폴드로 유입되지 못하게 된다. 가령 VGT 또는 가변스월 액츄에이터가 장착된 경우 낮은 회전수 영역에서도 과급압이 높기 때문에 EGR 가스가 흡기 매니폴드로 유입되는 것이 어렵게 된다.

이 경우 ECU에서 에어 컨트롤 밸브를 작동시켜 흡입 공기량을 강제로 줄여주면 배기와 흡기의 압력차가 발생하면서 그 압력차에 의해 EGR 가스가 흡기 매니폴드로 유입되게 된다. 이러한 제어를 통해 ECU에서 목표한 양의 EGR 가스를 정확하게 연소실로 재 유입시키도록 하기 위한 기능이다. 물론 정확한 EGR 양의 피드백은 새로이 적용된 λ(람다)-센서와 흡입 공기량 측정센서를 이용한다.

셋째는 CPF 재생시 배기온도 상승을 위해 작동된다. CPF 재생 모드에서 배기온도를 상승시키기 위한 방법은 두 가지인데 그 중 하나가 흡입공기량을 낮춰 공연비를 농후하게 하는 것이다. 공연비가 농후해지면 배기온도가 상승하며 이 상승된 온도에 의해 필터(CPF) 내에 쌓여 있는 PM과 숯덩어리를 태우는 것이다. 이 세 번째 기능은 추후 CPF가 적용되면 필요한 기능으로 CPF가 적용되기 전까지는 스로틀 플랩과 EGR 제어를 위한 기능만 제어된다.

3) 작동

- 엔진 정지시 : Key off → 스로틀밸브 닫힘 → 흡기부압 증가 → 엔진 펌핑손실 유도 → 안정된 엔진정지
- EGR 밸브 작동시 : ECU의 제어에 따라 모터의 열림량을 조절하여 정밀한 EGR 가스 비율 조정
- CPF 재생시 : 농후한 혼합비로 연료분사를 실시하기 위해 흡입공기량 제어Z(300Hz, PWM)

4) 고장 제어

- ACV 고장 시 : 밸브 열림 상태 유지

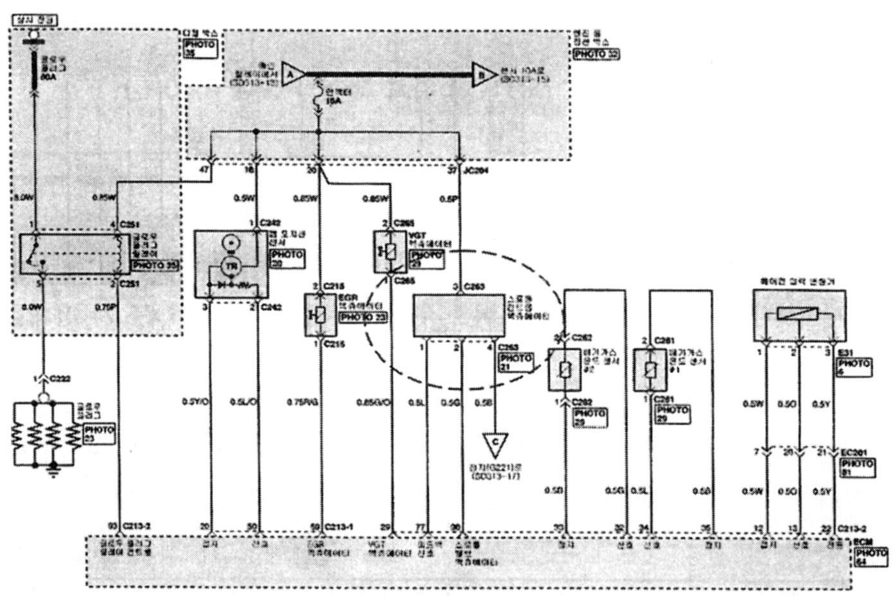

Euro-Ⅳ D-2.0 엔진의 회로도(ACV → 스로틀 플랩 액츄에이터)

## 2. 스월 제어 밸브(SCV-Swirl Control Valve)

### 1) 개요

혼합기의 흐름이 문제가 되는 것은 엔진의 회전이 낮을 때이다. 엔진이 고속으로 회전하고 있을 때에는 흡입공기가 빠르게 흐르고 있으므로 혼합기는 충분히 섞이고 화염 속도도 빠르다. 그러나 저속으로부터 중속에 걸쳐서는 피스톤이 하강하는 속도가 늦으므로 흡기포트를 통하는 혼합기의 통과 속도도 늦다. 그래서 엔진의 회전이 늦어도 실린더에 들어가는 혼합기가 충분히 뒤섞여지도록 흡기 포트의 취부 각도를 연구한다든지 작은 흡기 파이프로부터 실린더에 공기를 불어 넣도록 스월 제어 밸브는 흡기포트를 둘로 나눠 한 개의 통로를 여닫아 스월을 증가시키도록 한 것이다.

흡기포트를 둘로 나누어 저속 시에는 한쪽을 닫고 흡입속도를 올려 실린더 중에 와류가 생기기 쉽도록 한다.

### 2) 효과

- 저속/저부하 : 밸브 닫힘 → 스월 증가 → 연료/공기 혼합 증가 → SMOKE 저감 → EGR 확대적용 가능
- 부분 부하, 소형 엔진에서 효과가 크다.

중, 저부하 영역 - SCV 닫힐 때

고부하 영역 - SCV 열릴 때

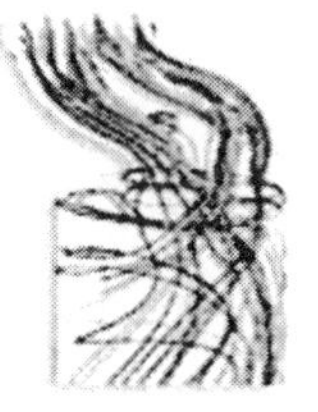
흡입공기 흐름

### 3) 제어 방식(포지션 센서를 통한 DC MOTOR 위치 제어, PWM 1000Hz)

- 운전영역 3000rpm 이하에서 SCV 닫힘

- 상기 외 영역에서는 SCV 효과가 미미하여 열림
- 에러 발생시 최대로 열림
- 플레이트 이물질 부착에 의한 모터 손상을 방지하기 위해 Key OFF시 액츄에이터를 약 2~3회 Full Open ↔ Close 반복하여 최대, 최소 위치를 학습(→ Key OFF시 미세한 작동음 발생)

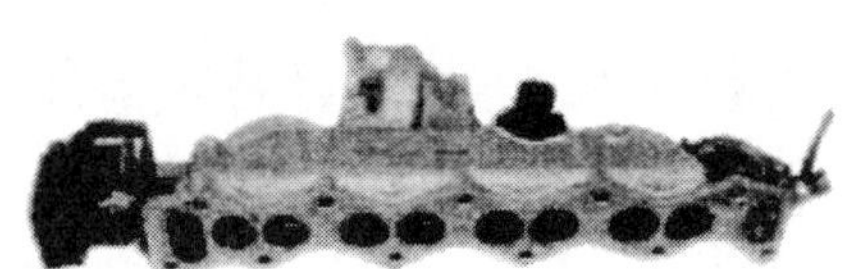

SCV와 흡기 매니폴드

4) 작동

가변 스웰 액츄에이터는 ECU의 제어에 의해 공회전 및 저속구간에서는 밸브를 닫아 흡입공기의 스웰을 일으키고 엔진회전수가 3,000rpm 이상에서 열어준다.

밸브가 작동할 때에는 내부 DC 모터에 의해 90° 회전을 하며 열린 양을 모니터링하기 위해 내부에 센서가 장착되어 있다.

| 항목 | 작동 범위 |
|---|---|
| 작동 온도 | -40~130℃ |
| 유지 전류 | 최대 0.7A |
| 리턴 스프링 토크 | 27~34N·cm/0~90° |
| 회전 각도 | 90° |
| 구동 주파수 | 1,000Hz |
| 제어 듀티 범위 | 3~97% |
| 응답시간(90↔10) | 최대 2초 |
| 정밀도 | ±3° |

SCV 제원

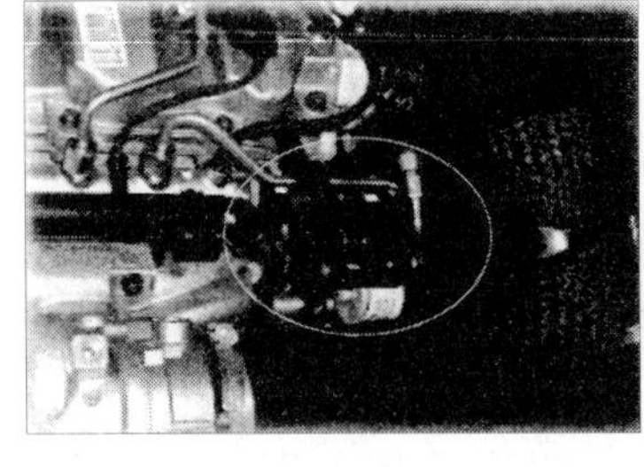

장착 위치

- 다음 그림에서처럼 공회전 상태에서는 74% 가량 작동하여 밸브를 닫고 있다가 가속시 엔진 회전수가 3,000rpm 이상이 될 경우 밸브를 열어준다.

- 정비 시에는 듀티값과 엔진회전수를 비교하여 rpm 상승시 가변 스월 액츄에이터 듀티율이 감소하는지를 확인하면 된다. 또한 엔진 룸에서 육안으로 SCV의 작동을 확인할 수도 있다.
- 듀티 감소 : 밸브 열림

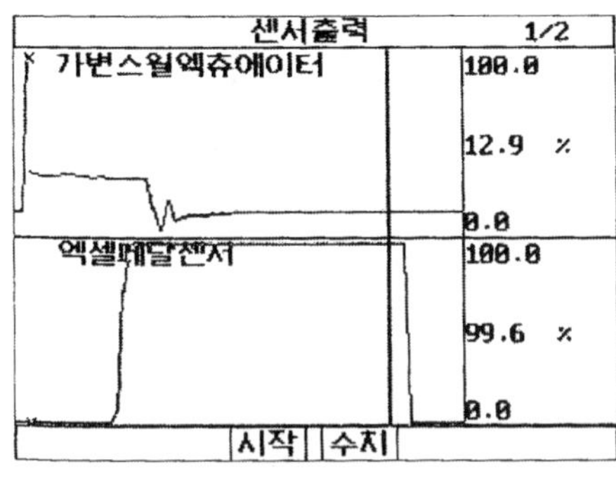


가속시 SCV 열림

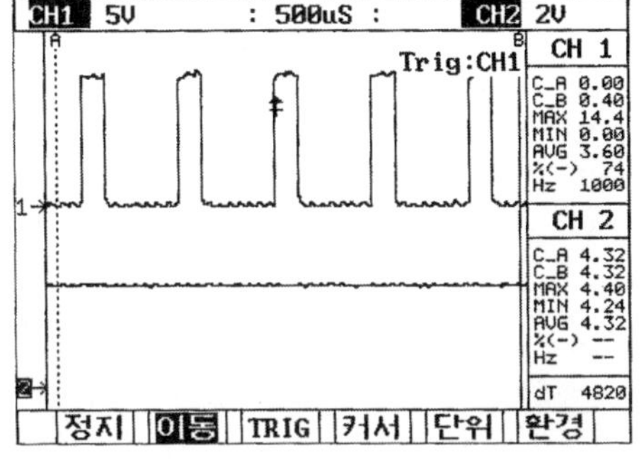


공회전 상태의 파형 – 1번 제어, 2번 전원

### 3. 연료압력 조절장치(듀얼 압력조절밸브)

#### 1) 개요

기존의 CRDi 엔진은 연료압력을 제어하기 위해 한 개의 조절밸브를 사용하고 있다. 입구제어 방식의 엔진인 A-2.5와 J-2.9 엔진은 유량을 제어하여 압력을 조절했고 출구제어 방식인 D-2.0 엔진은 커먼레일 끝부분의 통로를 막아 압력을 상승시켜 주는 방식을 사용했다.

그런데, 이러한 방식은 몇 가지 단점을 안고 있다. 입구제어 방식은 빠른 연료압력 형성을 필요로 할 경우 저압 펌프 → 고압 펌프 → 커먼레일로 연결되는 시간이 길어 초기 시동시 또는 급가속 등 빠른 연료압력 상승에 대응하기에 불리하다.

반면 출구제어 방식은 빠른 연료압력 형성에는 유리하나 불필요한 에너지를 소비하는 단점이 있다. 저압 펌프 → 고압 펌프 → 커먼레일 → 조절밸브로 연결되는 연료라인에서 고압 펌프는 엔진의 회전에 따라 항상 고압을 형성하여 커먼레일로 축적시키며 이 축적된 연료압력이 높을 경우 조절밸브가 연료를 리턴시키는 방식이므로 요구압력 대비 고압 펌프의 에너지 손실이 크다고 볼 수 있다.

2) 기능

고압 펌프 입구의 압력과 커먼레일 출구의 압력을 동시에 제어함으로 다양한 엔진의 조건에 따라 정밀하고 신속한 연료압력 제어

3) 작동 영역

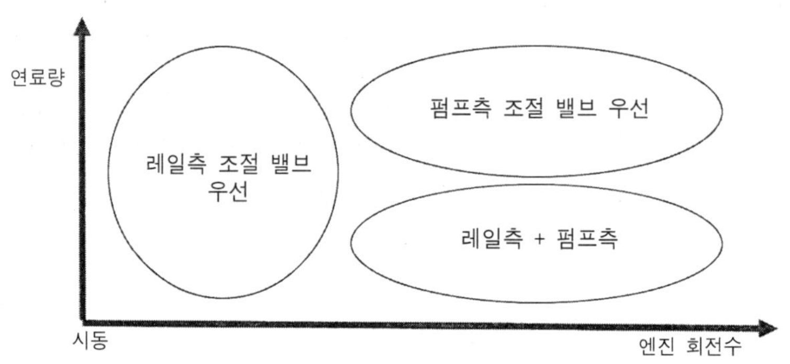


조절밸브 제어 특성

- 시동시 : 빠른 압력상승을 위해 펌프측 조절밸브를 열고 레일측 조절밸브를 닫는다.
- 저회전 영역 : 펌프측 조절밸브가 열린 상태에서 레일측 조절밸브를 제어하여 연료압력 조절
- 회전수 중속 이상, 연료 소량 : 펌프측 조절밸브와 레일측 조절밸브를 동시에 제어하여 정밀제어 실현
- 시동 OFF시 : 펌프측 조절밸브를 닫고 레일측 조절밸브를 열어 연료라인의 잔압을 신속하게 제거
- 가속시 : 가속 구간의 경우 입구에서 유량을 증가시켜 압력을 상승시키므로 빠르게 상승시킴

4) 출력 특성

출구측의 조절밸브는 듀티값이 상승하면 커먼레일의 출구를 막아 레일압력을 높여주는 방식으로 기존의 D-엔진과 같다. 그리고 입구측 조절밸브는 A-엔진에 장착된 MPROP와 같은 방식으로 저압 펌프와 고압 펌프 사이에 장착되어 있어 듀티율이 상승하면 연료 라인을 막아 연료공급을 차단해주기 때문에 압력을 높이고자 할 때에는 듀티율을 낮추는 제어 방식이다.

커먼레일 측 조절밸브-출구

고압 펌프 조절밸브-입구

5) 작동

레일압력 조절밸브는 입구제어 방식이든 출구제어 방식이든지에 상관없이 작동원리가 같다. ECU의 듀티율에 따른 전류값 변화로 연료라인의 통로가 막히거나 열리는 방식이다. 그런데 이러한 작동에 의해 실제 연료압력이 제어되는 것은 입·출구 방식이 정반대이다.

즉, 듀티율이 높아지면 조절밸브에 높은 전류가 흘러 연료라인을 막는 작동원리는 같으나 입구에서 막으면 유량이 적어지므로 압력이 낮아지고 출구에서 막으면 리턴되는 연료가 적어 커먼레일의 압력은 상승하게 되는 것이다. 이러한 두 가지 방식을 동시에 적용해 각각의 장점만을 살려 제어하는 것이 듀얼 압력조절 방식이다.

시동시에는 빠른 레일압력 형성을 위해 레일측 조절밸브를 닫으며 급가속 등 급격한 압력상승이 필요할 때에는 펌프의 조절밸브를 열어 많은 유량을 공급해주는 방법으로 엔진의 각 영역에 따라 두 개의 밸브를 적절히 제어한다. 하지만 어느 한 개만의 조절밸브를 제어하는 것은 아니며 두 개의 조절밸브를 언제나 동시에 제어하고 이때 우선적으로 제어되는 밸브가 운전조건에 따라 다른 것이다.

다음 데이터는 IG ON 후 시동시의 데이터로 IG ON 상태에서는 23.5%로 제어하다가 시동 신호가 입력된 다음에는 압력을 상승시키기 위해 33.3%로 듀티가 상승하는 것을 볼 수 있다. 레일측 조절밸브의 듀티 상승은 출구를 막는 것으로 커먼레일의 압력을 빠르게 상승시켜 시동성을 좋게 하기 위한 것이다.

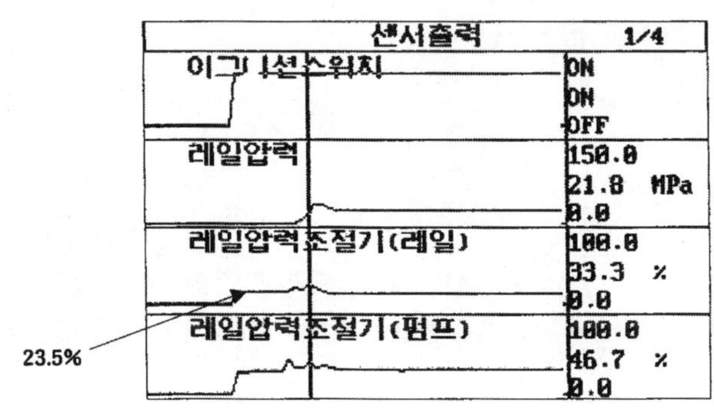


시동시 조절밸브 작동

### 4. λ(람다)-센서

배기 매니폴드에 장착된 λ(람다)-센서는 일명 광역 산소센서로도 불리는데 EGR 정밀제어를 위해 배기가스 중의 산소 농도를 검출하여 ECU로 전송하는 일종의 산소센서이다. 또한 엔진 최대 부하시 농후한 혼합비에 의해 매연이 발생하게 되는데 이 경우 연료량을 적절히 제한하기 위한 기능도 있다.

λ(람다)-센서의 제어 원리는 연료량이 적어 λ(공기과잉율) 값이 1.0 이상일 때에는 ECU에서 펌핑 전류를 흘러 주어 항상 λ값이 1.0이 되도록 한다. 그리고, 연료량이 많이 λ값을 일정하게 유지하는데 ECU에서는 이러한 전류변화를 이용해 배기가스 중의 산소 농도를 분석한다. 센서 내부에는 빠른 활성화를 위해 히터가 장착되어 있다.

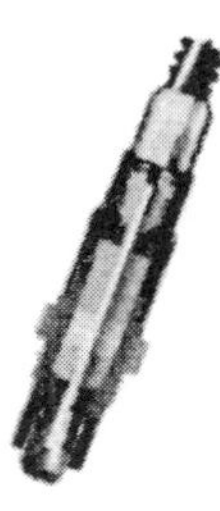

λ-센서 장착위치와 단품 형상 그림

| 센서출력 | 39/54 |
|---|---|
| 엔진경고등 | OFF |
| 산소센서조절전압 | 1274 mV |
| 공기과잉율 | 2.1 |
| 산소센서온도 | 678.2 ℃ |
| 산소센서히터듀티 | 44.7 % |
| 산소센서농도조정 | 미조정 |
| 차속센서 | 0 Km/h |
| 차량가속도 | 0.0 m/s2 |
| 기어변속단 | 0 |
| 엔진회전수 | 823 RPM |

서비스 데이터

1) 기능

- EGR 정밀 제어를 위해 배기가스 중의 산소 농도를 검출하여 ECU로 피드백
- 일정량의 전류를 센서에 흘려보낸 뒤 산소 농도에 따라 감소되는 전류량으로 환산
- Nox 배출량 10~20% 추가 저감
- 센서 고장 시 EGR 제어 중지, 엔진 최고회전수 제한(3,000rpm)

2) 회로도

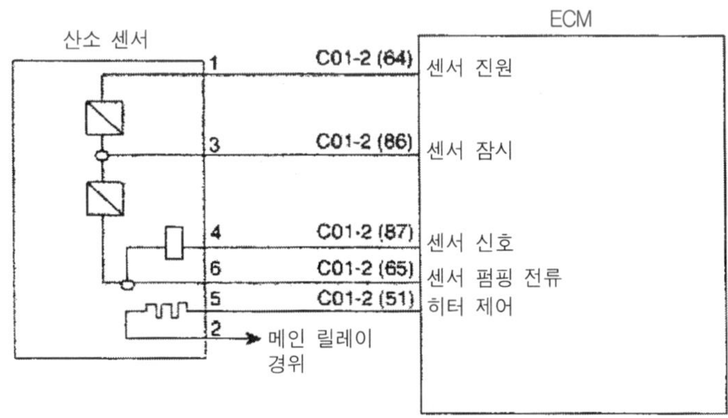


λ값에 따른 펌핑 전류

| λ값 | 0.65 | 0.70 | 0.80 | 0.90 | 1.01 | 1.18 | 1.43 | 1.70 | 2.42 |
|---|---|---|---|---|---|---|---|---|---|
| 펌핑전류 | -2.22 | -1.82 | -1.11 | -0.50 | 0.00 | 0.33 | 0.67 | 0.94 | 1.38 |

## 5. 다단 분사 시스템

디젤엔진은 연료 분사 시 급격한 연소압력 상승으로 인해 노킹이나 진동이 발생하게 되는데 이러한 연소압력의 급상승을 막고 진동/소음을 향상시키기 위해 예비분사를 실시한다.

Euro-Ⅳ 엔진에서는 이러한 예비분사를 2회 실시하여 기존의 예비분사보다 더 완만한 연소압력 상승을 유도한다.

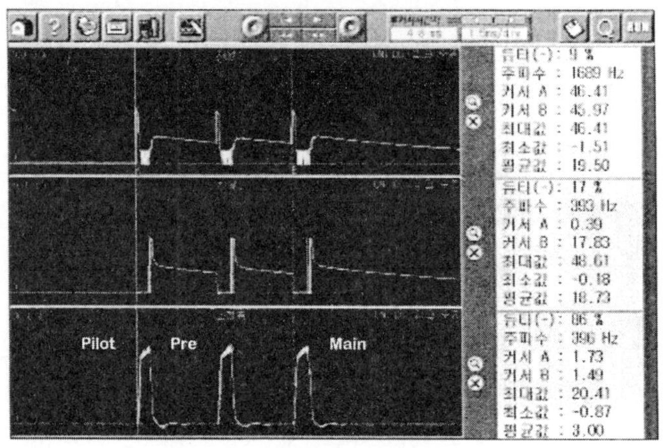


인젝터 분사 파형

연료를 분할하여 분사하는 것은 연소과정에 유리하게 작용하나 1회 분사에 수회 작동시켜야 하는 전자 밸브 구동 에너지와 연료소비율의 나빠지는 단점을 보완해야 하며, Main과 Pre, Pilot 분사의 시간 간격이 1.5ms 정도로 너무 근접되어 있어 분사량 제어가 어렵다.

Pilot 분사는 Main 분사에 비해 약 BTDC 20° 정도에서 BTDC 100°까지의 큰 범위에서 제어된다. 분사시간은 약 0.4ms이며 Pre-Injection과 비슷한 양으로 분사가 진행된다.

CPF(배기가스 후처리장치)를 적용할 경우에는 다음 그림에서처럼 사후 분사를 실시하게 되는데 ATDC 40°~70° CA 범위에서 분사되는 Post-Injection은 배기가스온도를 상승시켜 촉매필터의 PM을 태우는 기능을 한다. 또한, Post-1 Injection은 연소되지 않은 HC가 디젤 산화촉매와 만나 발열작용을 하여 CPF 재생 시 이러한 연소 현상을 이용해 배기가스 온도를 상승시킨다.

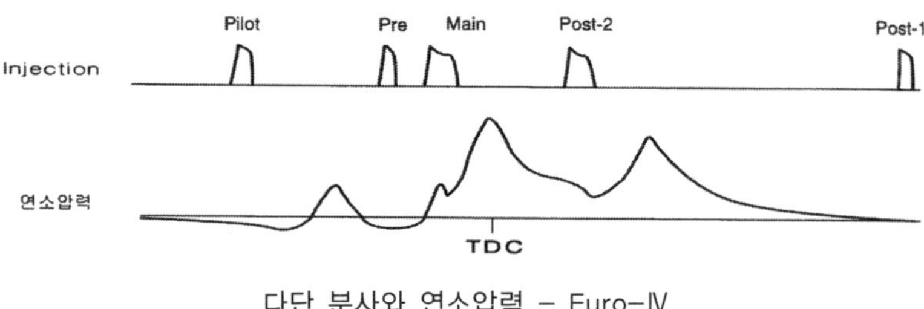


다단 분사와 연소압력 - Euro-Ⅳ

## 4.5 고장 진단(서비스 데이터 분석)

| 센서출력 | 1/54 | |
|---|---|---|
| 이그니션스위치 | ON | |
| 배터리전압 | 13.8 | V |
| 연료분사량 | 8.2 | mm3 |
| 레일압력 | 28.2 | MPa |
| 목표레일압력 | 27.6 | MPa |
| 레일압력조절기(레일) | 14.5 | % |
| 레일압력조절기(펌프) | 28.6 | % |
| 연료온도센서 | 31.6 | ℃ |
| 연료온도센서출력전압 | 8 | mV |
| 흡입공기량(mg/st) | 100.0mg/st | |

| 센서출력 | 11/54 | |
|---|---|---|
| 흡입공기량(Kg/h) | 8.8 | Kg/h |
| 실린더당흡입공기량 | 205.6mg/st | |
| 흡기온센서 | 31.6 | ℃ |
| 흡기온센서출력전압 | 352 | mV |
| EGR 엑츄에이터 | 51.4 | % |
| 대기압센서 | 988 | hPa |
| 냉각수온센서 | 65.3 | ℃ |
| 클러치스위치(M/T) | ON | |
| 브레이크스위치 2 | OFF | |
| 브레이크스위치 1 | OFF | |

- 연료분사량 : 실린더 당 평균 분사량 표출
- 레일압력 : 레일압력센서로부터 ECU로 입력된 전압을 환산해 MPa 단위로 표출(10MPa=100bar)
- 레일압력조절기(레일) : 커먼레일 측 압력조절밸브 듀티-듀티가 클수록 압력은 상승한다.
- 레일압력조절기(펌프) : 고압 펌프 상단에 장착된 압력조절밸브 듀티-듀티가 클수록 공급되는 유량은 적어진다.
- 연료온도센서 : 연료온도 상승에 따른 고압 펌프 등 CRDi 관련부품 열화를 예방하기 위해 80℃ 이상에서 분사량 제한
- 흡입공기량 : EGR 정밀제어, 공기량에 따른 연료 보정을 위해 계측
- 실린더 당 흡입공기량 : 실린더 당 흡입되는 공기량을 스트로크 당량으로 표기

- EGR 액츄에이터 : EGR 밸브의 제어 듀티(듀티값이 높다고 반드시 EGR 가스의 재순환양이 많은 것은 아님, 흡배기 매니폴드의 압력차에 의해서 배기가스가 재순환됨)

| 센서출력 | 29/54 | |
|---|---|---|
| 냉각팬(저속) | OFF | |
| 냉각팬(고속) | OFF | |
| 글로우릴레이 | OFF | |
| 글로우램프작동상태 | OFF | |
| 보조히터릴레이 | OFF | |
| 부스트압력센서 | 974 | hPa |
| 부스트압력센서출력전압 | 1529 | mV |
| VGT 액츄에이터 | 74.9 | % |
| 가변스월액츄에이터 | 25.9 | % |
| 스로틀플랩액츄에이터 | 94.9 | % |

| 센서출력 | 19/54 | |
|---|---|---|
| 브레이크스위치 2 | OFF | |
| 브레이크스위치 1 | OFF | |
| 엑셀페달센서 | 0.0 | % |
| 엑셀페달센서1 전압 | 725 | mV |
| 엑셀페달센서2 전압 | 333 | mV |
| 엑셀페달/브레이크상태 | 정상 | |
| 에어컨스위치 | OFF | |
| 에어컨컴프레셔작동상태 | OFF | |
| 에어컨압력센서 | 1352 | mV |
| 블로워스위치 | OFF | |

- 부스트압력센서 : VGT에 의한 과급압력을 표기하며 이 데이터를 가지고 VGT 시스템의 작동을 확인할 수 있다.
- 부스트압력센서 출력전압 : 부스트압력센서에서 출력되는 전압을 표출, 압력값으로 환산하기 전의 센서데이터
- VGT 액추에이터 : VGT 베인 콘트롤 액추에이터의 작동 듀티, 이 값이 클수록 배기가스의 유로는 좁아지고 유속이 증가한다.
- 가변스월 액추에이터 : 스월 컨트롤 밸브의 작동 듀티, 이 값이 클수록 흡기 포트의 스월 밸브가 닫히게 된다.
- 스로틀 플랩 액추에이터 : 시동 OFF시 진동을 저감할 목적이므로 운행 중에는 항상 열려 있어야 한다. 현재 상태(94.9%)가 열려 있는 상태이며 Key S/W OFF시 0%로 떨어짐
- 엑셀페달센서 : 가속 페달을 밟은 양을 백분율로 표기
- 엑셀페달센서 1 전압 : 센서 1의 출력전압
- 엑셀페달센서 2 전압 : 센서 2의 출력전압으로 센서 1의 절반에 가까운 값이 출력된다.
- 엑셀페달/브레이크 상태 : 엑셀페달센서와 브레이크 스위치 신호를 상호 비교해 고장을 검출하는데 두 개의 신호가 정상적인 상태임을 말한다.
- 에어컨압력센서 : A/C 파이프 내의 압력값을 나타내주는 센서로 라인 내

고·저압을 감지하여 콤프레셔 신호차단 결정

| 센서출력 | 39/54 | |
|---|---|---|
| 엔진경고등 | OFF | |
| 산소센서조절전압 | 1274 | mV |
| 공기과잉율 | 2.1 | |
| 산소센서온도 | 678.2 | ℃ |
| 산소센서히터듀티 | 44.7 | % |
| 산소센서농도조정 | 미조정 | |
| 차속센서 | 0 | Km/h |
| 차량가속도 | 0.0 | m/s2 |
| 기어변속단 | 0 | |
| 엔진회전수 | 823 | RPM |

| 센서출력 | 54/54 | |
|---|---|---|
| 차속센서 | 0 | Km/h |
| 차량가속도 | 0.0 | m/s2 |
| 기어변속단 | 0 | |
| 엔진회전수 | 823 | RPM |
| 엔진부하 | 45.5 | % |
| 엔진토크 | -100.0Nm | |
| 목표엔진토크 | -100.0Nm | |
| 이모빌라이저적용상태 | 미적용 | |
| 이모빌라이저램프 | OFF | |
| AT/MT 정보 | A/T | |

- 산소센서조절전압 : λ(람다)센서의 펌핑전류를 공급하기 위한 조절전압
- 공기과잉율 : 공기과잉율 1.0을 기준으로 높을 경우 연료 부족상태, 낮을 경우 연료가 많은 경우임
- 산소센서온도 : 센서 내부의 활성화 온도
- 산소센서히터듀티 : 센서를 히팅시키기 위한 ECU의 제어듀티
- 산소센서농도조정 : 센서의 출력값을 모니터링 한 후 ECU에서 제어하는 조절상태
- 차량가속도 : 차속을 근거로 한 가속도
- 엔진부하 : 엑셀페달센서 신호와 rpm을 이용해 차량의 부하 정도를 백분율로 표시, 즉 가속을 했는데도 회전수가 상승하지 않을 때 부하가 있는 것으로 판단한다.
- 엔진토크

-최대토크가 발생하는 지점에서의 엔진토크

-1kgf=9.81N이므로 100N은 10.19kgf

Chapter 05

# CPF(배기가스 후처리 장치)

CPF(Catalyzed Particulate Filter)란 디젤엔진의 배기가스 중 PMP(Particulate Matters)를 필터를 이용하여 물리적으로 포집하고, 일정거리 주행 후 PM의 발화 온도(550℃) 이상으로 배기가스 온도를 상승시켜 연소시키는 장치이다.

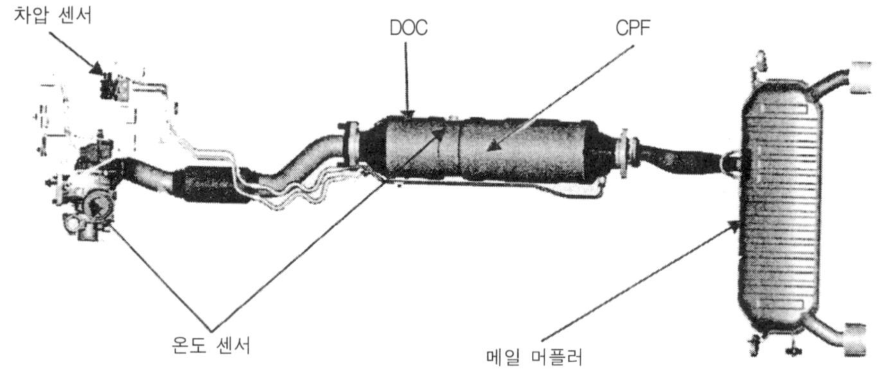


*PM-Particulate Matter : 입자성물질-물질의 파쇄, 선별 등의 기계적 처리나 연소, 합성 등의 과정에서 생기는 고체 또는 액체 상태의 미세한 물질

## 5.1 커먼레일 디젤엔진의 적용배경

### 1. 개요

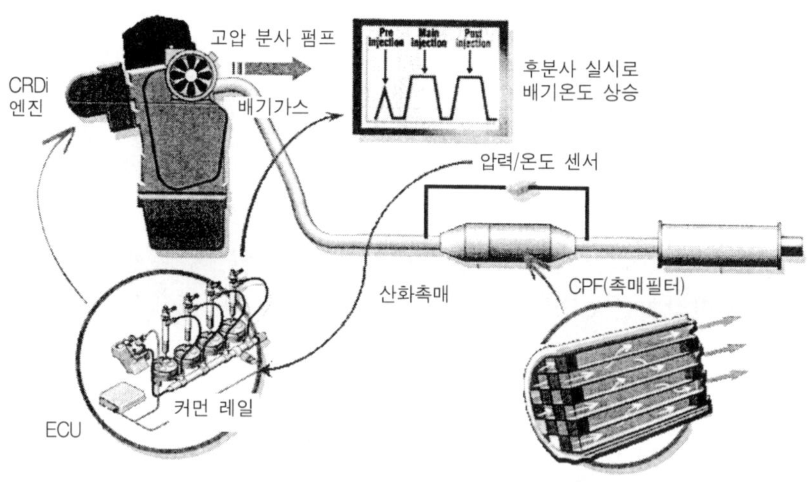


배기가스 후처리장치

PM(입자상 물질) 제거를 위한 배기가스 후처리장치는 DPF, CDPF 또는 CPF로 불리는데 디젤배기가스 후처리장치 라는 같은 의미로 모두 CPF(Catalyzed Particulate Filter)로 통칭한다. CPF는 디젤엔진에서 배출되는 PM을 필터로 포집한 후 이것을 태우고(재생) 다시 포집하기를 반복하는 기술로써 PM을 약 70% 이상 저감할 수 있는 장치이다. CPF는 매연 저감 성능면에서는 우수하나 PM이 포집됨에 따라 엔진에 배압이 걸리며 이것에 의하여 출력과 연료소비율이 떨어질 수 있는 단점이 있어 제어기술의 이해가 중요하다 할 수 있겠다.

CPF 기술은 크게 PM 포집(Trapping) 기술과 재생(Regeneration) 기술로 나누어지며 시스템은 기본적으로 필터, 재생장치, 제어장치의 3부분으로 구성되어 있다. 현재 적용중인 재생법은 스캐너를 이용한 수동재생 방법과 일정 주행거리를 운행한 후 ECU에서 수행하는 마일리지(운행거리)에 따른 재생, 운행 중 연소온도 상승시 자동적으로 수행되는 CRT(Continuous Regeneration Trap) 촉매재생 등의 방법이 있다.

*재생 : 필터 내에 쌓여있는 PM을 고온의 배기가스를 이용해 태우는 기능
*배기가스 후처리장치 용어(CPF로 통칭)

DPF-Diesel Particulate Filter : 디젤 미립자형 필터

CDPF-Catalyzed Diesel Particulate Filter : 디젤 미립자형 촉매필터

CPF-Catalyzed Particulate Filter : 미립자형 촉매필터

## 2. 배기가스 후처리장치란?

### 1) 정의

CPF란 디젤엔진의 배기가스 중 PM을 물리적으로 포집하고, 일정거리 주행 후 배기온도를 상승시켜 태워 없애는 필터를 얘기하는데 포괄적인 의미에서 배기가스 후처리장치를 CPF라고 한다.

### 2) 작동원리

- 배기가스 중 PM(입자상 물질)의 물리적 포집
- 일정거리 주행 후 포집된 PM 연소(PM 발화온도 550℃ 이상으로 배기온을 승온)

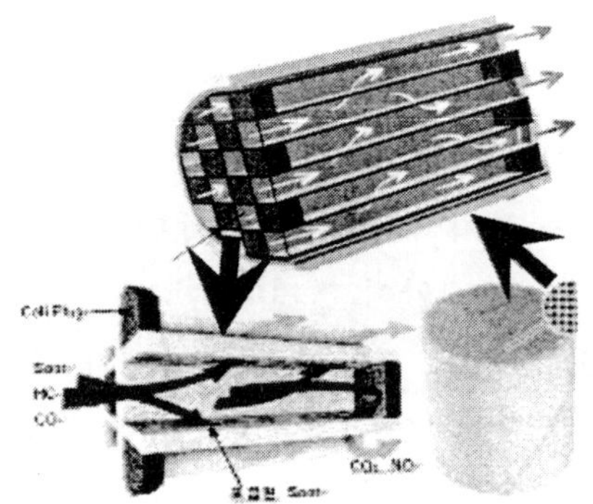

### 3) 개발 배경

- Euro-Ⅳ 배기규제 대응 전략

- Nox의 발생은 전자식 EGR 밸브와 EGR 쿨러의 적용으로 저감시켰지만 PM의 발생량은 줄지 않기 때문에 산화촉매 및 Filter를 이용하여 PM 발생량을 저감시킴

4) 구성

- CPF(촉매필터) : 사각기둥의 요소를 조합하여 입자 포집 및 연소(재생)
- DOC(산화촉매) : HC/CO 저감, PM 성분은 일부만 저감됨
- 차압센서 : CPF의 입·출구 압력을 비교하여 재생 필요 유무 판단
- 온도센서 : 재생에 필요한 발열온도 피드백

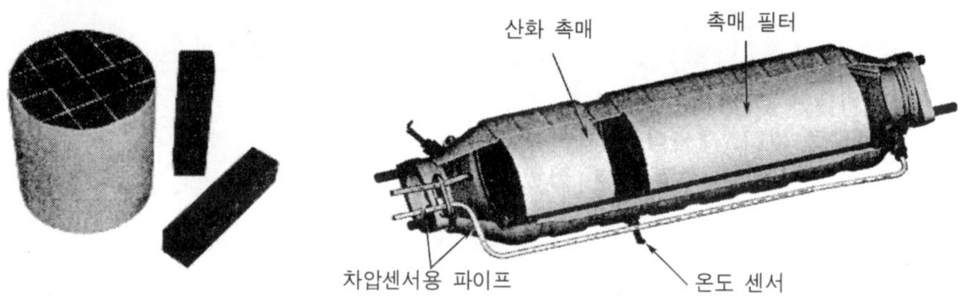


3. 배기가스 후처리 과정

1) PM 포집 단계

Ⓐ 입자 퇴적

운행 중 배출되는 입자상물질(PM)을 필터를 이용해 물리적으로 포집하는 단계로 배기가스 성분 중 탄소입자 또는 재성분이 필터에 걸러지고 나머지는 통과하여 배출된다. 입자상물질은 배기가스온도 500℃ 이상에서는 dry soot(그을음) 상태이며 500℃ 이하에서 발생되는 물질이 PM에 흡착되는데 이것은 미연탄화수소, 산화탄화수소 등으로 구성되어 있어 이러한 요소들을 걸러내기 위해 필터에서 포집하게 된다.

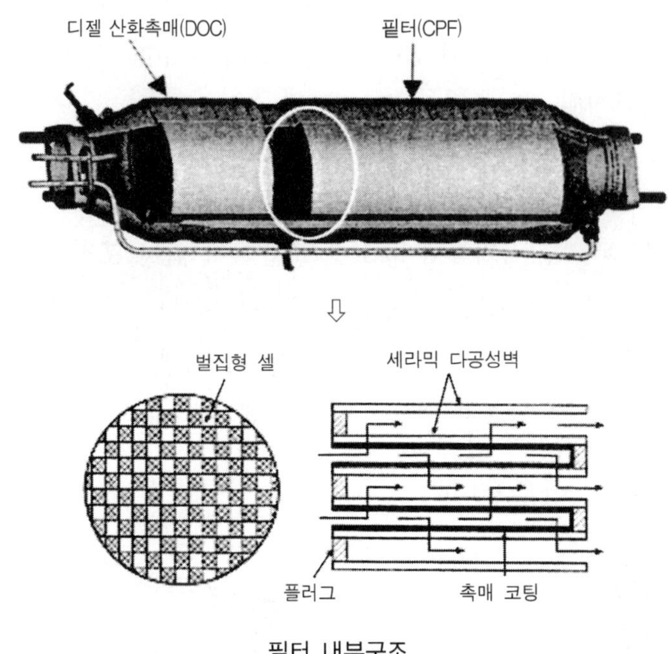


필터 내부구조

**필터**

CPF는 세라믹 필터를 사용하며 내부에는 사각형 모양의 통로가 벌집모양으로 배열되어 있다. 채널 입구와 출구가 교대로 막히며, 채널 입구로 유입된 배출가스는 채널 출구가 막혀 있기 때문에 다공질벽을 통과하여 옆채널 출구로 빠져나가게 되며, 이때 입자상 물질은 채널에 남아 포집된다.

필터는 포집효율이 높고, 고온에 견디며 공간 활용성이 우수하나, 단점으로는 불균일한 열응력에 의한 파손이 발생할 수 있으며, 배압이 걸려 엔진 성능에 나쁜 영향을 미칠 수 있으며, PM 저감율은 85% 이상으로 매우 우수하다.

### 2) 재생시기 판단

**CPF 차압을 이용한 PM양 측정**

필터 내 포집된 PM의 양이 많아지면 배압이 걸려 엔진 성능이 나빠지게 된다. 따라서 일정량 이상의 PM이 포집되어 있을 경우 이를 연소시켜야만 하는데 PM이 쌓인 양을 직접 계측하기란 쉬운 일이 아니다. 그래서 사용된 방법은 차압센서를 이용한 방법으로 필터 전·후방에 센서를 장착하고 발생한 압력차에 의해서 PM양을 가늠하는 것이다. PM의 양이 많아질수록 입구와 출구의 압력 차가 커질테고 ECU에서는 이에 따른 재생시기를 판단할 수 있다.

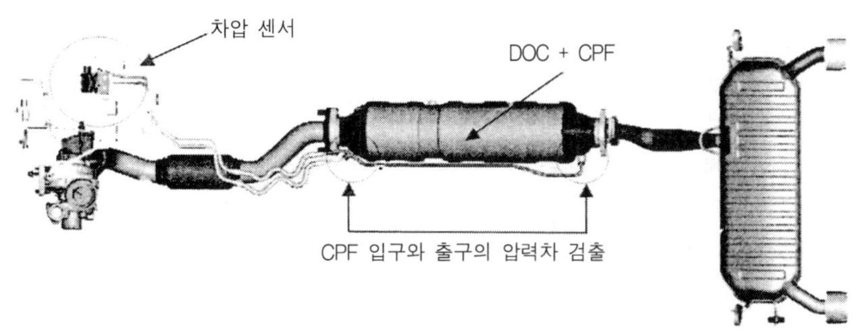


차압 센서

**Mileage(주행거리)에 따른 재생시기**

고속주행을 주로 하는 차량의 경우에는 배기가스 온도가 높기 때문에 PM 포집에 의한 엔진 성능 저하를 걱정하지 않아도 된다. 그러나 단거리, 저속운행을 주로 하는 차량의 경우 배기가스 온도가 충분히 상승되지 않기 때문에 일정거리를 주행한 후에도 PM이 필터 내에 쌓여있는 엔진에 악영향을 미칠 수 있다. 따라서 운전조건이 어떠하든지에 상관없이 일정한 주행거리를 초과하면 재생을 하도록 하는 방법이 필요하게 된다. 차압센서의 신호에 따라서 재생시기를 판단하고 재생을 결정하지만 만약 1,000km를 주행해도 차압이 형성되지 않으면 주행거리 기준에 따른 재생이 이루어지게 된다. 이는 차압 기준을 보완하기 위한 기능으로 다음 그림에서처럼 재생 후에는 다시 1,000km를 산정하게 된다.

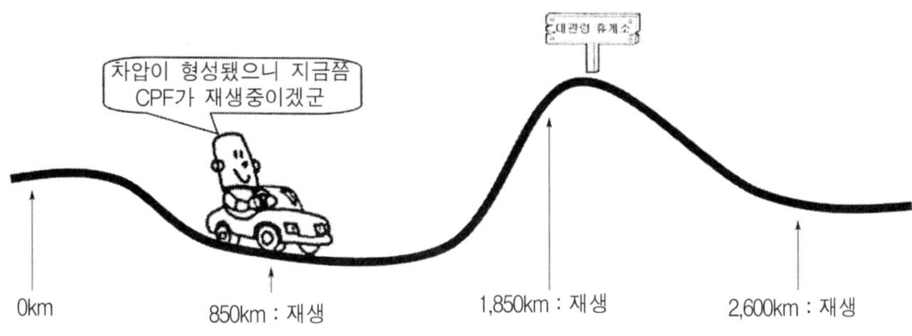


*850km 재생-차압기준. 1,850km 재생-마일리지 기준. 2,600km 재생-차압기준.

### 4 시뮬레이션을 통한 PM 포집량 예측

엔진이 저회전 영역에서는 PM의 발생량이 많지만 고속회전으로 장시간 운행할 경우에는 발생량이 적다. 또한 연료량, 배기가스 온도 등에 따라서도 PM의 발생량은 각각 다르다. 이렇게 여러 가지 엔진의 조건에 따라서 발생되는 PM의 양을 예측할 수 있는데 이것이 시뮬레이션의 방법이다. 예를 들면, 엔진 회전수가 800rpm이며 공회전 상태로 한 시간 가량 세워 놓은 차량에서 발생되는 PM의 양이 10g이었다고 하자. 같은 차량으로 고속도로를 정속주행 상태에서 한 시간 가량 운행했을 때에는 배기가스의 온도가 높기 때문에 태워지는 PM의 양이 많게 된다.

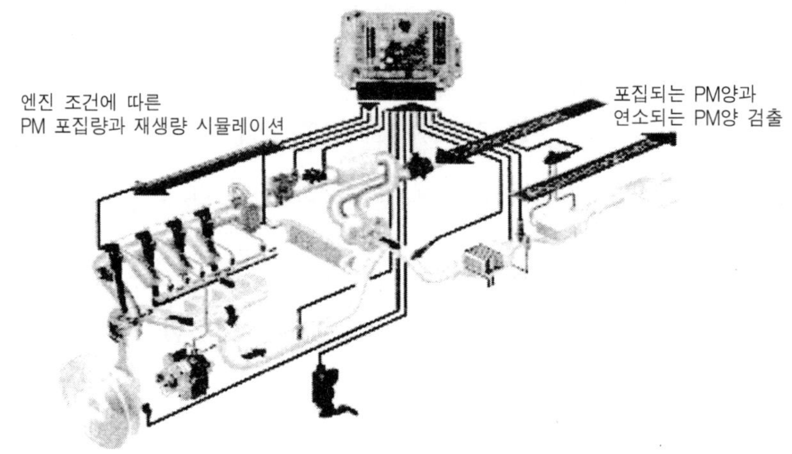


시뮬레이션에 의한 재생시기 판단

가령, 10g을 연소하는데 걸리는 시간이 30분이라면 필터에 남아 있는 PM의 양은 0g이 된다. 이러한 방법을 이용해 엔진의 각 영역별로 발생된 PM의 양과 태워지는 PM이 양을 시뮬레이션 한 다음에 ECU에 그 데이터를 입력해두면 ECU에서는 남아 있는 PM이 얼마가 될 것인지를 계산할 수 있다. 이것이 바로 시뮬레이션의 개념인데 이 방법은 차압센서를 이용한 재생시기 판단을 보완하기 위해 사용된다.

PM의 재생시기를 정확히 판단하는 것은 CPF 장치의 내구에도 중요한 부분을 차지하지만 엔진의 성능에도 직접적인 영향을 미치기 때문에 위에서 언급한 세 가지 방법 중 어느 하나라도 재생 조건을 만족하면 ECU는 재생모드로 진입한다. 그 가운데 가장 기준이 되는 것은 차압을 이용한 방법이다. 주행거리 기준은 안전을 위한 조건으로 최소 1,000km 운행 후 ECU에서 재생모드로 진입하도록 되어 있으며 시뮬레이션을 통한 예측방법도 재생의 기준이 되는 차압모델을 보완하기 위한 것이다.

재생시기의 3가지 기준

*Simulation : 복잡한 문제를 해석하기 위하여 모델에 의한 실험을 하고 실제와 비슷한 상태를 수식 등으로 만들어 모의적으로 연산을 되풀이하며 그 특성을 파악하는 일

### 3) 재생(Regeneration)

포집된 PM은 가능하면 빠른 시간 내에 태워서 필터가 다시 PM을 포집할 수 있도록 하는 재생과정을 가지며 이때 재생에 의해 필터가 과열되어 파손되지 않도록 하는 제어기술이 중요하다. 재생과장은 촉매 활성화 온도(Light-off), 공급되는 산소농도, 산소유량, PM의 포집량에 따라 적절하게 조절되어야 한다.

재생방법은 PM을 그을음 점화 온도인 550℃~600℃까지 가열하여 태우는 것인데 이를 위해 엔진 관련 인자들을 제어하여 재생온도에 도달하도록 한다.

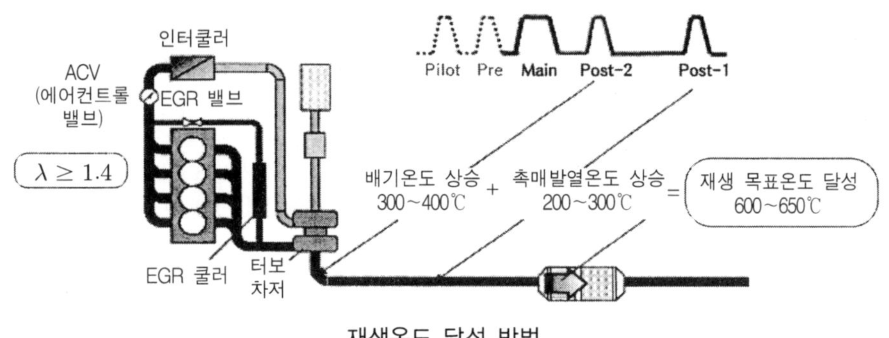


재생온도 달성 방법

### Post-Injection을 통한 배기가스 온도 상승

CRDi 엔진의 분사장치는 진동, 소음 저감을 목적으로 예비분사(Pilot-Injecton)를 실시하고 있다. 보통 인젝터에서 분사가 실시되는 시간이 주분사는 0.6~1ms 가량, 예비분사는 0.3~0.5ms 가량(공회전 기준)인데 이러한 짧은 시간의 분사를 제어할 수 있는 것은 CRDi 엔진의 큰 특징 가운데 하나라고 할 수 있다. CPF가 적용되면서 기존에 실시하던 예비분사에서 사후분사로 분사영역을 확대해 배기온도를 상승시킬 수 있게 되었다. 포집된 PM이 양이 많아 재생모드에 진입하게 되면 배기온도를 상승시키기 위해 후분사(그림의 Post-2)를 실시한다.

- Post-2(Attached Post Injection)

  주분사에 가까운 Post-2 인젝션은 ATDC 10~50°에서 실시하게 되는데 이때 배기가스 온도는 약 300~400℃ 가량 상승하게 된다. Post-2 후분사를 실시할 때 분사시기와 분사량은 연료압력, EGR, 부스트압력, 공기량에 따라 달라진다. 하지만, PM의 재생에 필요한 목표온도는 600℃ 이상이므로 Post-2 후분사에 의해 상승된 배기온도 만으로는 필터에 포집된 PM을 연소시키기에 부족하다.

- Post-1(2nd Post Injection)

  ATDC 70° 이상 구간에서 실시하는 두 번째 후분사는 촉매(DOC)의 발열온도를 상승시킬 목적으로 실시한다. 엔진의 연소에 참여하지 않고 피스톤 하강 시 분사하는 Post-1은 연소되지 않은 상태의 HC를 그대로 배출하고 이는 촉매(DOC)와 만나면서 산화 발열반응으로 약 200~300℃ 가량의 온도상승을 가져온다. 이렇게 두 번의 후분사에 의해 목표온도인 600~650℃를 달성하는 것이 바로 재생기술이다.

  *Light-off : 촉매의 변환율이 50%가 될 때의 온도, 촉매 반응개시 온도를 얘기함. 일반적으로 Light-off 온도는 250~300℃이며 촉매는 약 550℃ 이상으로 가열되어야 정상적으로 반응한다.

### 재생조건

PM의 포집량이 많아 재생모드에 진입하게 될 때 ECU에서는 다음 조건이 만족해야만 재생을 시작한다.

재생모드 진입기준
- 주행거리 ‣ 차압 또는 매 1,000km 이상
- 엔진회전수 ‣ 1,000rpm 이상 4,000rpm 이하
- 엔진부하 ‣ 약 0.7bar(8mg/st 이상)
- 차량 속도 ‣ 5km/h 이상
- 냉각수온 ‣ 40℃ 이상

재생 시 배기가스 온도 상승을 목적으로 후분사를 실시하고 흡입공기량과 과급 압력을 조절해 λ(공기과잉률) 값을 1.4 이상으로 가져가기 때문에 토크의 변화가 올 수 있는데 이러한 요소들은 ECU에서 적절하게 제어하여 운전자가 재생모드에 진입했음을 느끼지 못하도록 해준다. 토크의 변화가 올 경우 충격이 발생할 수 있으며 연료 분사 패턴의 변경은 연소음을 발생시킬 수 있기 때문이다.

그러나, 이러한 재생 조건은 재생의 시작에 필요한 기준이며 재생을 시작한 후에는 다른 기준으로 재생을 유지한다. 또한 한번 재생을 시작하면 10분~15분 가량 계속되는데 운행중인 차량에서는 rpm 또는 차속의 변화와 상관없이 배기온도를 600℃ 이상으로 유지할 수 있도록 ECU에서 관련인자들을 제어한다.

만약 재생 도중 시동을 정지하게 될 경우에도 ECU에서는 잔여 시간을 기억해 두었다가 다음 운행 시 다시 재생을 실시한다.

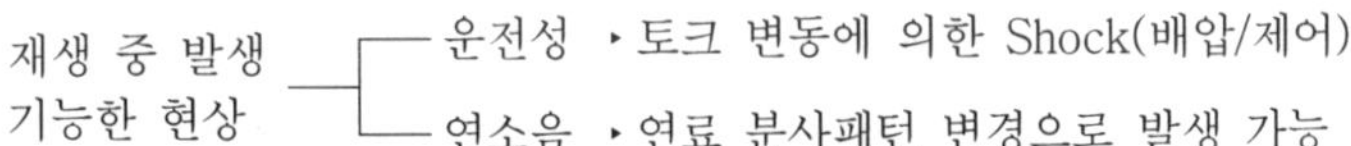


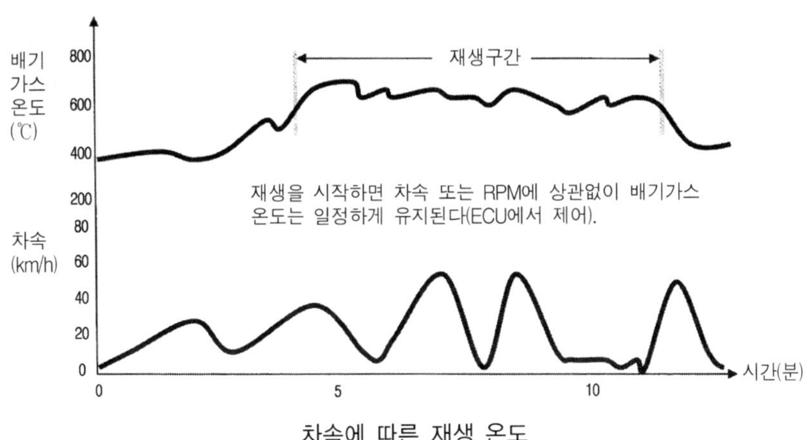


차속에 따른 재생 온도

### 재생 과정

CPF의 재생 과정은 PM 포집 → 배압증가 → 후분사 → 입자재생 → 재 잔류의 단계로 이루어진다.

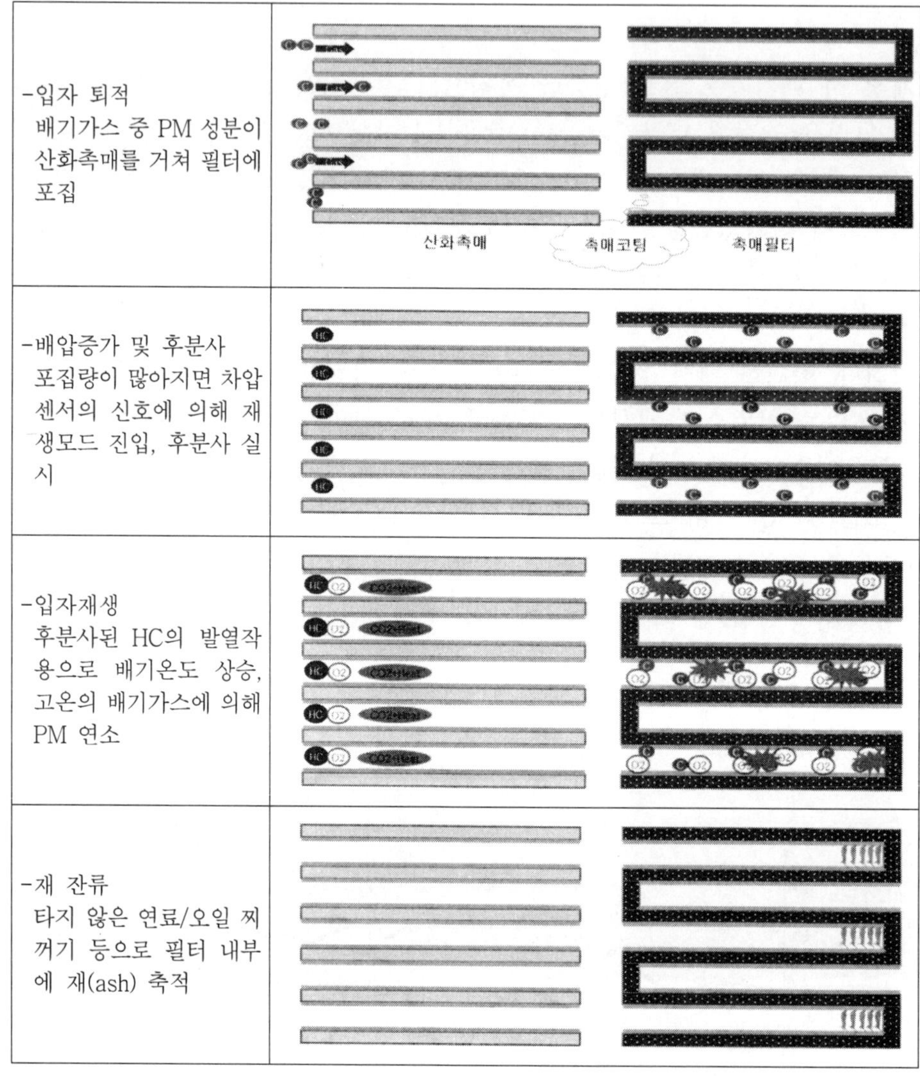


| 단계 | |
|---|---|
| -입자 퇴적<br>배기가스 중 PM 성분이 산화촉매를 거쳐 필터에 포집 | |
| -배압증가 및 후분사<br>포집량이 많아지면 차압 센서의 신호에 의해 재생모드 진입, 후분사 실시 | |
| -입자재생<br>후분사된 HC의 발열작용으로 배기온도 상승, 고온의 배기가스에 의해 PM 연소 | |
| -재 잔류<br>타지 않은 연료/오일 찌꺼기 등으로 필터 내부에 재(ash) 축적 | |

## 강제 재생 모드

- 목적 : CPF 내의 퇴적된 Soot를 진단장비를 이용해 강제 재생
- 주요 재생 조건 : 냉각수온 70℃ 이상, 차량정지, 아이들상태, 밧데리전압, 모든 전기부하 ON(A/CON FAN, 전조등, 와이퍼 등)

| 현재 차량 데이터 |
|---|
| - 재생후 주행거리 : xxxxxxxx Km<br>- 오일교환후 주행거리 : xxxxxxxx Km<br>- xxxxxxxx 후 주행거리 : xxxxxxxx Km<br>- xxxxxxxx 후 주행거리 : xxxxxxxx Km |
| 재생시기 |
| - xxxxxxxx Km 주행후<br>- xxxxxxxx 일경우 |

| 현재 차량 데이터 | | | |
|---|---|---|---|
| Injection quantity : xxxxxxxx mm3/st<br>Gear information : xx<br>Average engine speed : xxxxxxx RPM<br>Battery voltage : xxxxxxxxx [V]<br>Coolant temperature : xxxxxxxx [℃]<br>Exh. temperature upstream of TC : xxx [℃]<br>Exh.temperature upstream of DPF : xxxx [℃]<br>Soot mass in the particle filter : xxxxxxxx mg<br>Total duration of the regeneration : xxxxxxxxx Min<br>Current engine state : xx<br>Soot mass in the particle filter : xxxxxxxx mg<br>Total duration of the regeneration : xxxxxxxxx Min | | | |
| CPF SERVICE REGENERATION | | | |
| 소요시간 | 15 ~ 20 분. | METHOD | INTERRUPTION |
| 재생 중 차량 상태 | -엔진 아이들 상승 : 2000RPM<br>-배기가스온도 (T5) : 650 [℃] , 차량 전기장치 작동 ( FAN , 전조등, 윈도우, 오디오등) | | |
| SERVICE REGENERATION IS RUNNING !!!!!!! | | | |
| START | 가열단계 | 냉각단계 | 재생중 표시 |

### 강제 재생 모드 차트

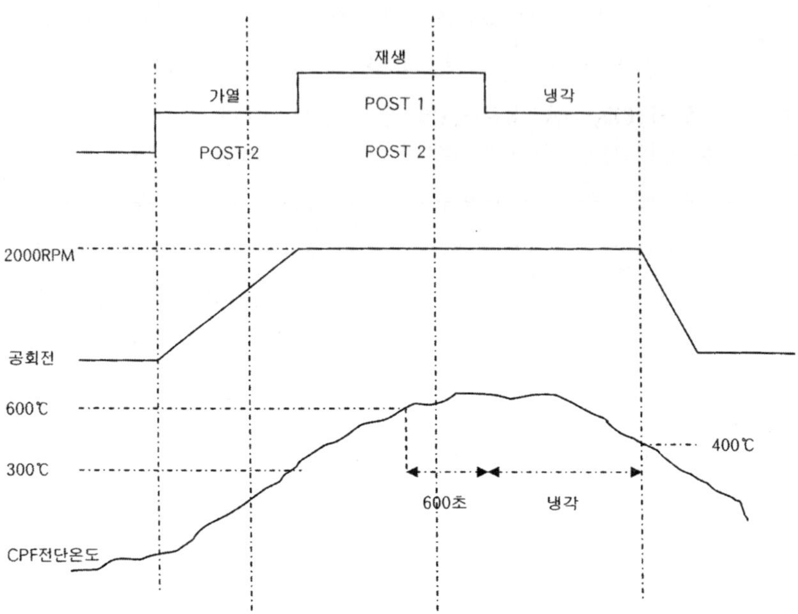


## 4. 구성 부품

### 1) 차압센서

차압센서는 CPF 재생 시기 판단을 위한 PM 포집량을 예측하기 위해 필터 전·후방 압력차를 검출한다. 필터 전·후방에 각각 한 개씩의 센서가 장착되는 것이 아니고 한 개의 센서를 이용해 두 개의 파이프에서 발생하는 압력차를 검출해 ECU로 전송하는 방식을 사용한다. 입출구의 차압이 20~30kPa(200~300mbar) 이상 발생할 경우 재생모드에 진입한다.

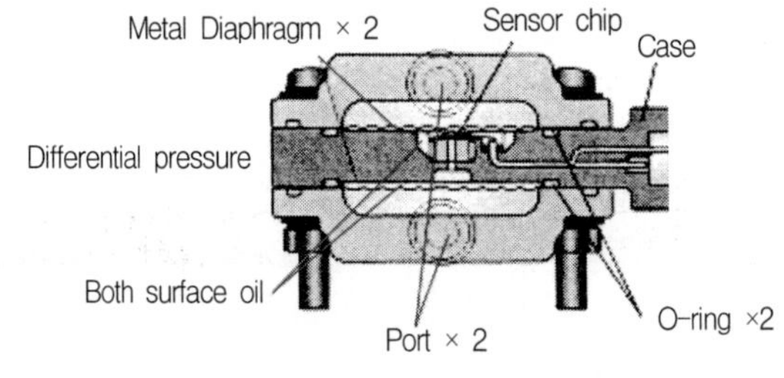


센서 내부 구조

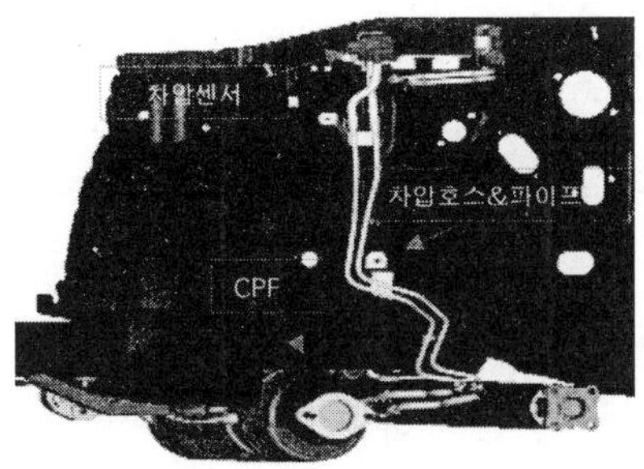


장착 위치

- 출력 특성 : CPF 입구와 출구의 압력차에 따라 1V~4.5V 출력
- A/S 오조립 대책 : 입구측 라인에 흰색 원형 페인트 마킹이 되어 있음

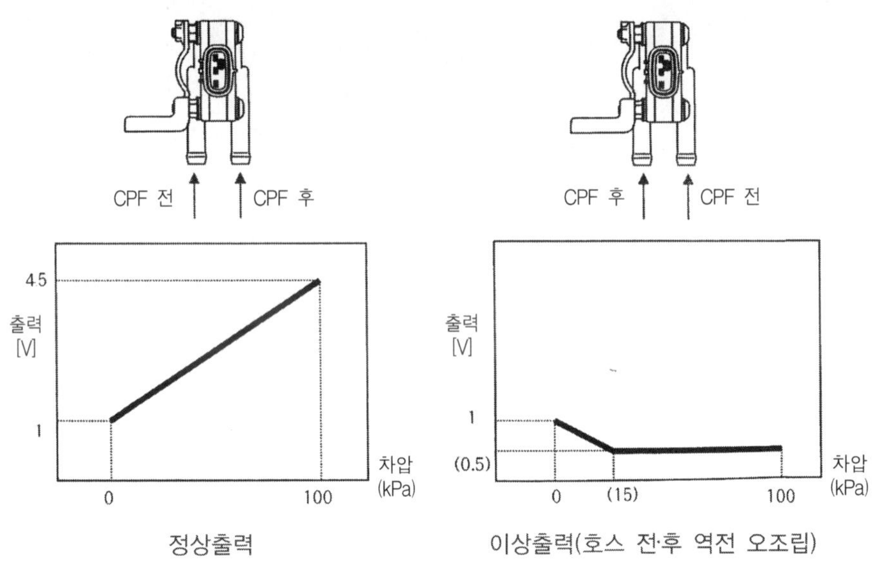


2) 배기가스 온도센서

배기가스 온도센서는 배기 매니폴드와 CPF에 각각 한 개씩 장착되어 있다. CPF 재생 시 촉매필터에 장착된 배기온도센서를 이용해 재생에 필요한 온도를 모니터링 한다.

또한 재생에 의한 과도한 온도상승은 필터의 손상을 가져올 수 있기 때문에 재생 목표온도를 유지할 수 있도록 피드백 해주는 기능도 있다. 배기 매니폴드에 장착된 온도센서는 VGT를 보호하기 위한 것으로 VGT 내부 온도가 850℃ 이상 올라가게 되면 내구에 문제가 되기 때문에 이를 제한하기 위해 장착된다.

CPF는 엔진과 배기 시스템, 촉매 등의 온도를 상승시켜 PM을 태우는 장치이므로 온도 상승에 따른 관련부품의 손상을 방지하고 정확한 온도를 검출하기 위해 두 개의 온도센서가 장착되는 것이다.

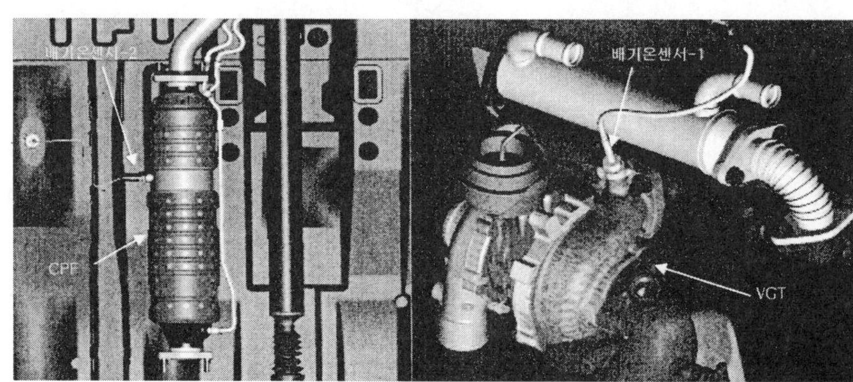


배기온도센서-2 배기온소센서-1

장착위치

- 센서 1 : 배기 매니폴드
- 센서 2 : 산화촉매와 CPF(필터) 사이

출력특성

- 센서 1 : 배기온도 상승시 전압 감소
- 센서 2 : 배기온도 상승시 저압 감소

3) 디젤 산화촉매(DOC-Diesel Oxidation Catalyst)

산화촉매는 백금(Pt), 파라디움(Pd) 등의 촉매효과로 배기 중의 산소를 이용하여 CO, HC를 산화시켜 제거하는 기능을 한다. 그러나, 디젤엔진에서는 CO, HC의 배출은 그다지 문제가 되지 않고 다만, 산화촉매에 의해 PM의 구성성분인 HC를 감소하면 PM을 10~20% 저감할 수 있다.

CPF 후처리장치에서 DOC의 기능은 중요하다고 말할 수 있다. 재생모드에서 후분사를 실시하게 되면 배기가스의 온도가 상승하게 되고 이 상승된 온도가 목표온도인 600℃ 이상일 경우 포집된 PM이 연소되는데 Post-2 후분사만으로는 목표온도에 도달할 수가 없다. 그래서 ATDC 70° 이상인 구간에서 실시하는 두 번째 후분사가 촉매의 발열온도를 상승시키는 것이다.

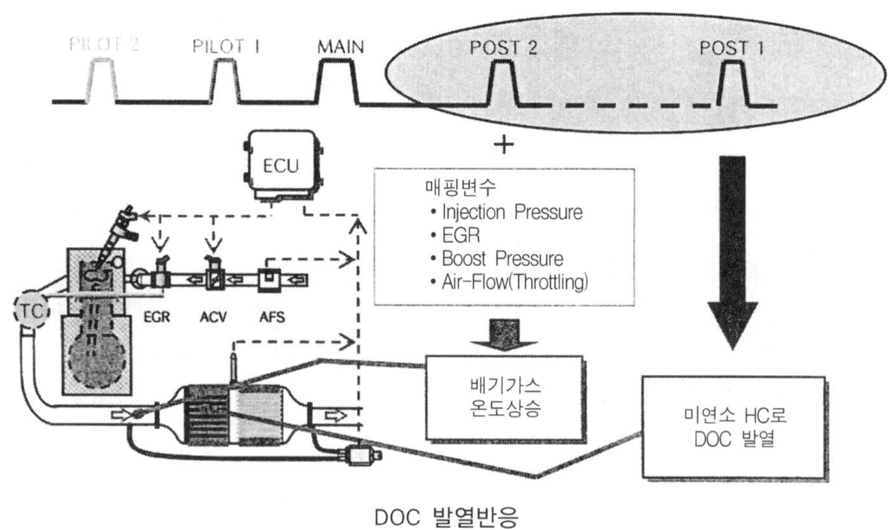

DOC 발열반응

4) 필터(CPF)

- 촉매필터 : PM 입자 포집 및 연소(재생)
- 온도센서 : 재생에 필요한 배기가스 온도 검출
- 차압센서 : 재생시기 판단(압력손실 감지)

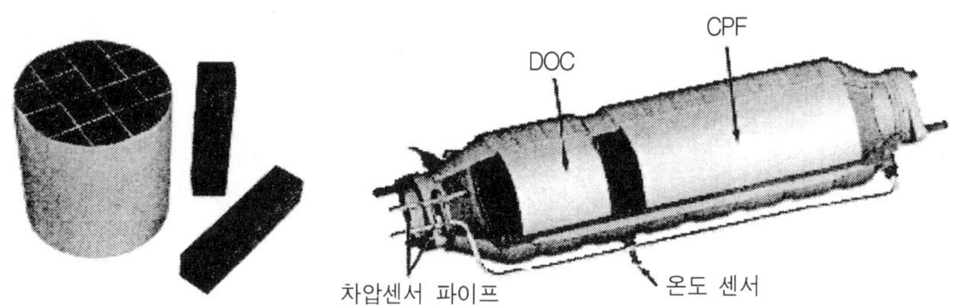

## 5.2 고장 진단

### 1. CPF 재생 기능

CPF 관련 정비 시 스캐너를 이용해 PM을 태울 수 있는 기능이 있다. 이는 ECU에 의한 재생모드 진입이 불가할 경우 사용자(정비사)가 직접 진단장비를 이용해 재생하는 강제 재생 방법이다.

#### 1) 진단기능 선택-DPF 재생 기능

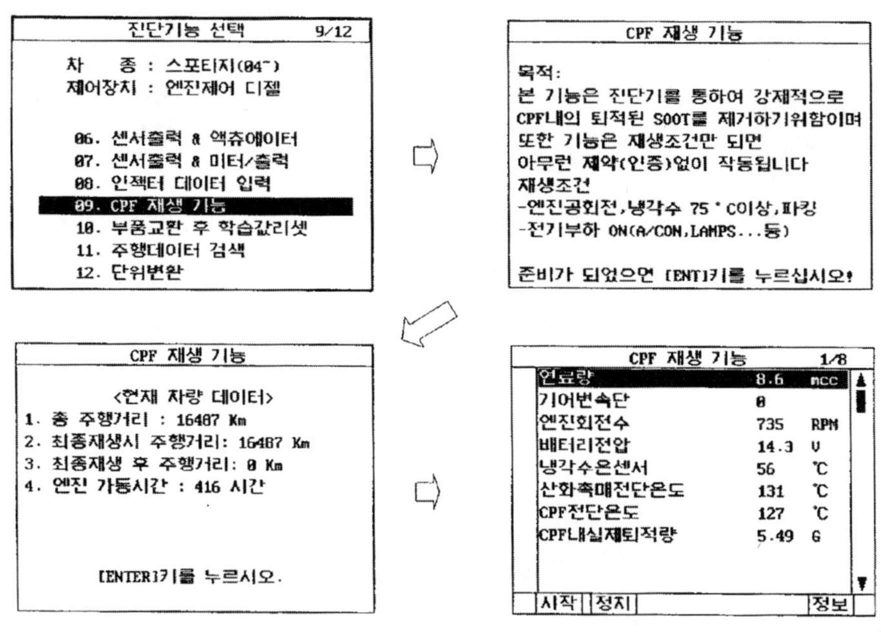


#### 2) CPF 관련 서비스 데이터 분석

- 인젝터 분사량(mcc) : 재생 시 분사량을 늘려 연소온도를 높이는데 이때의 분사량을 나타낸다.
- 기어상태 : 파킹 상태인지를 나타낸다.
- 평균 엔진 속도(rpm) : 2,000rpm으로 상승시킨 후 재생을 실시한다.

- 배터리 전압(V) : 배터리 전압 변화를 나타내 준다.
- 냉각수온 센서(℃) : 엔진의 온도상승을 막기 위해 온도센서의 출력값을 나타낸다.
- 배기온도 센서-TC(℃) : 배기 매니폴드에 장착된 배기온도 센서의 출력값을 나타낸다.
- 배기온도 센서-DPF(℃) : 산화촉매와 CPF(필터) 사이에 장착된 배기온도 센서의 출력값을 나타낸다.
- 엔진상태 : 0(off 및 냉각단계)/1(가열단계)/2(재생단계)
- Soot 질량 : 차압센서에 의해 계측된 PM의 양을 나타낸다.
- 재생 경과시간 : 재생 시작 후부터의 시간을 나타낸다.

## 2. CPF 학습값 리셋 기능

CPF는 주행거리에 따른 재생기준을 1,000km로 정하여 일정기간 주행 후에는 ECU의 판단에 의해 재생이 되기 때문에 관련부품을 교환한 후에는 반드시 해당 부품의 학습값을 초기화해야 한다.

### 1) 진단기능 선택-부품교환 후 학습값 리셋

```
진단기능 선택            10/12

차    종 : 스포티지(04~)
제어장치 : 엔진제어 디젤

06. 센서출력 & 액츄에이터
07. 센서출력 & 미터/출력
08. 인젝터 데이터 입력
09. CPF 재생 기능
10. 부품교환 후 학습값리셋
11. 주행데이터 검색
12. 단위변환
```

```
부품교환 후 학습값리셋

01 ECU 교환
02 람다(LUS)교환
03 레일압력센서(RPS)교환
04 공기유량센서(MAF)교환
05 CPF 교환
06 차압센서(DPS)교환
07 스월 ACT(VSA)교환
```

### ECU 교환 후

- 주행거리를 초기화하기 위해 신품 ECU에 현재 주행거리를 입력한다.

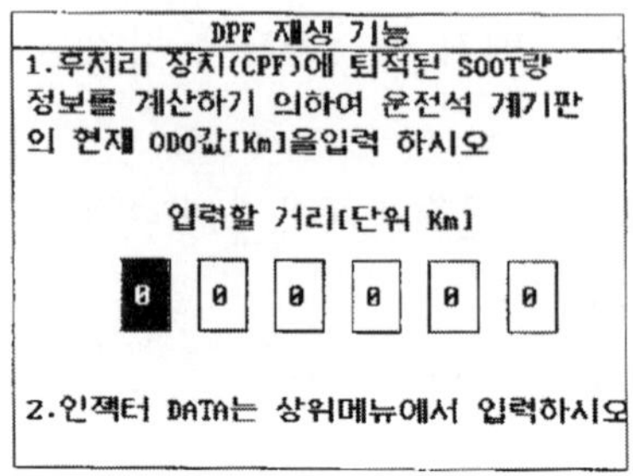


### λ(람다)-센서 교환 후

- λ센서의 학습값을 초기화한다.

람다(LUS)교환

신품이 장착됨에따라,현재 ECU내의
고품에 의한 학습치를 조기합니다.

실행:ENTER 취소:ESC

-RESET 후 IG OFF후 10초 이후에
재시동 하십시오

### 레일압력센서 교환 후

- 레일압력센서의 학습값을 초기화한다.

레일압력센서(RPS)교환

신품이 장착됨에따라,현재 ECU내의
고품에 의한 학습치를 조기합니다.

실행:ENTER 취소:ESC

-RESET 후 IG OFF후 10초 이후에
재시동 하십시오

흡입공기량 센서 교환 후

- 흡입공기량 센서의 학습값을 초기화한다.

```
공기유량센서(MAF)교환

신품이 장착됨에따라,현재 ECU내의
고품에 의한 학습치를 초기합니다.

실행:ENTER      취소:ESC

-RESET 후 IG OFF후 10초 이후에
 재시동 하십시오
```

CPF(필터) 교환 후

- 필터에 저장된 PM이 재생되고 나면 재가 남게 되며 쌓여진 재에 의해 압력차가 발생하게 된다.
- CPF 학습값을 초기화한다.

```
CPF 교환

신품이 장착됨에따라,현재 ECU내의
고품에 의한 학습치를 초기합니다.

실행:ENTER      취소:ESC

-RESET 후 IG OFF후 10초 이후에
 재시동 하십시오
```

### 차압센서 교환 후

- 차압센서의 학습값을 초기화한다.

| 차압센서(DPS)교환 |
|---|
| 신품이 장착됨에따라, 현재 ECU내의<br>고품에 의한 학습치를 초기합니다.<br><br>실행:ENTER 취소:ESC<br><br>-RESET 후 IG OFF후 10초 이후에<br>재시동 하십시오 |

### 스월 컨트롤 밸브 교환 후

- 스월 컨트롤 밸브의 학습값을 초기화한다.

| 스월 ACT(VSA)교환 |
|---|
| 신품이 장착됨에따라, 현재 ECU내의<br>고품에 의한 학습치를 초기합니다.<br><br>실행:ENTER 취소:ESC<br><br>-RESET 후 IG OFF후 10초 이후에<br>재시동 하십시오 |

Chapter

06

# 보쉬 커먼레일 엔진구조

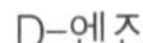
D-엔진

A-엔진

U-엔진

## 6.1 엔진구조(A-엔진-쏘렌토/스타렉스/리베로/포터)

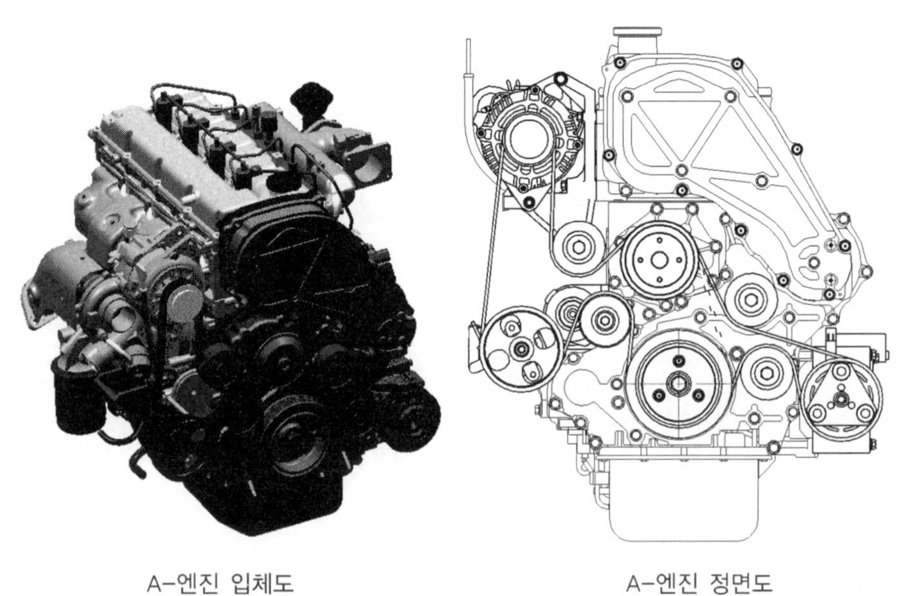

A-엔진 입체도　　A-엔진 정면도

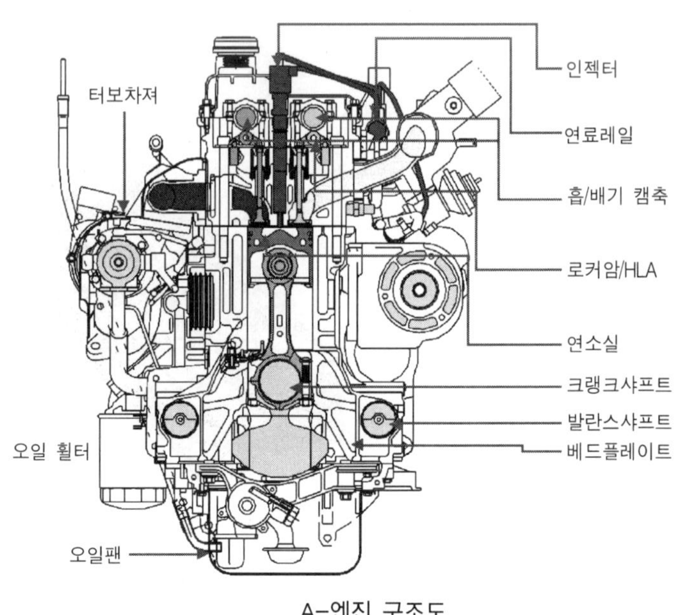


A-엔진 구조도

## 1. A-엔진의 개요(쏘렌토/스타렉스)

엔진은 터보 인터쿨러가 장착되었으며 DOHC 4밸브 흡기, 배기계가 장착된 엔진이다. 또한 전자식 EGR밸브가 장착되어 있으며 산화촉매장치가 배기관 하단부에 장착되어 있고 기존의 타이밍벨트로 구성되어 있던 것을 체인으로 만들어져 내구성을 한층 높인 엔진이라 할 수 있다. 엔진의 진동과 소음을 줄이기 위해 발란스 샤프트 채용과 오일팬 주변에 배드플레이트 적용으로 소음을 대폭 감소시켰다.

- 터보-인터쿨링 직접 분사식
- DOHC 4-밸브 시스템
- 커먼 레일 연료 분사 장치
- 전자식 배기 재순환 장치(EGR)
- 산화 촉매장치
- 내구성 향상된 타이밍 체인 적용
- 베드 플레이트, 밸런스 샤프트 적용
- EURO-Ⅲ 배기규제 대응 가능

### 1) 실린더 헤드

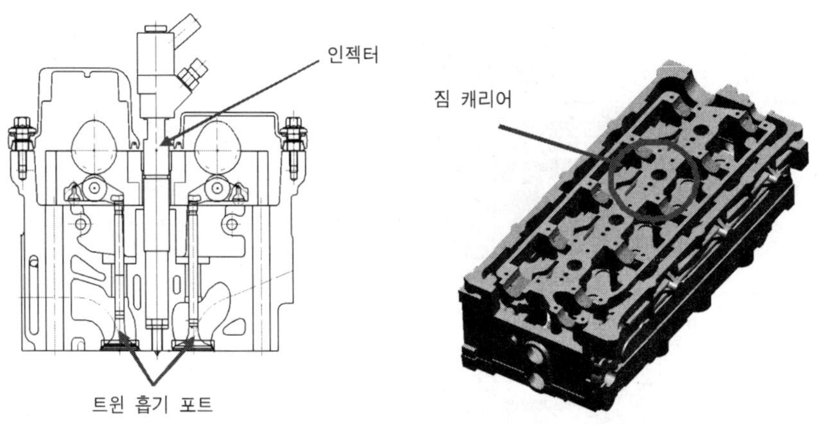


A-엔진 실린더 헤드의 구조

DOHC 4밸브 구조로 되어있으며 연소특성을 개선하기 위해 직립식 인젝터가 연소실 중앙에 장착되어 있고 캠 캐리어를 적용하여 실린더헤드 강성을 보강하였다. 실린더헤드 가스켓의 기밀을 보강하기 위해 실린더헤드볼트를 육각볼트를 적용하였다. 인젝터의 정비성을 향상시키기 위해 조립 및 탈착이 원활하도록 개방식 인젝터 클램핑을 하였다.

2) 타이밍체인과 원벨트의 구조

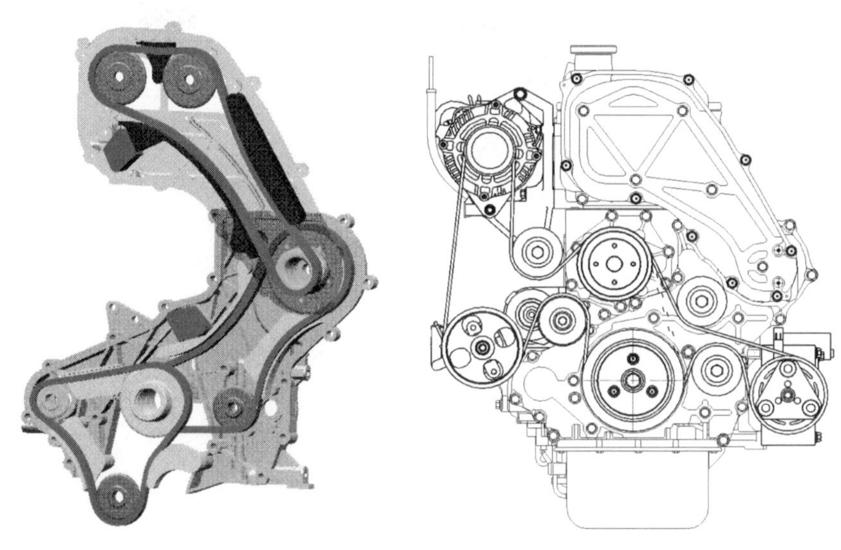

A-엔진 타이밍체인 구조　　　　일체형 서펜타인 벨트 구조

타이밍체인은 밸런스샤프트, 캠축, 고압 펌프, 오일펌프를 구동시키는 3단형 타이밍체인을 사용하였으며 체인가이드 및 텐셔너와 스포로켓의 치형 최적화로 체인 소음 최소화를 구현하였다.

또한 기존의 여러 개의 벨트로 구동시키던 것을 1개의 벨트로 컴프레셔, 발전기, 진공펌프, 물펌프를 구동시켜 소음 및 구동손실을 최소화하기 위해 원벨트를 사용하였다. 일명 서펜타인 벨트라 한다.

3) 밸런스축의 구조

A-엔진 밸런스 축의 구조

좌우와 상하의 진동을 감소시키기 위해 크랭크축 좌우에 밸런스 축을 두어 진동을 감소시켰다. 주로 장행정 엔진에서 사용하게 된다. 단 행정 엔진에서는 좌우 진동과 상하진동이 많이 생기지 않으므로 장행정 엔진에서 많이 사용된다.

4) 밸브구동계의 구조

A-엔진 흡, 배기의 구조(쏘렌토/스타렉스)

캠축에 의해 밸브를 작동시키는 구조는 엔드피벗 형태로 고강성 및 컴팩트

화로 내구성을 향상시켰으며 캠축 2개로 2개의 밸브를 작동하는 구조로 되어 있다.

5) 흡, 배기 계통

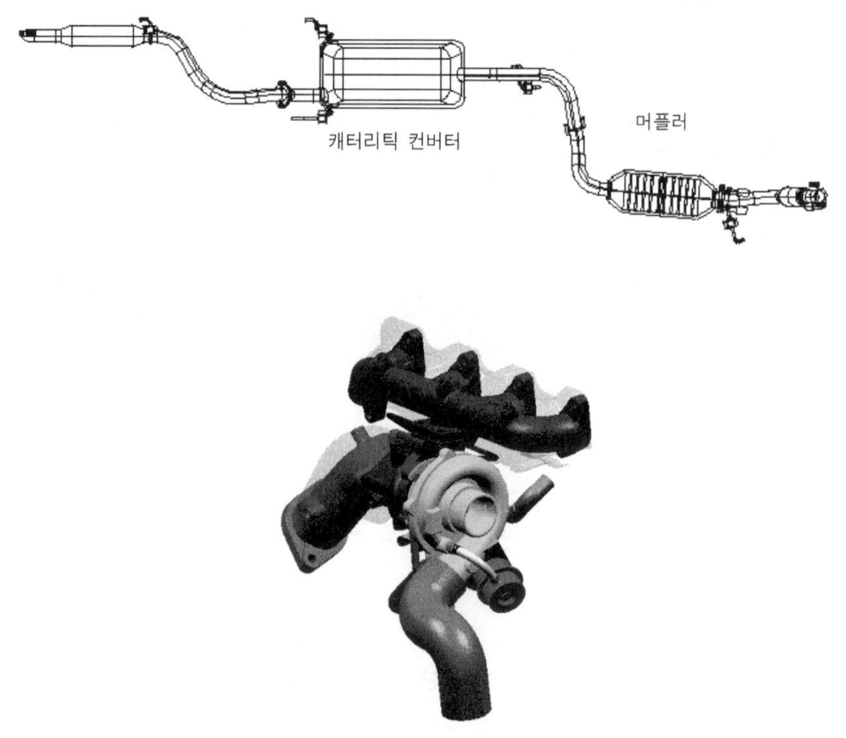


A-엔진 배기관의 구조

배기계통은 차량 하단부에 촉매컨버터를 장착하여 CO, HC 저감을 도모하였으며 배기가스를 흡기관으로 유입하여 재연소시켜 Nox를 저감하기 위해 전자 EGR밸브를 장착하였다.

디젤엔진은 CO, HC저감이 중요하기도 하지만 무엇보다도 중요한 것은 질소화합물(Nox)저감이 무엇보다도 중요하다. 따라서 전자식 EGR의 도입은 상당히 중요한 의미를 가진다. 더군다나 가솔린의 경우는 흡기관의 진공을 이용하여 배기가스를 흡입하여 연소 시키지만 디젤의 경우는 강제로 배기를 불어 넣어주어야 하는 문제가 생긴다. 따라서 터보차져를 이용하여 강제로 배기를 흡기로 불어 넣어 재순환시키는 구조로 되어 있다.

6) 흡입 및 배기흐름도

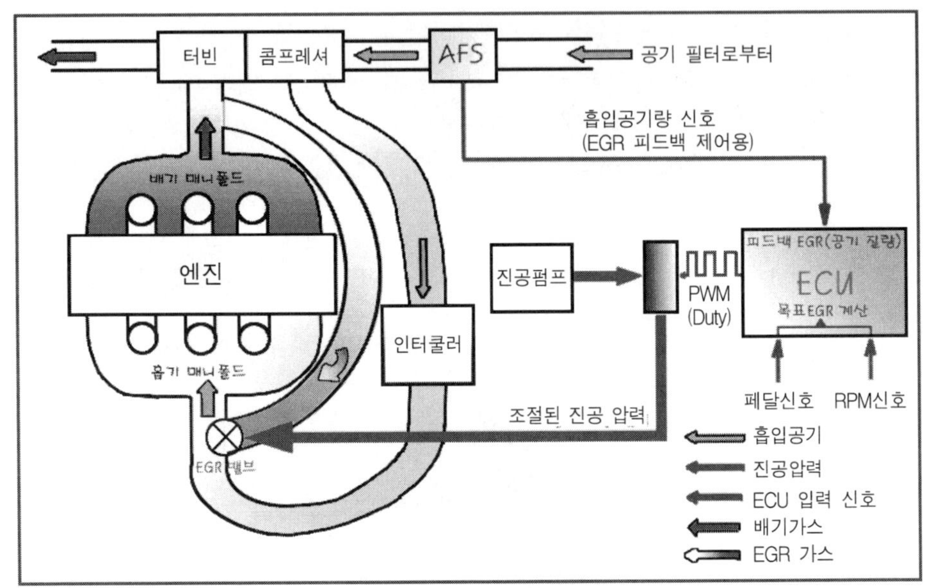


A-엔진 흡, 배기 흐름도

에어필터로 유입되는 흡입공기는 공기유량센서를 지나 배기가스의 힘으로 돌아가는 터보차져에 의해 강제 압축이 1차 일어난다. 이때 열이 발생하기 때문에 터보 인터쿨러를 장착하게 된다. 터보 인터쿨러로 유입되면서 냉각이 되고 흡입매니폴드로 유입되게 된다. 또한 연소된 배기가스는 배출되면서 터보차져의 터빈을 구동하게 된다.

EGR밸브는 일정의 조건이 되면 ECU로부터 신호를 받아 진공펌프로 생성된 진공의 힘으로 EGR밸브를 열면 대기하고 있던 배기가스가 흡기매니폴드로 유입되어 연소하게 된다. 그럼으로써 배기가스중의 질소화합물인 Nox를 저감하게 된다. 최근에는 냉각 EGR(Cooded EGR)이라 하여 EGR되는 배기가스를 냉각시키고 동시에 전자 EGR밸브를 채용하여 PM과 Nox를 저감하게 된다. 최근 국내 및 국제적으로 대기환경오염규제에 발맞추어 개발이 한창 진행중이다.

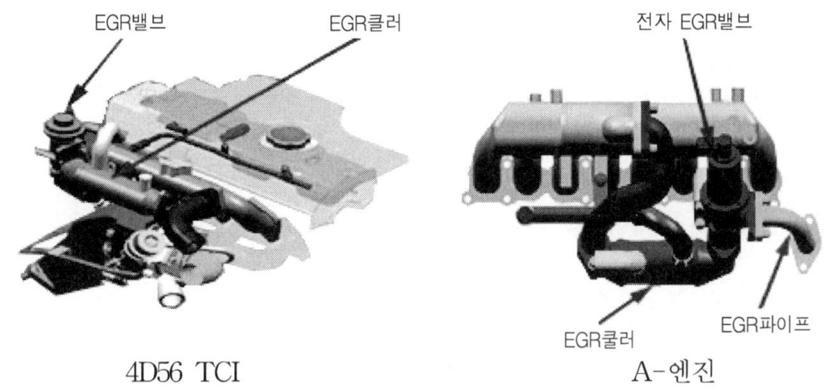


EGR쿨러와 전자EGR밸브

**수냉식 EGR쿨러와 전자 EGR밸브의 장착목적**

디젤차량에서 배출가스를 저감하는 방법으로는 여러가지가 있지만 그중에서 EGR장치가 Nox를 저감하는데 많이 사용된다. 그러나 PM이라고 하는 입자상물질이 증가하는 문제는 여전히 남아있게 된다. 그러나 배기가스를 냉각시키면 입자상물질(PM)이 감소하게 된다. 따라서 정밀한 EGR과 수냉식 EGR을 사용하면 Nox 및 PM물질을 동시에 저감할 수 있는 것이다.

스로틀플랩은 엔진의 시동을 OFF하면 디젤링 현상에 의해 흡기소음이 발생되어 운전자는 불쾌해진다. 따라서 엔진 정지와 동시에 흡기관의 입구를 막아 흡기가 실린더로 들어가지 못하도록 한다.

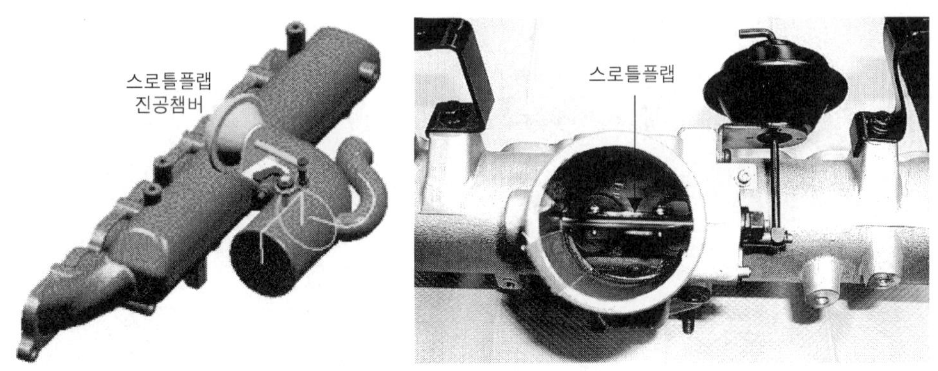


A-엔진 스로틀플랩의 메커니즘

### 스로틀밸브의 사용목적 비교

| 구분 | 디젤엔진 | 가솔린엔진 |
|---|---|---|
| 목적 | ▪저중속 운전시 EGR량을 증대키 위한 차압형성<br>▪시동OFF시 흡입공기를 급속차단하여 잔류진동 방지 | ▪가속제어를 위한 흡입공기량 제어 |
| 차이점 | ▪부압에 의한 제어로 초기전개 상태에서 전폐상태로 움직임 | ▪가속페달과 연결되어 초기전폐 상태에서 전개상태로 움직임 |
| 리턴 스프링 | ▪사용목적에 부합키 위해 시동 OFF시의 잔류부압(약 300mmHg)으로 급속차단이 되어야 하며 부압제거 시 0.5초 이내 복귀 됨 | ▪가속 제어 복귀장치 법규에 따라 2중 스프링장착을 해야 하며 1개의 스프링 파손 시 나머지 스프링으로 전개상태에서 1초 이내에 복귀가 되어야 함 |

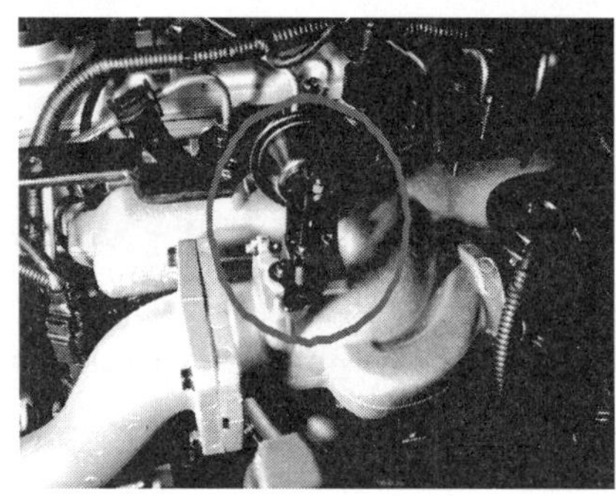

쏘렌토 스로틀 플랩

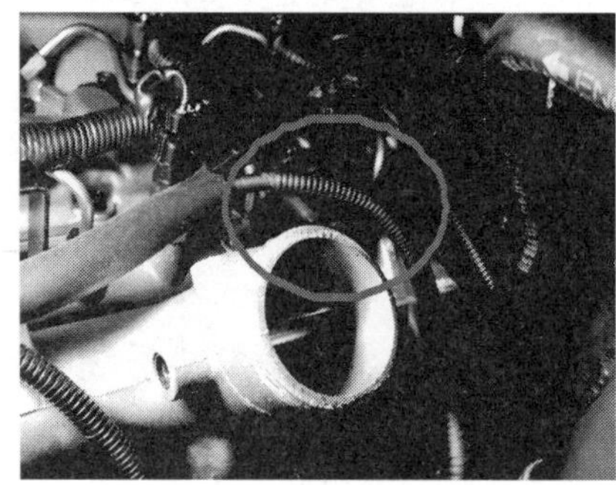

스타렉스 스로틀 플랩

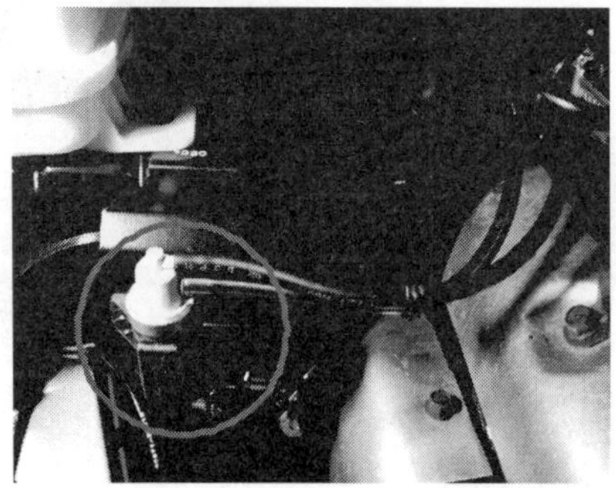

쏘렌토 솔레노이드 밸브

스타렉스 솔레노이드 밸브

7) 연료계통의 구조

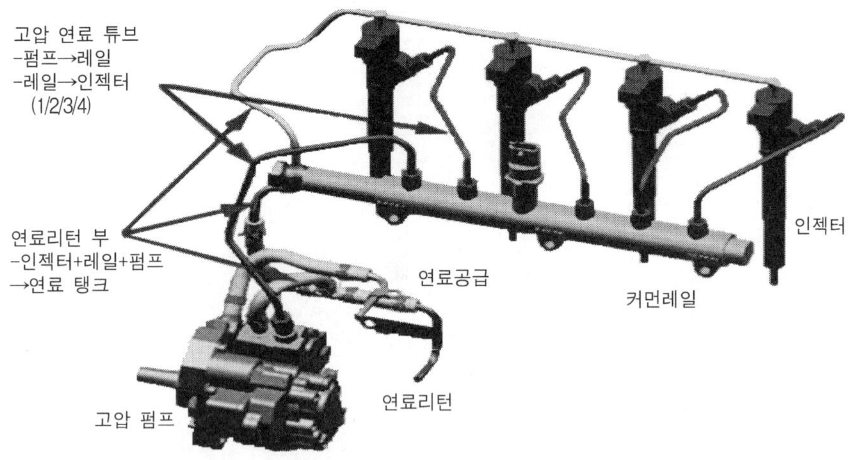


A-엔진 연료계통의 구조

연료계통의 구성요소는 저압, 고압을 형성, 분배할 수 있게 되어있고 고압 펌프는 타이밍체인에 의해 구동되며 커먼레일 파이프와 연료압력센서가 레일의 압력을 감지하고 연료압력을 조정하는 조절기가 고압 펌프에 장착되어 있다. 또한 각각 실린더의 인젝터와 연결이 되어있으며, 인젝터는 공급파이프와 리턴파이프로 분리되어 있다.

2. D-엔진의 구조(싼타페/트라제/카렌스-II/투싼/스포티지)

D-엔진 입체도

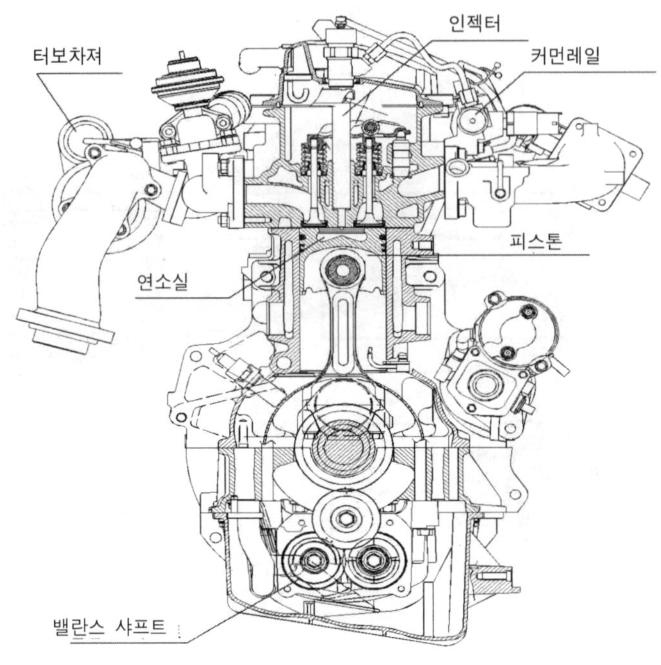


D-엔진 정면도

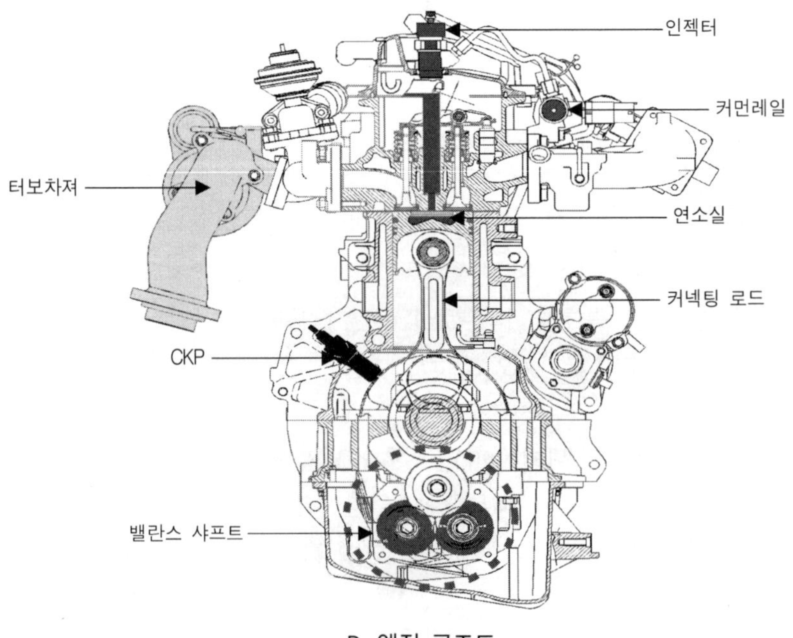


D-엔진 구조도

D-엔진은 성능향상 및 연비실현을 위해 4밸브 SOHC를 장착하였으며 또한 터보차져와 인터쿨러를 적용하였다. 또한 첨단식 축압 연료분사장치를 실현하였으며 저소음 및 저공해를 위해 주분사전에 예비분사를 통해 출력을 향상시킴과 동시에 저공해를 실현하였고 크랭크축에 발란스축을 설치하여 좌우 진동과 상하진동을 최대한 억제하여 저소음을 실현하였다.

초고압(1,350bar)연료분사와 EGR밸브 장착으로 Nox를 저감하였으며 산화촉매장치를 장착하여 CO, HC를 저감하여 세계 모든 배기가스 규제를 만족 시킬 수 있도록 설계되었다.

인젝터는 6공(6 hole)을 사용하여 무화상태를 최대로 하여 연소성능을 개선하였으며 등급인젝터를 사용하여 실린더간의 편차를 최소화하였다.

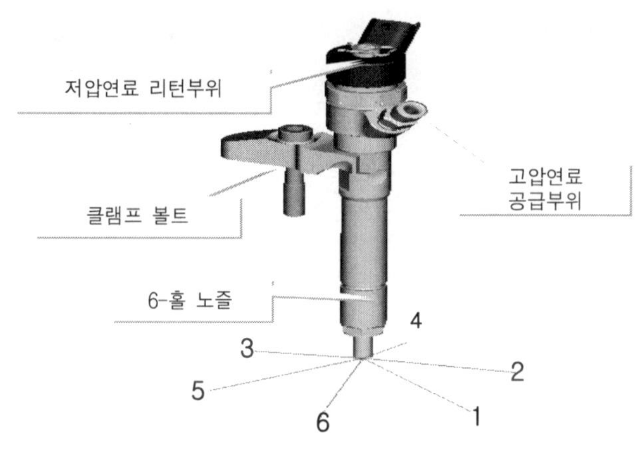


D-엔진 인젝터의 구성

1) 실린더 헤드

D-엔진 실린더엔진은 2개의 캠축으로 4개의 밸브를 각각 작동시키며 고압펌프는 캠축에 의해서 작동이 되며 인젝터는 연소실과 직접연결이 되도록 직립식 인젝터를 사용하였다. 조립 및 밀착이 잘되도록 로케이터(Locator)볼트가 있어 연소가스의 누설이 생기지 않도록 되어있다.

D-엔진 인젝터 장착위치 및 로케이터

D-엔진 실린더 헤드 정면도

2) 타이밍벨트와 원벨트의 구조

D-엔진은 캠축 스프로켓 한 개로 4개의 흡기밸브를 구동하도록 되어 있으며 A-엔진은 체인으로 되어 있지만 D-엔진은 타이밍벨트로 구동이 되도록 되어 있다. 발전기 및 물펌프, 파워스티어링 펌프 구동은 원벨트로 구동이 되어 소음 및 정비성이 대폭 좋아졌다.

3) 밸런스축의 구조

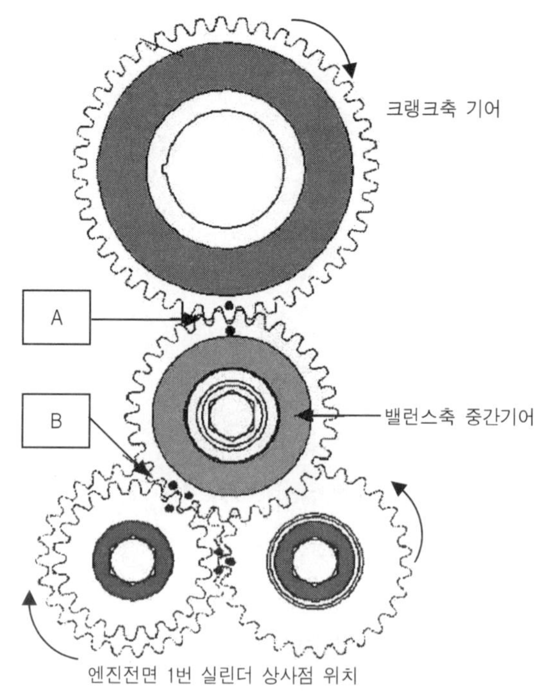


D-엔진 밸런스축의 메커니즘

밸런스축은 기어로 구동이 되도록 되어 있으며 중간에 밸런스축 중간기어는 밸런스축의 회전을 바꿔주기 위한 기어이다. 밸런스축은 상, 하 진동과 좌, 우 진동을 감소시키기 위한 기능을 하며 주로 장행정 엔진에 많이 사용된다.

4) 밸브구동계의 구조

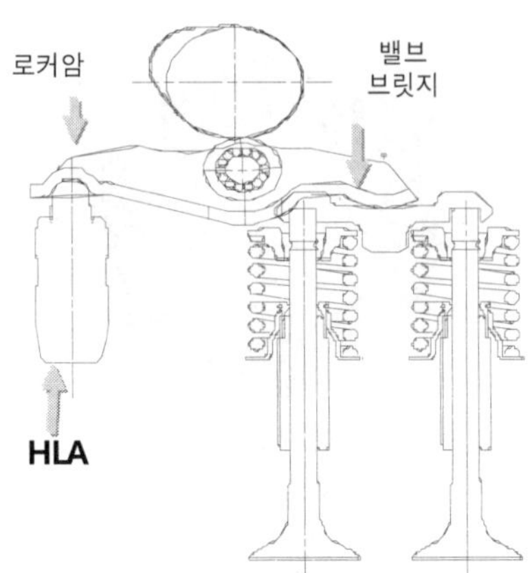


밸브는 캠축이 한 개로 구동되어 흡기 2개, 배기 2개를 작동시키게 된다. 캠축의 로브가 높은 지점이 아래로 내려오면 유압 리프터가 아래로 작동이 되어 밸브가 위로 올라가게 되고 유압 리프터가 작동이 되면 지렛대의 원리에 의해 밸브가 아래로 내려가 열리게 된다.

5) 연료계통의 구조

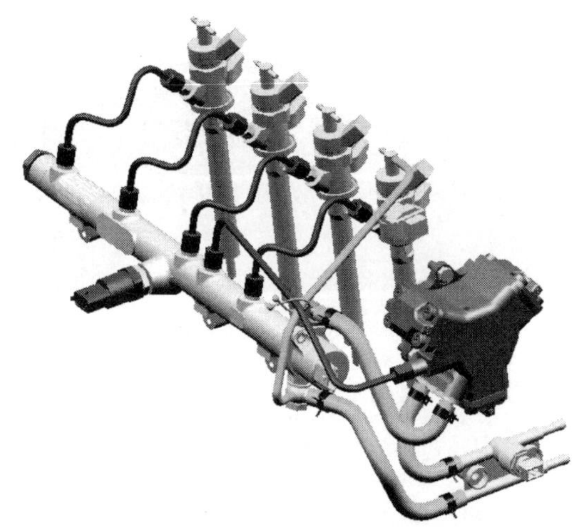

D-엔진 연료계통도

**▌연료압력 모니터링이란▐**

고압시스템에서 연료누출이나 기타 연료장치 관련고장으로 인해 엔진 ECU가 가지고 있는 목표값과 실제 차량에서 발생되는 연료압력을 비교하여 연료압력이 조절되지 않을 경우 고장코드를 띄어 시스템을 보호하게 하려는 기능이다.

### 6) EGR 밸브 호스 계통도

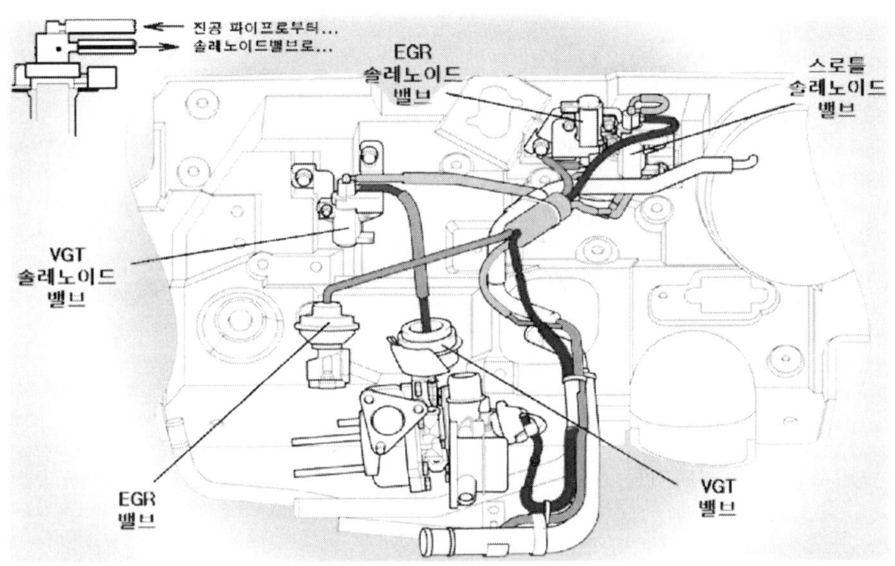


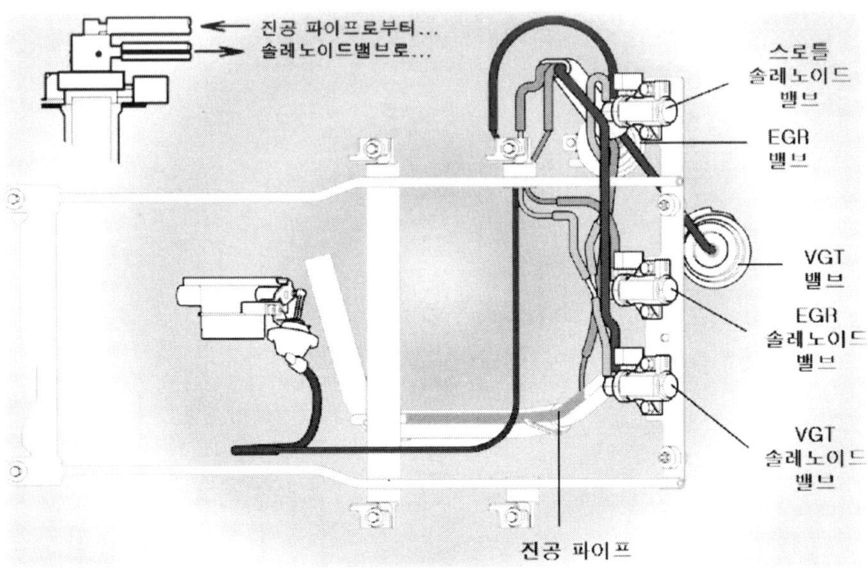


진공회로도

## 3. U-엔진의 구조(베르나, 클릭, 세라토)

### 1) U-엔진 개요

U-엔진은 유로 3, 4 배기 가스 규제강화에 대응하도록 만들어진 엔진이며 배기가스 및 소음이 적도록 설계된 엔진이다.

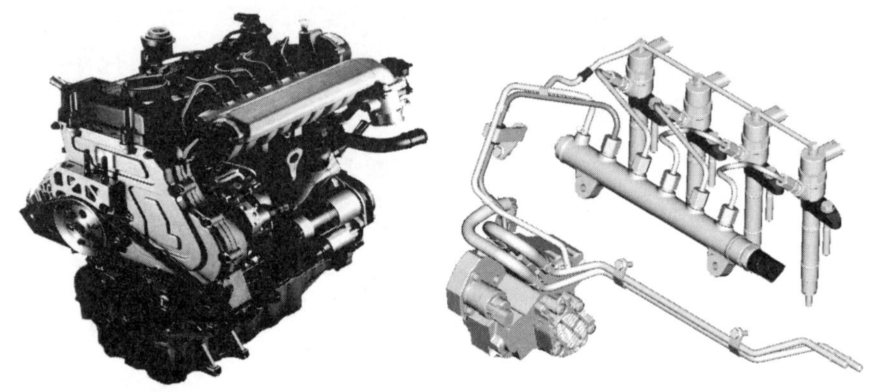

*U-엔진의 특징

1. 다중분사- PILOT, PRE, MAIN
2. E-EGR 적용
   -정밀제어가능(NOX저감)
3. 람다센서 적용
   -정밀 EGR제어
   -스모크 한계 제어(유로-4)
4. 연료압력 조절밸브
   -입구, 출구 제어(유로-4)
5. 연료압력 상승-1600bar(유로-4)
6. 가변흡기 유동제어 적용(유로-4)

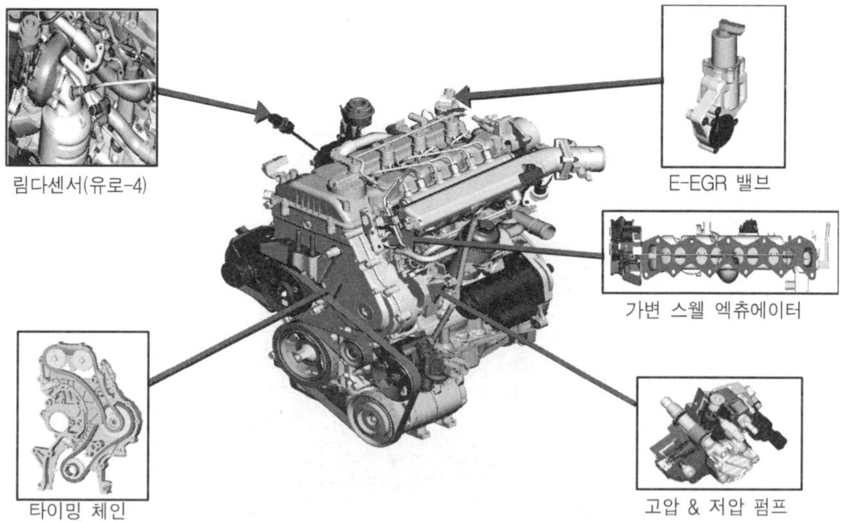


U-엔진의 주요 특징

## 2) U-엔진 정면도

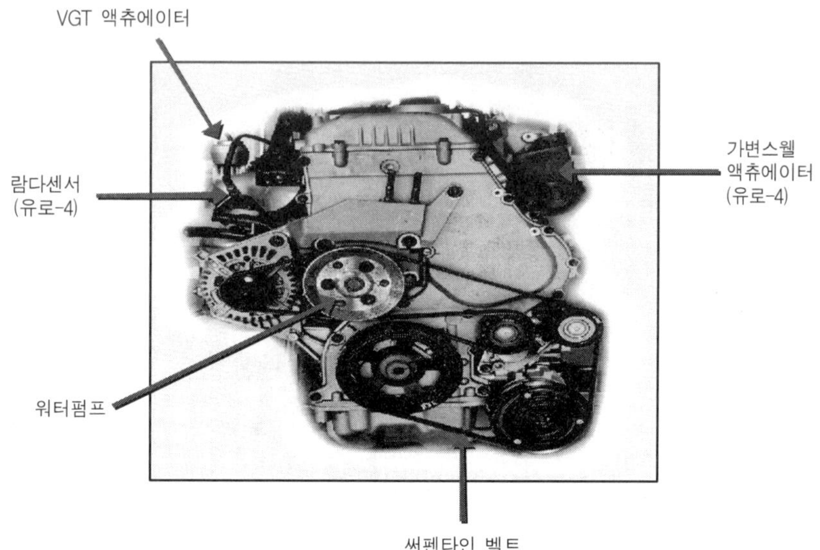

3) U-엔진 좌측면도

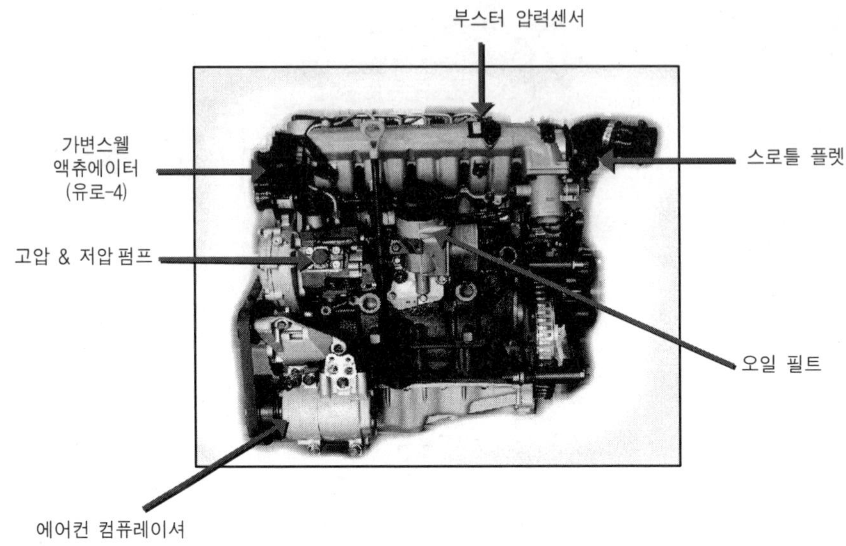


4) U-엔진 우측면도

5) U-엔진 상면도

6) 실린더 헤드 및 블록

① 실린더헤드는 알루미늄 합금 재질로 제작되었으며 DOHC 직립 4밸브이다. 또한 2층 구조의 워터 자켓이 적용되어 있다.

② 실린더 블록은 주철재 재질로 제작되었으며 하프 스커트 타입의 베드 플레이트가 적용되었다.

7) 메인 무빙계 시스템

① 오일냉각(온도저감) 캘러리 피스톤이 적용되었다.

② 저장력/내마모성 강화 피스톤이 적용되었다.

③ 테이퍼 형상의 경량화된 피스톤 핀이 적용되었다.

④ 단조 분할 공법의 커넥팅 로드가 적용되었다.

8) 밸브 트레인계 시스템

① 엔드 피벗 롤러 스윙암 적용

② 2단 체인구동의 캠 구동 적용

③ 중공 캠 샤프트 적용

④ 캠 샤프트 구동에 의한 독립형 진공펌프 적용

9) 타이밍 체인 구동계 시스템

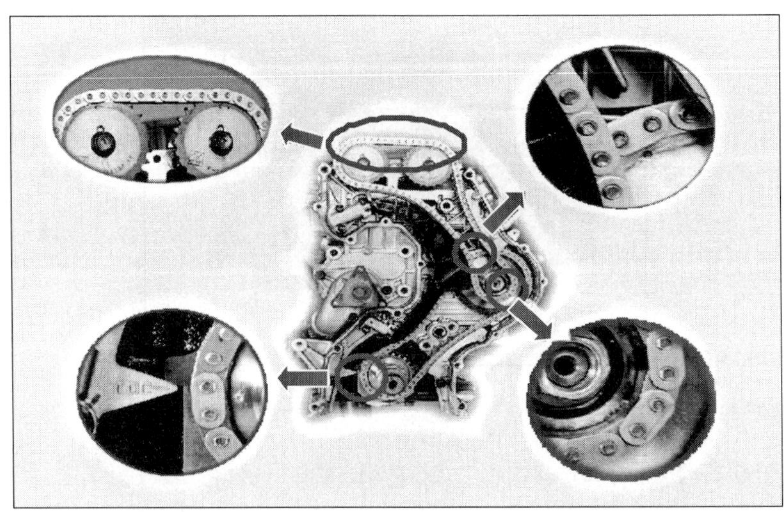

타이밍 체인 및 마크 구성도

## 10) 흡 배기 시스템

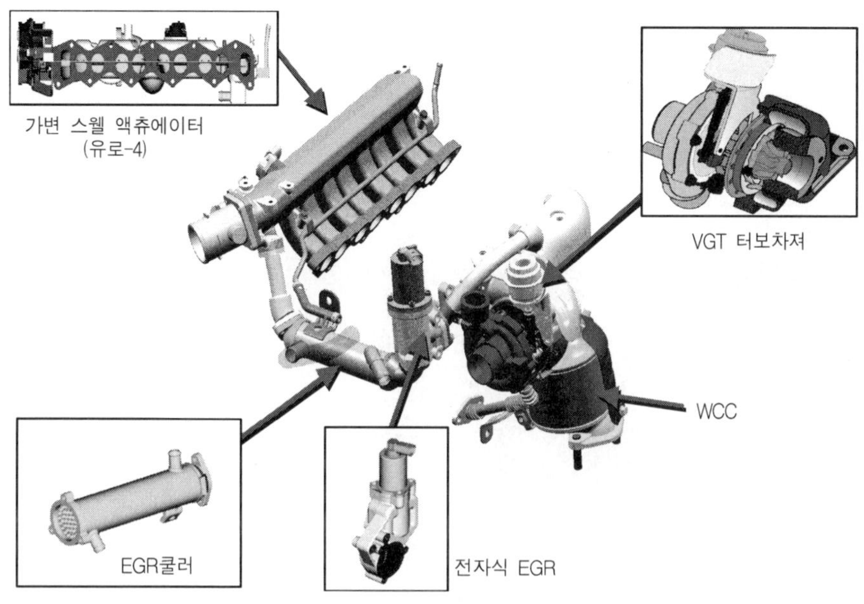


흡 배기 시스템의 구성도

## 6.2 타이밍체인 및 벨트(A-엔진/D-엔진)

### 1. A-엔진의 타이밍체인

A-엔진은 3단계 타이밍으로 구성되어 있으며 고압 펌프, 캠축, 오일펌프 및 밸런스축을 구동하도록 되어있다. 내구성이 뛰어난 것이 장점이기도 하다.

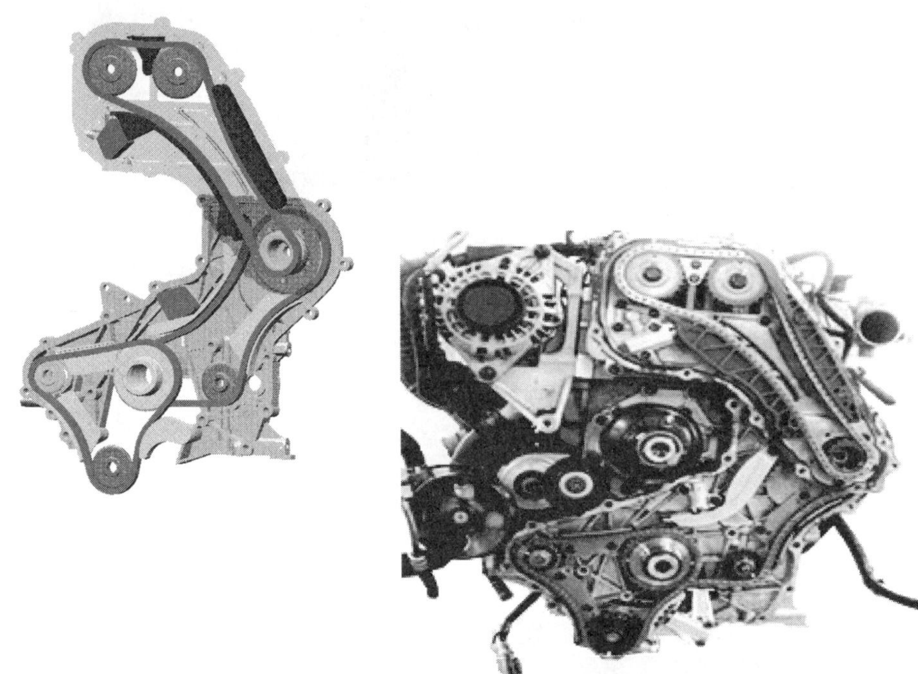

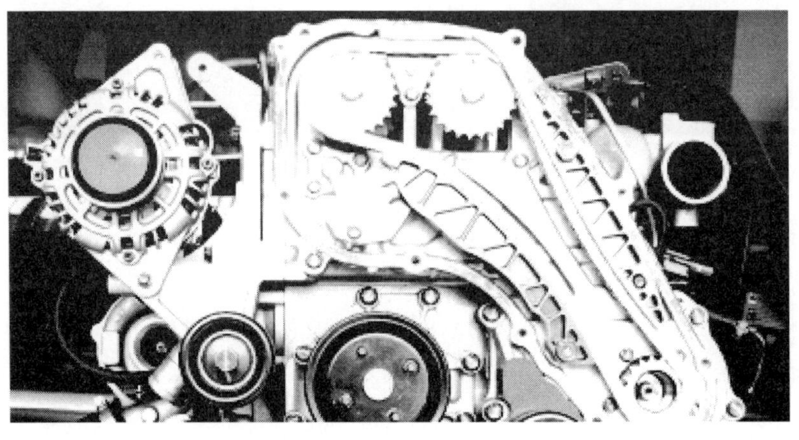

RH 캠축
스프로킷
오토 텐셔너
"C"
체인 레버
"C"
워터펌프
풀리
체인 가이드
"C(2)"
LH 캠축
스프로킷
체인 가이드
"C(1)"
타이밍 체인
"C"
고압 펌프
스프로킷

## 2. 탈 거

### 1) 타이밍 체인 "C"

① 크랭크 샤프트 풀리를 돌려서 타이밍 마크를 TDC에 맞추어놓는다. 이때, 1번 실린더가 압축 상사점에 위치한다.

② 타이밍 체인 상부 프론트커버를 분리한다.

③ 실린더 헤드 커버를 분리한다.

④ 캠 샤프트의 슬롯부분을 스패너로 잡고, 고압 펌프 스프로킷, 캠 샤프트 스프로킷 볼트를 느슨하게 한다.

⑤ 타이밍 체인 오토 텐셔너 "C"를 분리한다.

**주의**

오토 텐셔너 "C"를 분리하기 전에 텐셔너를 압축한 후, 세트 핀(0.25mm 와이어)을 장착하여 분리시 텐셔너 내부 부품이 분실되지 않도록 한다.

⑥ 타이밍 체인 레버 "C"를 분리한다.

⑦ 타이밍 체인 가이드 "C(1)"과 "C(2)"를 분리한다.

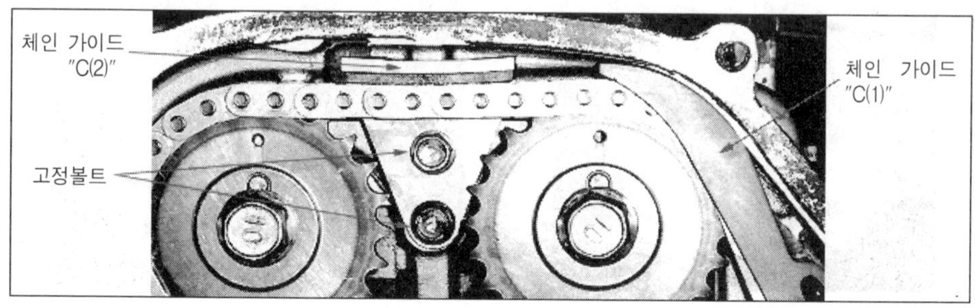


⑧ 왼쪽과 오른쪽 캠 샤프트 스프로킷 볼트를 분리한다.

⑨ 캠 샤프트 스프로킷과 같이 타이밍 체인 "C"를 분리한다.

⑩ 타이밍 체인 상부 언더 커버를 분리한다.

2) 타이밍 체인 "B"

① 타이밍 체인 “C”를 분리한 후,

② 크랭크 샤프트 풀리를 분리한다.

③ 오일 팬을 분리한다.

④ 타이밍 체인 하부 프론트 커버를 분리한다.

⑤ 오른쪽 밸런스 샤프트의 회전을 방지하기 위해 실린더 블록 측면의 플러그를 제거하고, 직경 8mm정도의 드라이버(또는 볼트)를 60mm 이상 삽입한다.

⑥ 오른쪽 밸런스 샤프트 스프로킷 볼트를 느슨하게 한다.

⑦ 타이밍 체인 오토 텐셔너 “B”를 분리한다.

주의

오토 텐셔너 "B"를 분리하기 전에 텐셔너를 압축한 후, 세트 핀(0.25mm 와이어)을 장착한다.

⑧ 타이밍 체인 가이드 “B(1)”과 “B(2)”를 분리한다.

⑨ 오른쪽 밸런스 샤프트스프로킷 볼트를 분리한다.

⑩ 오른쪽 밸런스 샤프트 스프로킷과 같이 타이밍 체인 “B”를 분리한다.

3) 타이밍 체인 "A"

① 타이밍 체인 “C”와 “B”를 분리한 후,

② 고압 펌프 스프로킷을 느슨하게 한다.

③ 타이밍 체인 오토 텐셔너 “A”를 분리한다.

주의

오토 텐셔너 "A"를 분리하기 전에 텐셔너를 압축한 후, 세트 핀(0.25mm 와이어)을 장착한다.

④ 타이밍 체인 레버 “A”를 분리한다.

⑤ 타이밍 체인 가이드 “A”를 분리한다.

⑥ 고압 펌프 스프로킷과 같이 타이밍 체인 “A”를 분리한다.

주의

체인커버 및 오일 팬 분리 후, 모든 장착면에 부착되어 있는 실런트 및 오일 등을 깨끗이 제거한다(씰링면에 불순물이 남아있을 경우, 재 조립시 실런트를 도포해도 오일이 누유될 수 있다.).

## 3. 조 립

### 1) 타이밍 체인 "A"

① 타이밍 체인, 레버, 가이드, 스프로킷의 마모상태를 확인한 후, 필요시 교환한다.

② 고압 펌프 스프로킷의 돌출량을 확인하여 적당한 스프로킷을 선택한다.

- 고압 펌프 스프로킷(A등급)을 고압 펌프에 가 체결한다.
- 그림과 같이 실린더 블록에 게이지를 설치한 후, 렌치를 이용하여 스프로킷을 1회전 시킨다.

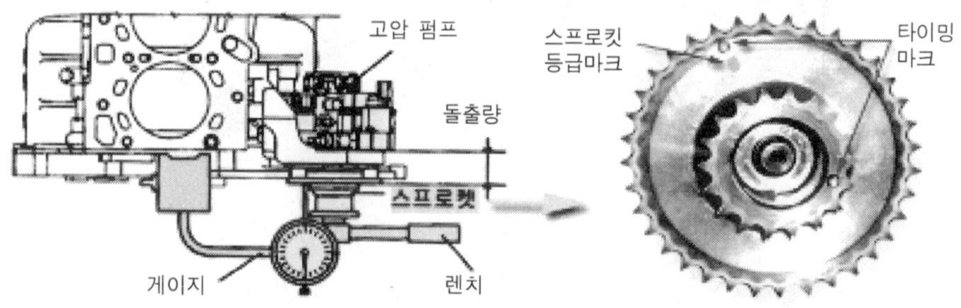


- 게이지 눈금에 최대값과 최소값의 평균값을 구하여 적당한 스프로킷의 등급을 선택하여 사용한다.

| 등 급 | 등급표시 | 돌출량(mm) |
|---|---|---|
| A | 청색 | 34.2 ~ 35.0 |
| B | 백색 | 33.4 ~ 34.2 |
| C | 적색 | 35.0 ~ 35.8 |

③ 크랭크 샤프트 스프로킷의 타이밍 마크과 하부 언더 커버의 타이밍 마크가 일치되도록 크랭크 샤프트 스프로킷을 장착한다. 이때, 1번 피스톤이 압축 상사점에 오게 된다.

주의

크랭크 샤프트 스프로킷 장착시, 스프로킷 안쪽의 O-링에 오일을 도포하고 빠지지 않도록 장착한다.

④ 왼쪽 밸런스 샤프트 스프로킷의 타이밍 마크를 하부 언더 커버의 타이밍 마크와 일치시킨다.

⑤ 왼쪽 밸런스 샤프트가 정위치에 있는지 확인하고, 밸런스 샤프트의 회전을방지하기 위해 실린더 블록 측면의 플러그를 분리하고, 플러그 홀에 직경 8mm 정도의 드라이버(또는 볼트)를 삽입하여 60mm 이상 들어가는지 확인한다.

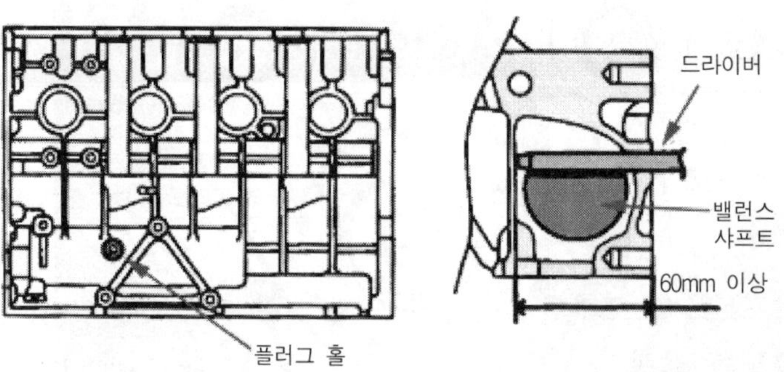

주의

만일 드라이버(또는 볼트)의 삽입길이가 25~30mm 정도이면, LH 밸런스 샤프트 스프로킷을 1회전 시킨 후 드라이버(또는 볼트)를 다시 삽입하여 60mm이상 들어가는지 확인한다.

⑥ 타이밍 체인 가이드 "A"의 두 개의 볼트 중 위쪽 볼트만 가 체결한다.

⑦ 고압 펌프 스프로킷이 펌프에 장착되지 않은 상태에서 스프로킷과 체인의 타이밍 마크를 일치시킨다.

⑧ 고압 펌프 스프로킷과 연결된 체인으로 왼쪽 밸런스 샤프트 스프로킷과 크랭크 샤프트 스프로킷의 타이밍 마크와 일치되도록 장착한다.

⑨ 고압 펌프 스프로킷을 고압 펌프에 가 체결한다.

⑩ 타이밍 체인 가이드 "A" 나머지 아래쪽 볼트를 장착한 후, 체결한다.

| 체결토크 | 위쪽 볼트 | 1.0~1.2 kg-m |
|---|---|---|
| | 아래쪽 볼트 | 2.0~2.7 kg-m |

⑪ 타이밍 체인 레버 "A"를 장착한다.

| 체결토크 | 2.0~2.7 kg-m |
|---|---|

⑫ 타이밍 체인 오토 텐셔너 "A"를 장착한 후, 오토 텐셔너에서 세트 핀을 제거한다.

| 체결토크 | 2.0~2.7 kg-m |
|---|---|

주의

타이밍 체인의 조립이 완료된 후, 체인이 가이드의 양측면 레일 내에 조립되어 있는지 확인한다.

⑬ 플러그 홀에서 드라이버(또는 볼트)를 제거하고, 플러그를 장착한다.

| 체결토크 | 1.5~2.2 kg-m |
|---|---|

2) 타이밍 체인 "B"

① 타이밍 체인, 레버, 가이드, 스프로킷의 마모상태를 확인한 후, 필요시 교환한다.

② 타이밍 체인 “A”를 장착한다.

③ 왼쪽 밸런스 샤프트가 정위치에 위치하도록 하고, 밸런스 샤프트의 회전을 방지하기 위해 실린더블록측면의 플러그를 분리하고, 플러그 홀에 드라이버를 삽입하여 60mm 이상 들어가는지 확인한다.

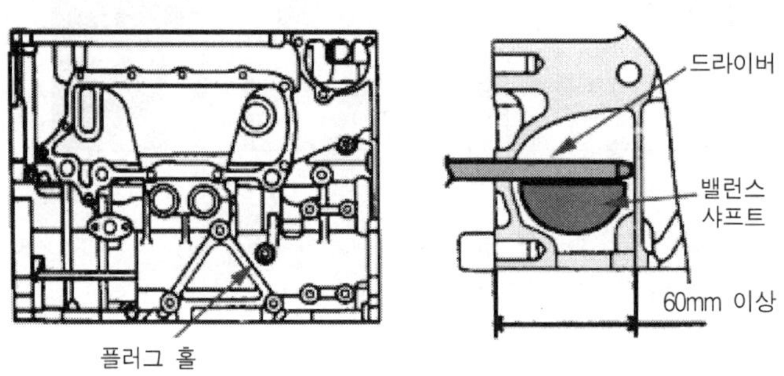


④ 오른쪽 밸런스 샤프트스프로킷이 밸런스 샤프트에 장착되지 않은 상태에서 스프로킷과 체인의 타이밍 마크를 일치시킨다.

⑤ 오른쪽 밸런스 샤프트 스프로킷과 연결된 체인으로 크랭크샤프트 스프로킷과 오일펌프 스프로킷의 타이밍 마크와 일치되도록 장착한다.

⑥ 밸런스 샤프트스프로킷을 밸런스 샤프트에 가 체결한다.

⑦ 타이밍 체인 가이드 “B(1)”, “B(2)”를 장착한다.

| 체결토크 | 1.0~1.2 kg-m |
|---|---|

⑧ 타이밍 체인 오토 텐셔너 “B”를 장착한 후, 오토 텐셔너에서 세트 핀을 제거한다.

| 체결토크 | 1.0~1.2 kg-m |
|---|---|

⑨ 오른쪽 밸런스 샤프트 스프로킷 볼트를 체결한다.

| 체결토크 | 3.4~1.2 kg-m |
|---|---|

⑩ 플러그 홀에서 드라이버(또는 볼트)를 제거하고, 플러그를 장착한다.

| 체결토크 | 1.5~2.2 kg-m |
|---|---|

⑪ 타이밍 체인 하부 프론트 커버에 실런트를 도포한 후, 장착한다.

⑫ 오일 팬을 장착한다.

**주의**

이때, 베드 플레이트, 타이밍 체인 하부 언더 커버, 타이밍 체인 하부 프론트 커버와 오일 팬이 겹치는 부분(T-JOINT : 엔진 좌우측 4개소)에는 오일 팬 조립 전에 실런트를 추가로 도포하여 오일이 누유되지 않도록 한다.

3) 타이밍 체인 "C"

① 타이밍 체인, 레버, 가이드, 스프로킷 마모상태를 확인한후, 필요시 교환한다.

② 타이밍 체인 “A”와 “B”를 장착한다.

③ 타이밍 체인 상부 언더 커버에 실런트를 도포한다.

④ 타이밍 체인 상부 언더 커버를 장착한다.

⑤ 샤프트 스프로킷을 가 체결한 후, 타이밍 체인 상부 언더 커버의 타이밍

마크와 일치시킨다.

⑥ 오른쪽 캠 샤프트의 다울 핀을 타이밍 체인 상부 언더 커버의 타이밍 마크와 일치시킨다.

⑦ 오른쪽 캠 샤프트 스프로킷이 캠 샤프트에 장착되지 않은 상태에서 스프로킷과 체인의타이밍 마크를 일치시킨다.

⑧ 오른쪽 캠 샤프트 스프로킷과 연결된 체인으로 고압 펌프 스프로킷과 왼쪽 캠 샤프트 스프로킷의 타이밍 마크와 일치되도록 장착한다.

⑨ 오른쪽 캠 샤프트스프로킷을 오른쪽 캠 샤프트에 가 체결한다.

⑩ 타이밍 체인 가이드 "C(1)", "(2)"를 장착한다.

| 체결토크 | 1.0~1.2 kg-m |
|---|---|

⑪ 타이밍 체인 레버 "C"를 장착한다.

| 체결토크 | 2.0~2.7 kg-m |
|---|---|

⑫ 타이밍 체인 오토 텐셔너 "C"를 장착한 후, 오토 텐셔너에서 세트 핀을 제거한다.

| 체결토크 | 1.0~1.2 kg-m |
|---|---|

⑬ 고압 펌프 스프로킷 볼트를 체결한다.

| 체결토크 | 6.6~7.6 kg-m |
|---|---|

⑭ 캠 샤프트 스프로킷 볼트를 체결한다.

| 체결토크 | 9.5~12 kg-m |
|---|---|

주 의

이때, 크랭크 샤프트에 댐퍼풀리를 가 조립하여 댐퍼풀리에 표시된 타이밍 마크와 체인커버의 마크를 일치시킨 후, 캠 샤프트의 타이밍마크가 정위치에 있는지 최종 확인한다.

⑮ 타이밍 체인 상부 프론트 커버에 실런트를 도포한 후, 장착한다.

| 체결토크 | 2.0~2.7 kg-m |
|---|---|

타이밍 마크(1)

타이밍 마크(2)

타이밍 마크(3)

타이밍 마크(4)

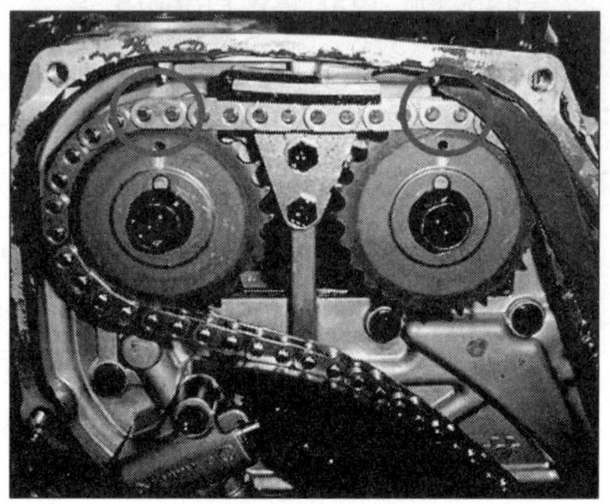

타이밍 마크(5)

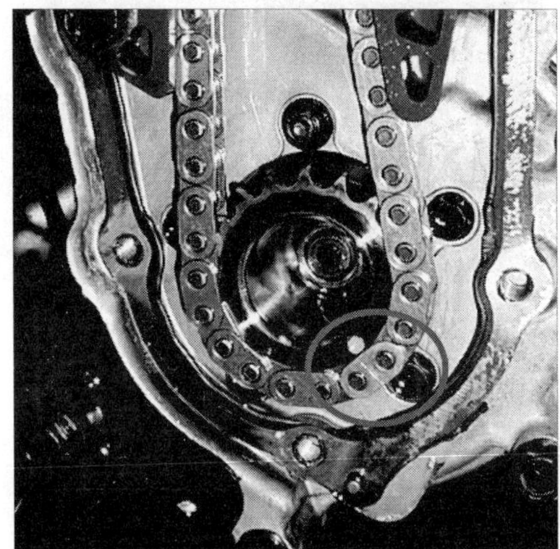

타이밍 마크(6)

## 4. D-엔진의 타이밍 벨트

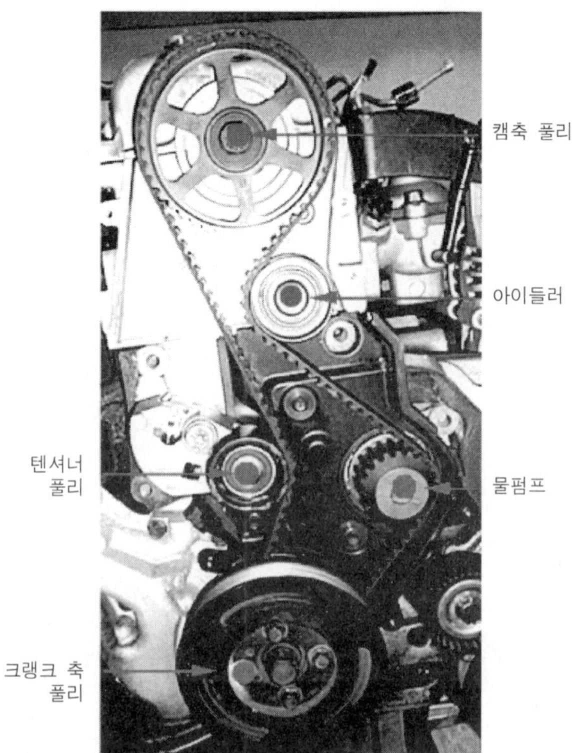


### 1) 탈거

① 에어컨 컴프레셔 및 구동벨트 장력 조정 텐셔너를 이완시키고 벨트를 탈거한다.

② 크랭크축 풀리 볼트를 풀고 탈거한다.

③ 타이밍 커버를 탈거한다.

**주의**

-크랭크 축을 시계방향으로 회전시킨다.
-1번 실린더의 피스톤을 압축 행정의 상사점에 올 수 있도록 타이밍 마크와 일치시킨다.
-캠축 스프로켓의 타이밍 마크와 실린더 헤드의 윗면이 서로 일치해야 한다.

④ 텐셔너 풀리를 탈거한다.

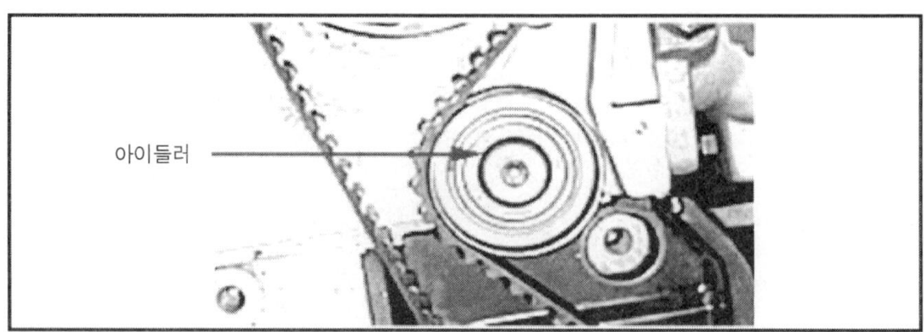


⑤ 타이밍 벨트를 탈거한다.

주의

타이밍 벨트를 재사용하고자 할 때에는 벨트가 이전과 같은 방향으로 재장착 할 수 있도록 회전 방향을 표시한 후 탈거해야 한다.

⑥ 캠축 스프로켓을 탈거한다.

주의

렌치로 실린더 헤드 및 캠축 스프로켓이 손상시키지 않도록 주의한다.

2) 검사

① 스프로켓, 텐셔너 풀리, 아이들러 풀리의 마모, 균열, 손상 등을 점검하여 필요시 교환한다.

② 텐셔너 풀리와 아이들러 풀리가 부드럽게 회전하는가를 직접 회전시켜 검사하고 유격 및 소음을 점검하여 필요시 교환한다.

③ 각종 풀리에서 그리스가 누유되는지 확인하고 누유시 교환한다.

④ 오토 텐셔너를 육안으로 누유되는 부분이 있는지 확인하고 누유시 교환한다.

⑤ 타이밍 벨트 마모나 손상 여부를 확인하여 손상시 교환한다.

**주의**

타이밍 벨트 오염시 솔벤트를 이용하여 청소하지 않는다.

⑥ 타이밍 벨트 측면에 균열이 있거나 뒤쪽이 경화시에는 벨트를 신품으로 교환한다.

3) 조립

① 모든 부품을 깨끗하게 세척한 후 조립 준비를 한다.

② 크랭크 축 스프로켓를 크랭크 축에 장착한다.

③ 크랭크 축 스프로켓를 조립한 후 규정된 토크로 볼트로 조립한다.

④ 2개의 스프로켓트의 타이밍 마크를 정확하게 맞춘다. 크랭크 축

- 크랭크 스프로켓의 마크와 오일펌프 하우징에 압입된 핀 방향을 일치시킨다.
- 캠축 : 캠 스프로켓의 마크를 헤드 상면과 일치시킨다.

⑤ 블록 위에서 텐셔너어셈블리 "a"를 조립한다.

주의

M6 텐셔너 볼트 "B"는 블록의 해당 구멍과 매치되도록 해야 한다.

⑥ "a" 위치에 볼트를 5.0~5.5kg·m로 돌린다.

⑦ 타이밍 벨트 아이들러 어셈블리를 헤드 보스 위에 나사로 조립하고 4.5~49kg·m로 돌린다.

⑧ 타이밍 벨트의 장력측이 처짐이 없는 상태로 주의하면서 크랭크 축 스프로케, 텐셔너, 캠축 스프로켓 아이들러 그리고 워터펌프 순으로 조립한다.

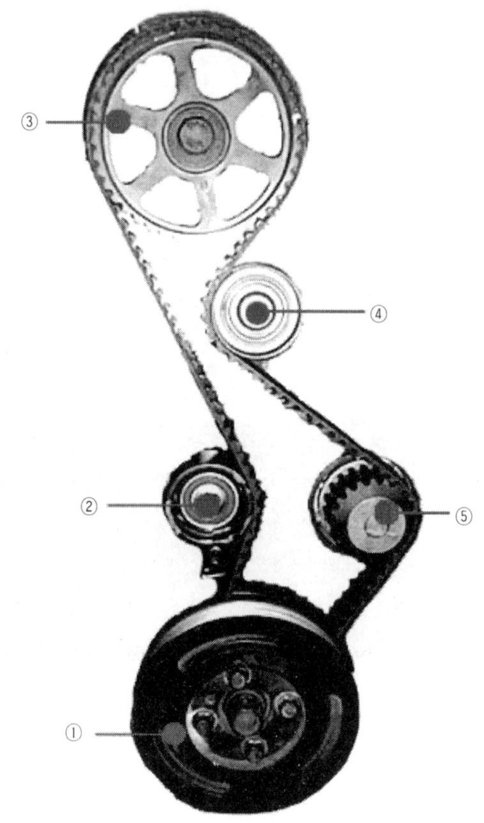

⑨ M6 텐셔너 스톱 볼트를 풀고, 크랭크 샤프트 잠금 장치를 떼어낸 후, 크랭크 샤프트를 회전시킨다(2~3바퀴).

⑩ M6 스톱 볼트를 1.0~1.2kg·m로 돌려 조인다.

⑪ 텐셔너 핀을 뺀다.

⑫ 크랭크 샤프트를 2~3회전 시킨 후 크랭크 마크 점과 장력을 확인한다.

# BOSCH 커먼레일 시스템 단품점검 가이드

짧은 역사를 가진 커먼레일 시스템의 급속한 보급으로 시스템의 이해 및 정비 방법에 있어서 많은 어려움을 겪고 있다. 정비사의 가장 큰 어려움중의 하나인 정비 방법에 있어서 검증되지 않은 주관적인 점검방법의 난무와 시스템의 이해 부족으로 인한 오정비 사례가 날로 증가하고 있다.

따라서 현장에서 발생하는 대표적인 고장사례를 취합하여 단품별 정확한 점검 방법이 이루어질 수 있도록 BOSCH 시스템의 단품점검법을 제시하오니 완벽한 정비가 이루어질 수 있도록 많은 노력을 하길 바란다.

## 7.1 인젝터 육안 점검

### D/A-ENG 공통

#### ① 인젝터 육안점검

인젝터 단품의 육안점검은 필수 확인사항이다. 단품의 외관상태 불량으로 엔진의 큰 영향을 끼치므로 인젝터 관련 고장원인 추적시 반드시 점검하기 바란다.

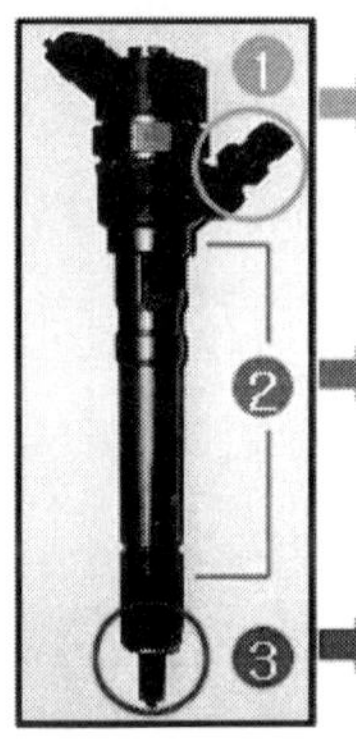

1. 인렛 커넥터(13mm)의 풀림 여부를 점검
2. 인렛 커넥터 접합 부위의 연료누유 상태 점검
   고압파이프 탈거시 반드시 인렛커넥터 고정 후 탈착요망

인젝터 몸체의 크랙(CRACK)여부와 연료누유상태 점검

1. 노즐팁의 카본퇴적 여부 점검(엔진부조의 원인이 될 수 있음)
2. 동와셔 상태 확인(인젝터 탈거시 반드시 교환요망)

**참고**

엔진오일 교환시 적량을 초과하여 과다한 엔진오일이 주입될 경우 소량의 엔진오일이 연소실 내부로 유입되어 인젝터 팁 부분의 카본퇴적에 악영향을 줄 수 있다. 인젝터의 카본이 과다하게 퇴적될 경우 초기 시동시 백색매연 발생 및 엔진부조가 발생할 수 있으므로 엔진오일 주입시 적량을(MAX~MIN의 중간) 준수 바란다.

## 7.2 인젝터 코일저항 및 분무상태 점검

### D-ENG 적용차량

**인젝터 코일저항 및 분무상태 점검**

- 코일저항 점검 : 인젝터 코일의 정확한 단선 단락 여부 점검
- 분무상태 점검 : 인젝터의 분무상태를 실제 육안으로 확인

| | |
|---|---|
| 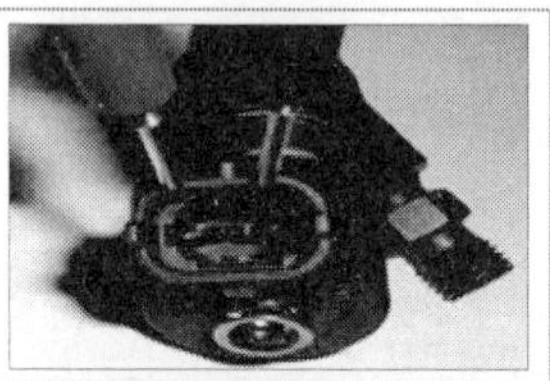 | 저항테스터기 영점(0Ω) 셋팅 후 코일저항 측정<br>D-ENG : 0.3~0.6Ω(20℃ 기준)<br>기준치 초과시 교환 |
|  | 크랭킹 및 시동시 인젝터 분무상태 확인<br>WFT : 5홀 분사상태 확인<br>VGT : 6홀 분사상태 확인<br>분사홀 막힘 및 분무상태 불량시 교환 |

### A-ENG 적용차량

**인젝터 코이저항 및 분무상태 점검**

- 코일저항 점검 : 인젝터 코일의 정확한 단선 단락 여부 점검
- 분무상태 점검 : 인젝터의 분무상태를 실제 육안으로 확인

| | |
|---|---|
| 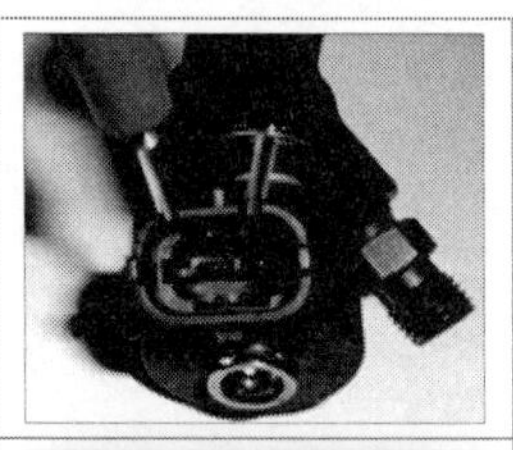 | 저항테스터기 영점(0Ω) 셋팅 후 코일저항 측정<br>A-ENG : 0.3~0.6Ω(20℃ 기준)<br>기준치 초과시 교환 |
| 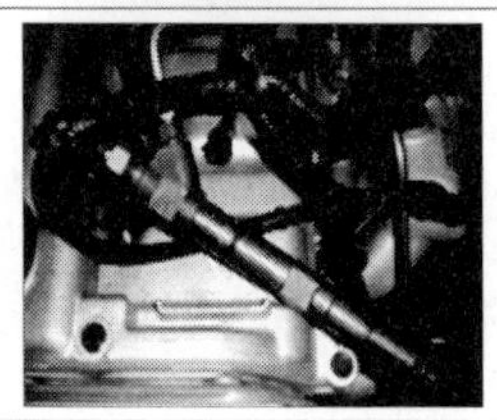 | 크랭킹 및 시동시 인젝터 분무상태 확인<br>6홀 분사상태 확인<br>분사홀 막힘 및 분무상태 불량시 교환 |

참고

멀티메터를 이용한 인젝터 코일저항 점검시 측정 전에 반드시 멀티메터 셋팅값을 확인 바란다. 멀티메터 자체의 오차로 인하여 규정치를 벗어날 수 있으므로 주의 바란다. 또한 인젝터 분무상태 확인시 화재의 위험성을 안고 있으므로 역시 주의 바란다.

참고

인젝터 탈부착시 연료 라인으로 이물질이 유입될수 있으므로 주의 바랍니다(면장갑 사용 자제). 또한 연료 라인 조임 작업 시 플레어링 렌치를 이용한 규정 토오크를 준수 바라며 인젝터 등 단품 탈부착 작업 시 마개를 이용 이물질 유입을 차단 바랍니다(신품 인젝터에 장착되어진 마개 이용).

참고

* 인젝터탈부착, 교환 작업 시 동와셔는 필히 신품으로 교환
  D-ENG 인젝터 동와셔 : 33808-27000
* 실린더 측에 장착 시 인젝터 홀 브러쉬를 사용하여 시트부위 청소
* 인젝터 보관 시 그림처럼 마개를 닫아서 보관

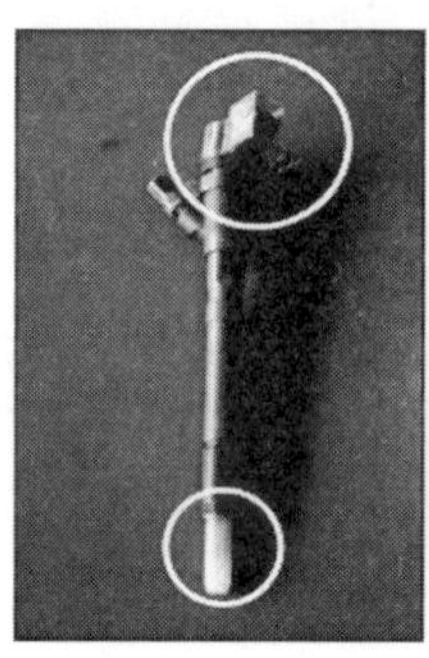

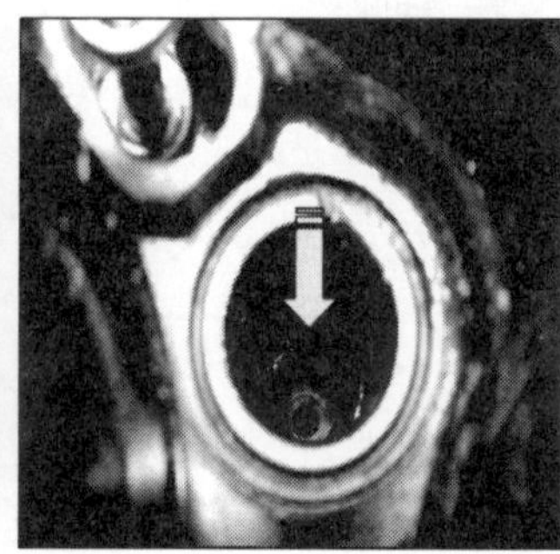

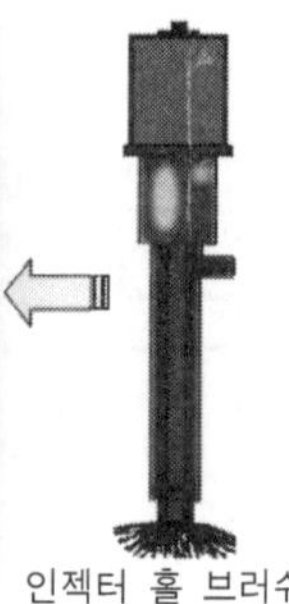

인젝터 홀 브러쉬

## 7.3 수동 파워 밸런스 점검

### D/A-ENG 공통

#### 파워 밸런스 점검(수동)

파워밸런스 점검법은 엔진부조의 원인추적에 있어서 가장 효과적인 점검 방법 중의 하나이다. 특히 수동 점검법은 진단장비 없이도 누구나 손쉽게 정확한 부조실린더를 판별할 수 있으므로 적극 활용 바란다.

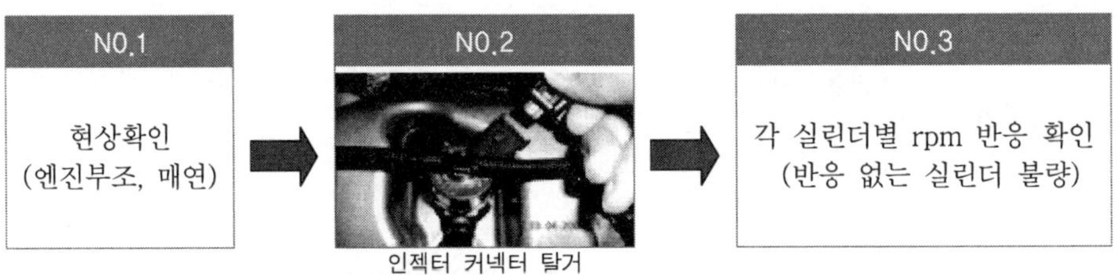

인젝터 커넥터 탈거

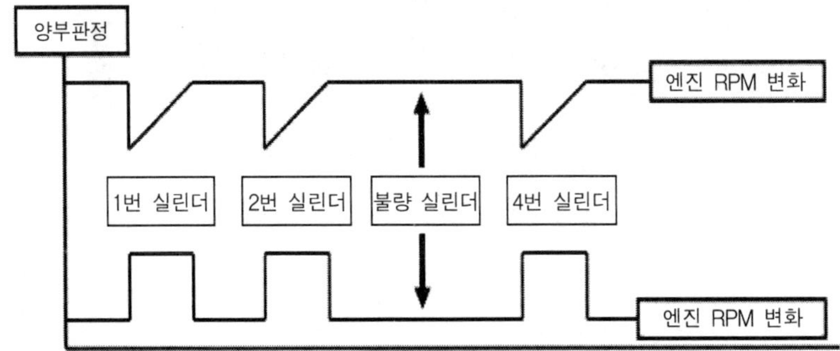


**참고**

수동 파워밸런스 점검법은 엔진부조가 명확히 발생하는 차량에서만 측정 바란다. 엔진부조가 명확하지 않거나 간헐적으로 문제현상이 발생하는 차량에서 수동 파워밸런스 점검법을 실행할 경우 오판의 소지가 있으므로 주의 바란다.

## 7.4 스캐너를 이용한 인젝터 점검

### D/A-ENG 공통

#### 파워 밸런스 점검(자동)

파워밸런스 점검법은 엔진부조의 원인추적에 있어서 가장 효과적인 점검방법 중의 하나이다. 특히 진단기를 이용한 점검법은 엔진의 압축압력 및 부조에 따른 보정상태를 수치로 파악할 수 있어 보다 정밀한 판단이 가능하다.

#### H-DS 스캐너 이용 인젝터 점검 방법

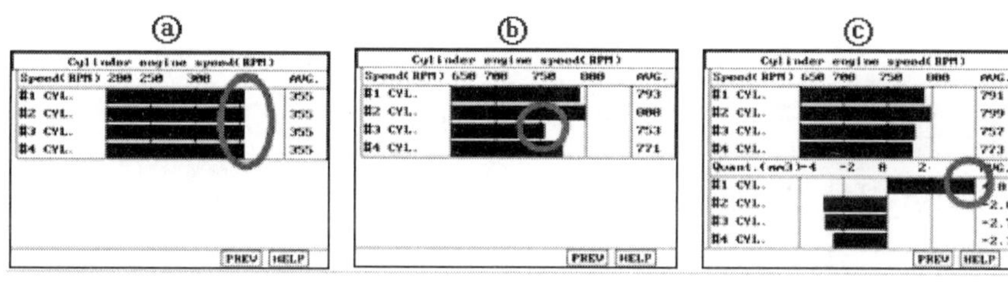


① 압축압력 점검 : 크랭킹시 엔진의 각속도로 실린더별 압추압력 판별함 (상대 비교시 높은 회전수의 실린더 불량)

② 아이들링 점검 : 인젝터별 각속도 보정 금지 상태로 엔진 rpm 측정 (상대 비교시 낮은 회전수의 실린더 불량)

③ 연료보정량 점검 : 부조 실린더의 연료량 보정 상태를 확인함 (평균 ±4Q 이상의 보정치를 나타내는 실린더 불량)

**참고**

문제차량의 압축압력이 불량일 경우 인젝터의 불량 유무와는 상관없이 아이들링 점검 또는 연료 보정량 점검에서 해당 기통의 인젝터를 불량으로 오판할 소지가 있으므로 압축압력 테스를 먼저 실행하여 하드웨어 계통의 이상 유무를 확인한 후 아이들링 점검 및 연료 보정량 점검을 실행하기 바란다.

## 7.5 인젝터 기밀유지 시험

### 인젝터 기밀 유지 시험

인젝터 미작동 상태에서 압력을 가하여 내부 기밀상태 점검(시동 지연 및 불능 차량은 반드시 점검 요망)

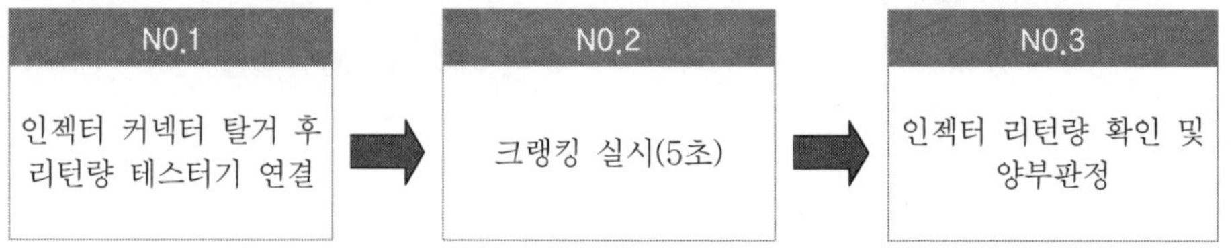


양부 판정

정상 : 리턴 불가 및 미세량(기포) 발생

불량 : 리턴량 과다 발생(10cc 이상)

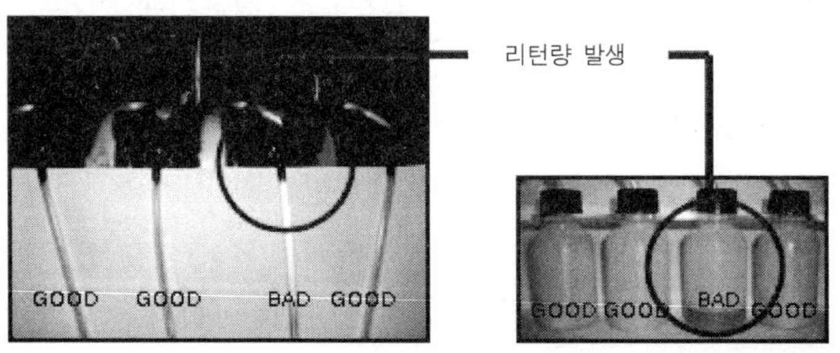


참고

인젝터 기밀유지 시험은 인젝터가 작동하지 않는 상태에서 인젝터에 높은 연료압력을 가하여 내부 기밀이 정상인지 판단하는 검사 방법으로 정상적인 인젝터일 경우 리턴라인 쪽으로 연료가 소량 나오거나 전혀 나오지 않는다. 반면 인젝터 내부 부품의 마모 및 조립부위의 각종 실이 불량일 경우 높은 연료압력이 유입될 경우 기밀유지를 하지 못하고 연료는 리턴라인으로 새어 나온다 이는 불량 정도에 따라 초기 시동 불량 및 급가속시 시동꺼짐 현상으로 나타날 수 있다.

## 7.6 연료압력 조절기 육안 점검 및 코일저항 측정

### D-ENG 적용차량

#### 1 DRV 육안점검 및 코일저항 측정

- DRV 육안점검 : 연료누유 여부와 사운드 스코프 이용 소음상태 점검
- 저항점검 : DRV코일의 단선 및 단락여부를 저항 검사를 통해 확인

| | |
|---|---|
|  | 1. 레인 접합 부위의 연료누유 상태 점검<br>2. 사운드 스코프 이용 작동소음 점검<br>3. 고정볼트의 봉인상태 참조 |
|  | 저항 테스터기 영점(0Ω) 셋팅후 코일저항 측정<br>DRV 저항 : 2.3±0.23Ω(20℃ 기준)<br>기준치 초과시 교환 |

**참고**

연료압력 조절기의 작동음 점검시 보다 객관적인 판단을 위해 도일차량(정상차량) 과 비교 테스트를 실시하여 이상 작동음이 들릴 경우에만 불량으로 판정한다. 또한 멀티메터를 이용한 연료압력 조절기 코일저항 점검시 측정 전에 반드시 멀티메터 셋팅값을 확인바란다. 멀티메터 자체의 오차로 인하여 규정치를 벗어날 수 있으므로 주의 바란다.

## A-ENG 적용차량

### 1 고압 펌프 육안점검 및 코일저항 측정

- 고압 펌프 육안점검 : 연료누유 및 접합부위 오링누유 확인
- 연료압력 조절밸브 저항측정 : 단선 및 단락여부 확인

| | |
|---|---|
| 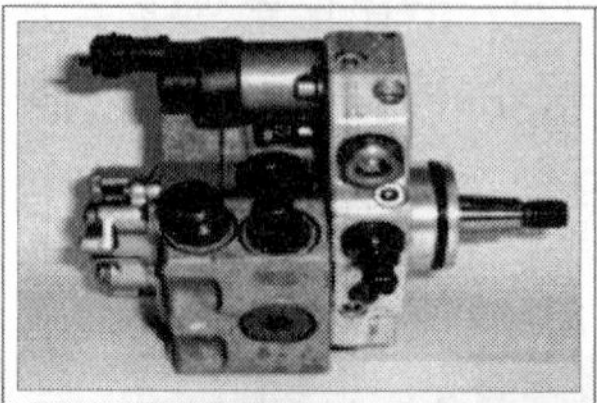 | 1. 저압점프 접합부위 연료누유 확인<br>2. 압력조절밸브 연료누유 및 고정볼트 봉인상태 확인<br>3. 고압 펌프 접합부위 오일누유 점검 |
| 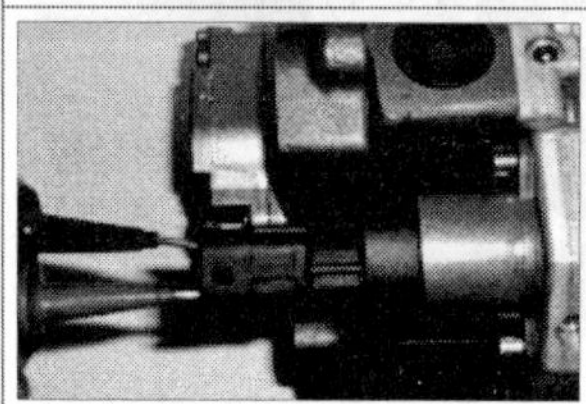 | 저항 테스터기 영점(0Ω) 셋팅 후 코일저항 측정<br>압력조절밸브 : 2.0~3.5Ω(20℃ 기준)<br>(MP ROP)<br>기준치 초과시 교환 |

**참고**

멀티메터를 이용한 연료압력 조절기 코일저항 점검시 측정 전에 반드시 멀티메터 셋팅값을 확인바란다. 멀티메터 자체의 오차로 인하여 규정치를 벗어날 수 있으므로 주의 바란다.

**참고**

특수공구를 이용하지 아니하고 고압 펌프를 탈거한 결과 2차적인 문제(축휨, 외부파손, 실손상)가 많이 발생하고 있다. 그러므로 고압 펌프 탈거시 고압 펌프 전용 SST(왼쪽그림)를 이용하여 탈거 바란다 (A-ENG 전용)

## 7.7 연료압력 조절기 기밀유지 점검

### D-ENG 적용차량

#### DRV 기밀유지 점검(진공게이지 이용)

DRV 내부의 스틸볼 마모상태를 진공게이지를 이용하여 점검(시동지연 및 시동꺼짐 차량은 반드시 점검요망)

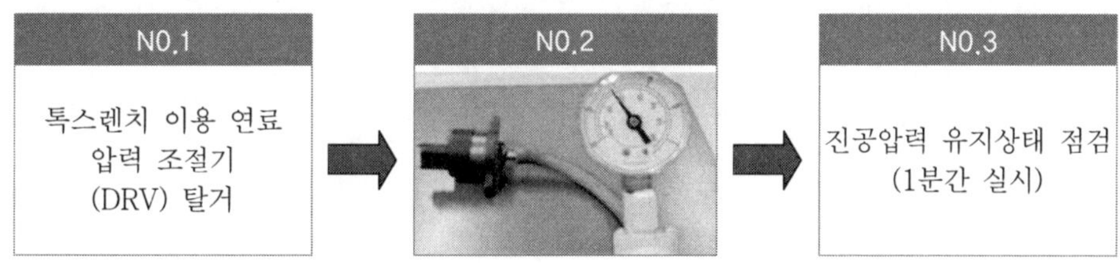


#### 양부판정

정상 : 진공유지

불량 : 진공유지 불가

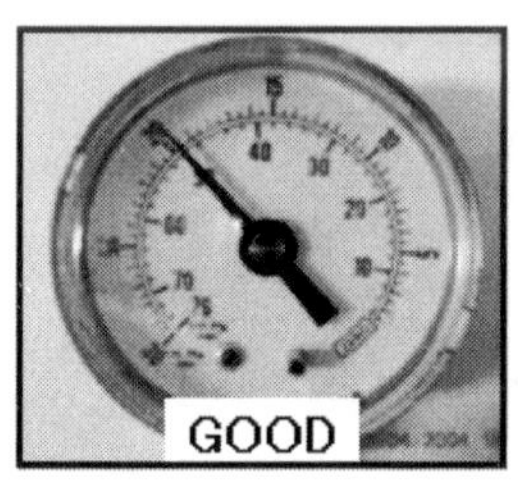


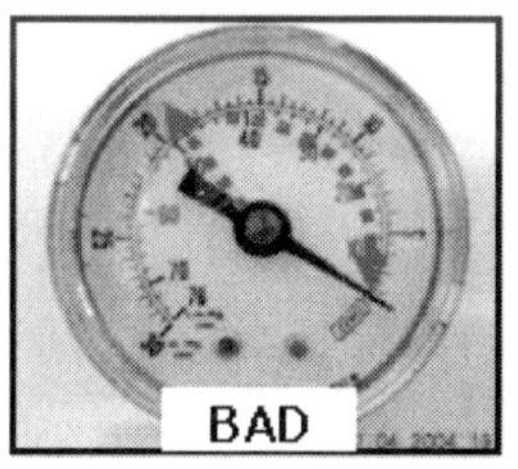


**참고**

연료압력 조절기 탈거시 해당볼트에 맞는 소켓을 이용하여 분해 바라며 조립시에는 규정토크를 준수 바란다. 또한 탈거시 이물질이 묻지 않게 주의 바라며 세척시에는 경유나 휘발성 크리너를 이용하시기 바란다.

## 7.8 스캐너를 이용한 연료압력 조절기 점검

### D-ENG 적용차량

#### DRV 기밀유지 점검(진단기 이용)

DRV 내부의 스틸볼 마모상태를 스캐너를 이용하여 점검(시동지연 및 시동꺼짐 차량은 반드시 점검요망)

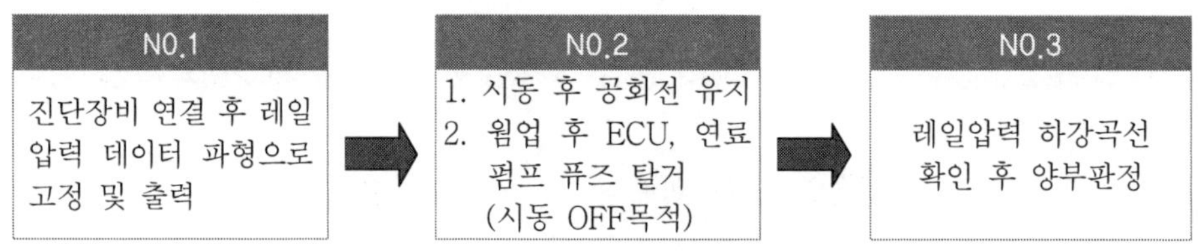


#### 양부판정

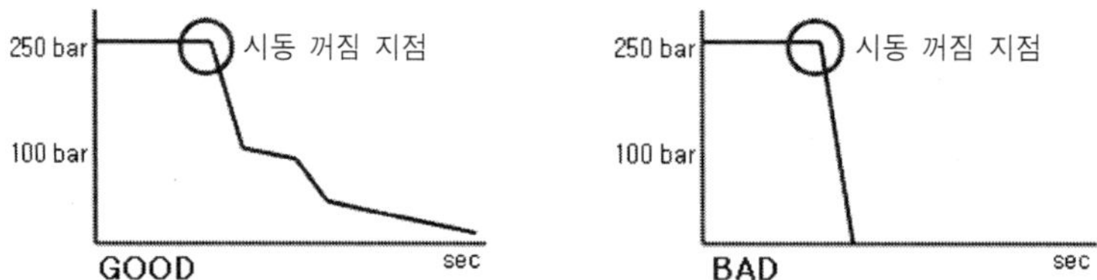


**참고**

키 스위치를 이용하여 시동을 OFF할 경우 스위치 조작이 느리면 스캐너와의 통신이 끊길 경우가 있다. 이를 방지하기 위해 키스위치 조작을 빠르게 실행하여 레일압력 하강 곡선을 판독 바란다.

**참고**

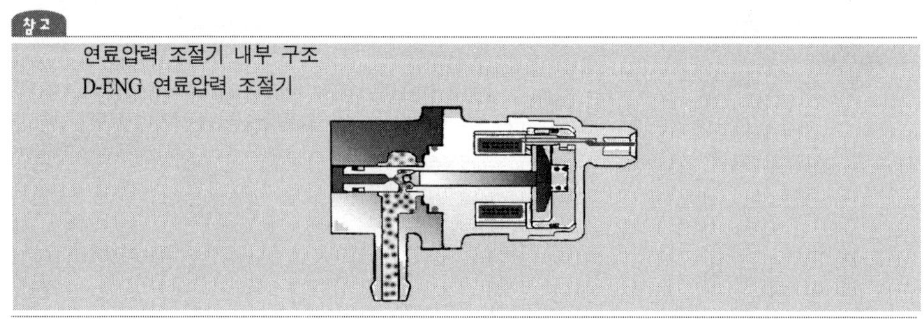

## 7.9 고압 펌프 육안점검 및 고착여부 확인

### D-ENG 적용차량

**고압 펌프 육안점검 및 고착여부 확인**

- 고압 펌프 육안점검 : 연료누유 및 안전밸브 고착여부 확인
- 회전축 프리로드 점검 : 고착 및 저항여부 확인

| | |
|---|---|
|  | 1. 빨간선 표시부위 연료누유 상태 확인<br>2. 고압 펌프 접합부위 오일누유 확인<br>3. 저압라인 공급호스 탈거 후 안절밸브 고착 여부 확인 |
|  | 1. 고압 펌프 회전축의 고착여부 점검<br>2. 고압 펌프 회전축을 엔진구동 방향으로 돌리면서 저항여부 점검<br>(정상 : 큰힘을 가하지 않고 손으로 쉽게 구동함) |

참고

고압 펌프 내부 구조 및 연료 흐름도

D-ENG 고압 펌프

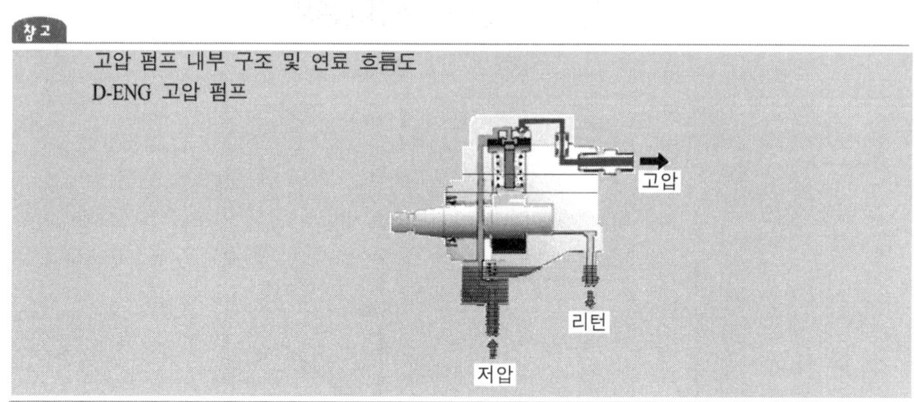

## 7.10 고압 펌프 최대 토출압력 점검

### D-ENG 적용차량

#### 고압 펌프 최대 토출압력 점검

고압 펌프의 최대 토출압력 및 기밀 유지상태 점검(시동불량, 꺼짐 및 출력부족 차량은 반드시 점검요망)

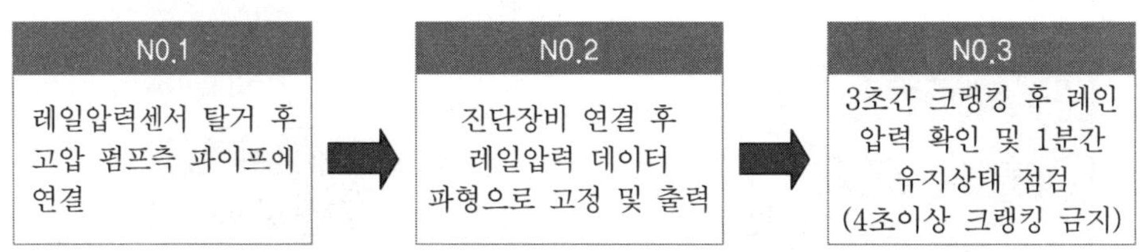

압력센서 연결방법

양부판정

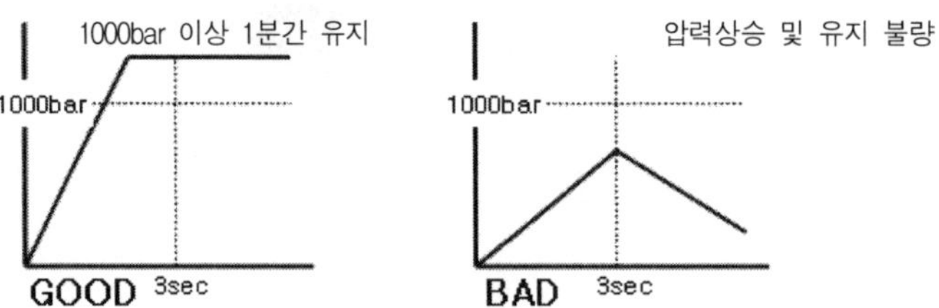

참고

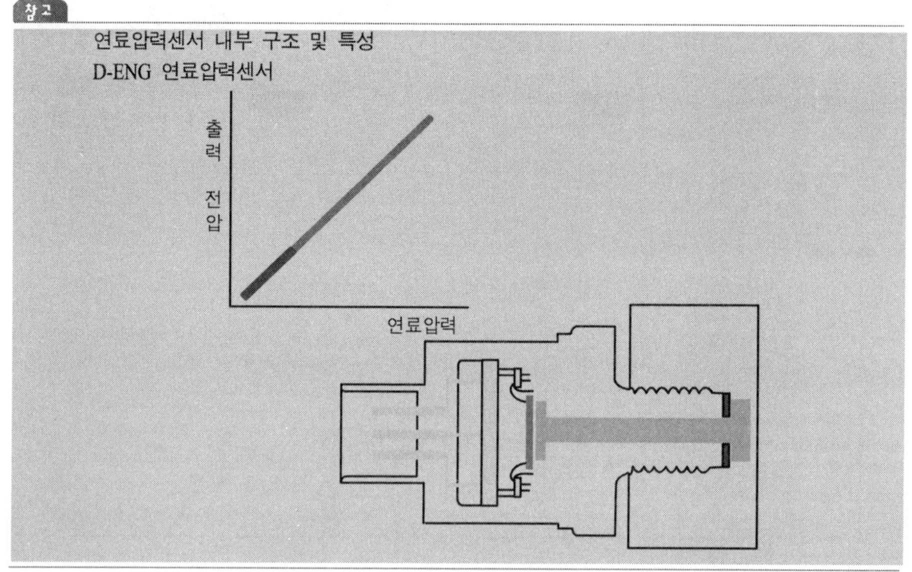


기능

- Common Rail의 연료압력을 측정하여 ECU로 출력하고 이 신호를 받아 연료량, 분사시기를 조정하는 신호로 사용

피에조 압전 소자 방식

※ 출력 값을 가지고 연료압력 산출 방법

P=[{(UO/US)-0.1}*150/0.8]

P : 압력 [MPa]

UO : 출력 전압

US : 공급 전압

## A-ENG 적용차량

고압 펌프 최대 토출압력 점검

고압 펌프의 최대 토출압력 및 기밀 유지상태 점검(시동불량, 꺼짐 및 출력 부족 차량은 반드시 점검요망)

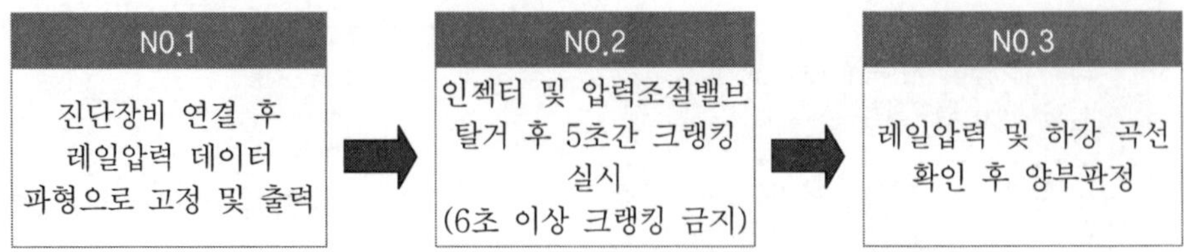


양부판정

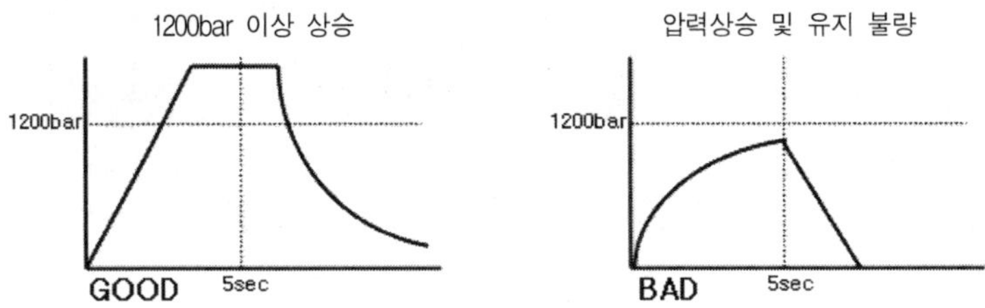


## A-ENG 고압 펌프 내부구조

- 캠축 1회전에 왕복 피스톤 1회씩 이송행정(기존 인젝션 펌프보다 낮은 부하)
- 설정압력은 1350bar이며, 분사압력은 연료분사량에 영향 줌(출력에 영향)

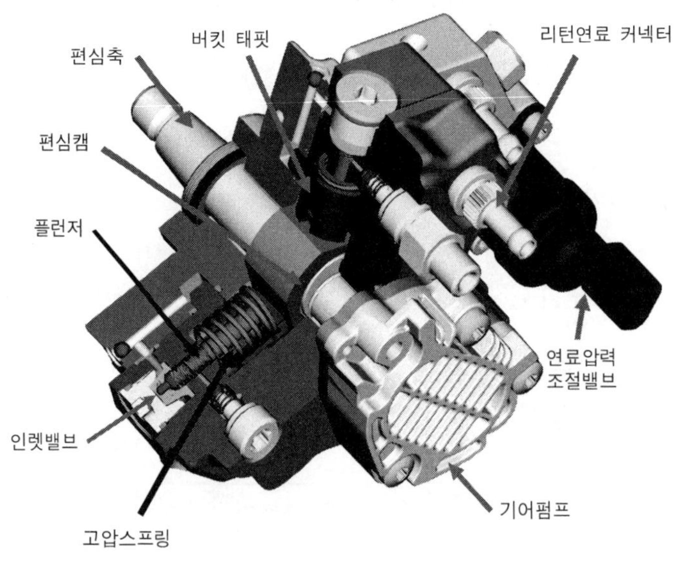

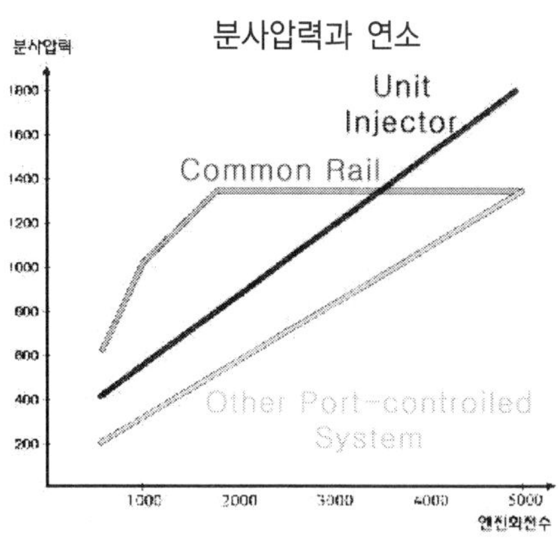


## 연료압력 제한 밸브 내부구조

❶ 연료압력 제한 밸브(Pressure Limiting Valve)

- 연료압력 과다 상승시 Valve가 열려 연료 리턴
- 개방압력(Opening Pressure) : 1750bar

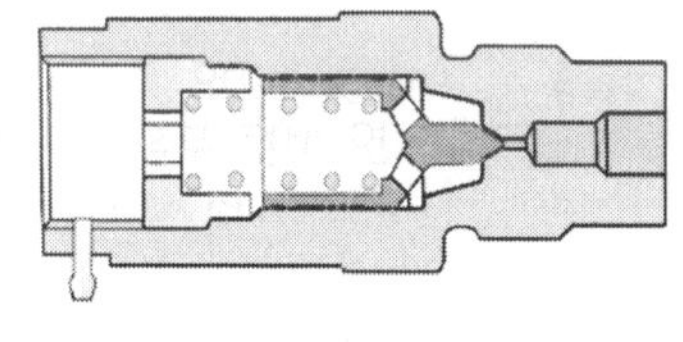

유동이 가능한 플런저 밸브가 리턴스프링의 힘으로 레일 입구를 막고 있다가 과도한 압력(1750bar) 발생시 스프링이 밀리면서 밸브도 열린다.

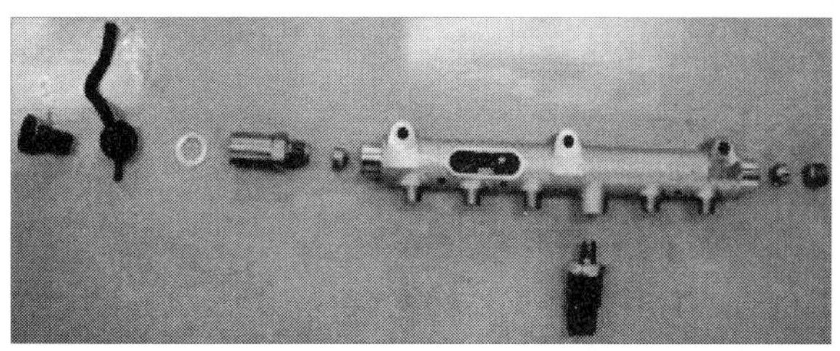

## 7.11 고압 펌프 응답성 점검

### A-ENG 적용차량

고압 펌프 응답성 점검(주행검사)

고부하시(급가속) 고압 펌프의 목표토출량 대비 실제토출량의 원활한 공급(응답성)확인(시동지연, 꺼짐 및 출력부족 차량은 반드시 점검요망)

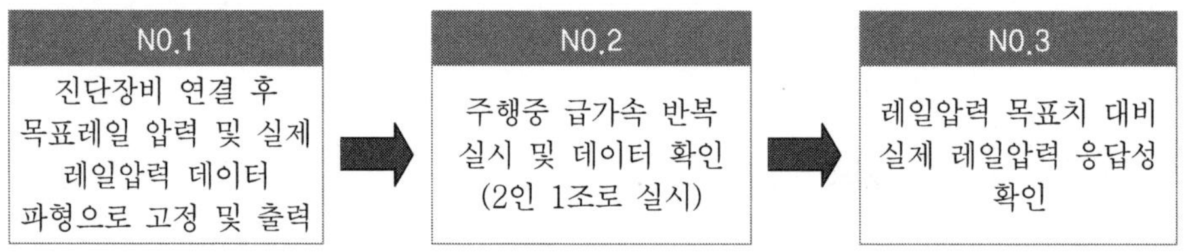


양부판정

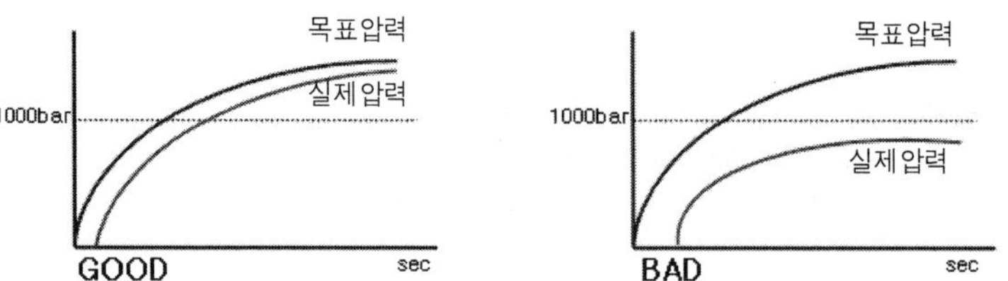


### A-ENG 저압 펌프 구조 및 성능

- 고압 펌프와 일체로 조립되며 고압 펌프로 연료 이송
- 기어펌프 : 엔진의 회전에 이해 동력전달(타이밍체인)
- 흡입압력 0.5-1.0bar 토출압 : 4.5bar

| 토출량 | 2798rpm | 1.03L |
|---|---|---|
| 토출압 | 2798rpm | 4.5bar |
| 최대 토출량 | 80l/hour | |

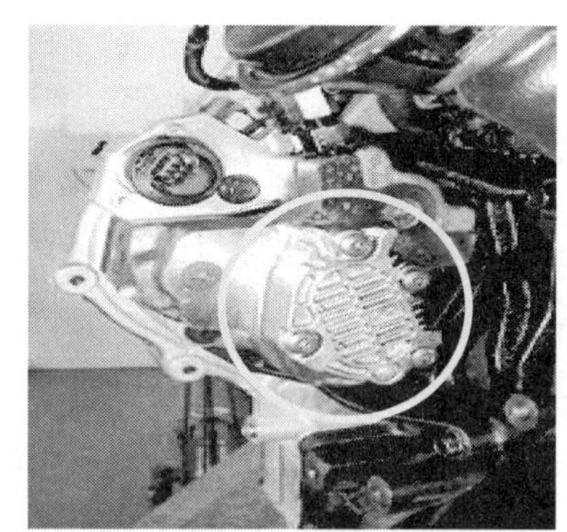

## 7.12 BOSCH 인젝터 리턴량의 이해

### 인젝터 리턴량의 이해 및 정의

인젝터의 리턴량은 컨트를 밸브를 통하여 배출된 연료와 각종 섭동 부위의 윤활류가 합하여 나온 연료의 양을 말한다.

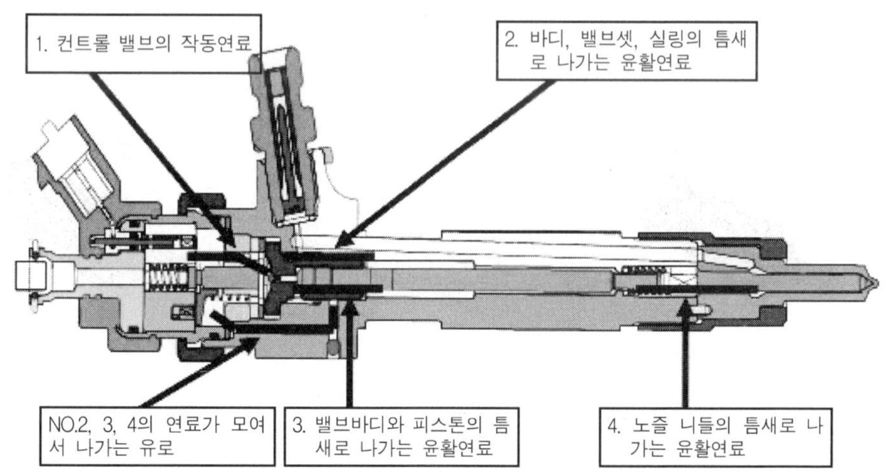


### 인젝터 리턴량의 잘못된 상식

인젝터의 리턴량은 연료의 분사량과 상관없이 컨트롤 밸브와 윤활유로를 통하여 일정량이 배출되므로 인젝터 양부 판정의 기준으로 삼아서는 안된다.

① 인젝터 리턴량 측정의 문제점

대부분의 정비사들이 인젝터의 양부판정을 리턴량을 기준으로 삼고 있다. 차량의 고장유무를 떠나 리턴량을 기준으로 인젝터를 다량 교환한 결과 추후 동일현상 발생 및 과다한 클레임 비용이 발생하고 있다.

② 인젝터 점검법의 개선 방향

인젝터의 고장유무 판정시 앞에서 제시한 보다 검증된 방법의 파워 밸런스 점검법을 이용하기 바라며 파워 밸런스 점검전 반드시 카본 제거를 해주기 바란다. 또한 과다한 리턴량의 문제점은 파워 밸런스 또는 기밀유지 점검법으로 손쉽게 해결되므로 리턴량 측정은 지양 바란다.

## 7.13 인젝터 세척방법 및 효과

### 인젝터 세척방법

인젝터 노즐팁의 카본누적은 초기 시동시 연료의 무화상태와 분사 패턴의 큰 악영향을 주므로 엔진부조 및 백색매연 발생으로 이어진다. 인젝터 탈거 후 과다한 카본누적 확인시 아래와 같은 방법으로 세척하기 바란다.

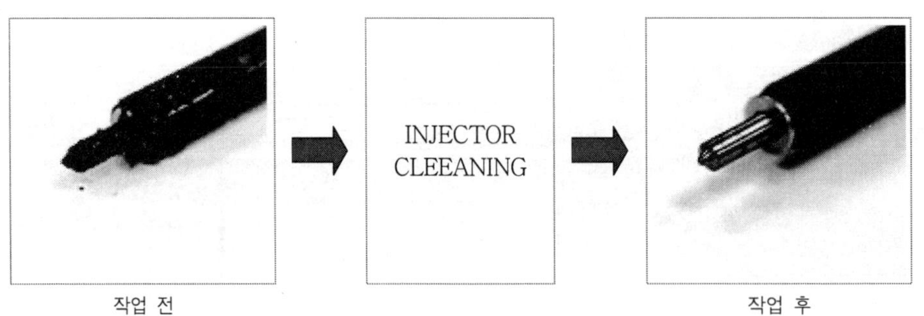


작업 전 작업 후

인젝터 크리닝 순서

① 인젝터 탈거 후 동와셔 제거

② 휘발성 세척제와 깨끗한 천을 이용하여 카본제거

③ 신품 동와셔 장착 후 인젝터 조립

④ 시동후 30초간 레이싱(750~3000rpm) 실시

## 인젝터 세척효과

인젝터 팁크리닝 실시 전·후의 분사상태 비교

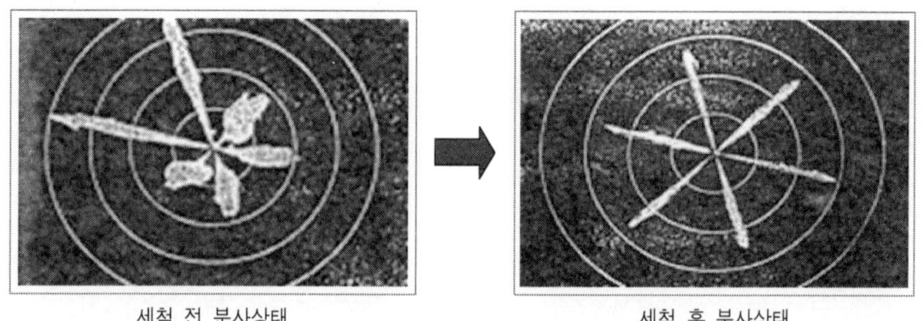

세척 전 분사상태 세척 후 분사상태

6홀 인젝터의 세척 전·후 비교사진으로 냉간 초기 시동시 인젝터의 분무상태를 보여주는 사진이다. 그림에서 알 수 있듯이 세척 전 분사상태는 카본누적으로 인하여 분사압력 저하 및 무화상태 불량으로 엔진부조 및 백색매연으로 이어질 가능성이 크다. 그러므로 인젝터 카본 퇴적시 반드시 크리닝 작업을 실시하기 바란다.

# 전자제어 커먼레일 디젤엔진


| | |
|---|---|
| 지 은 이 | 문학훈 |
| 펴 낸 이 | 김형근 |
| 펴 낸 곳 | 도서출판 기한재 |
| 주 소 | 경기도 파주시 회동길 56<br>(파주출판도시) |
| 전 화 | 031)955-0900~2 |
| 팩 스 | 031)955-0100 |
| 등 록 | 1990년 3월 15일 제2-968호 |
| 발 행 | 2023년 3월 15일 1판 5쇄 |
| 정 가 | 15,000원 |





Published by Kihanjae Co.

ISBN 978-89-7018-683-2

http://www.kihanjae.com

E-mail : kihanjae@daum.net